架构师书库

SOFTWARE ARCHITECTURE IN PRACTICE
4th Edition

软件架构实践

（原书第4版）

[美] 伦·巴斯（Len Bass）保罗·克莱门茨（Paul Clements）瑞克·凯兹曼（Rick Kazman）著
周乐 译

机械工业出版社
China Machine Press

图书在版编目（CIP）数据

软件架构实践：原书第4版／（美）伦·巴斯（Len Bass），（美）保罗·克莱门茨（Paul Clements），（美）瑞克·凯兹曼（Rick Kazman）著；周乐译 . —北京：机械工业出版社，2022.10

（架构师书库）

书名原文：Software Architecture in Practice, 4th

ISBN 978-7-111-71680-8

I. ①软… II. ①伦… ②保… ③瑞… ④周… III. ①软件设计 IV. ① TP311.1

中国版本图书馆 CIP 数据核字（2022）第 178879 号

北京市版权局著作权合同登记　图字：01-2022-0852 号。

软件架构实践（原书第 4 版）

出版发行：机械工业出版社（北京市西城区百万庄大街 22 号　邮政编码：100037）

责任编辑：冯秀泳　　　　　　　　　　　　责任校对：贾海霞　　张　薇

印　　刷：三河市宏达印刷有限公司　　　　版　　次：2023 年 1 月第 1 版第 1 次印刷

开　　本：186mm×240mm　1/16　　　　　印　　张：21.25

书　　号：ISBN 978-7-111-71680-8　　　　定　　价：149.00 元

客服电话：（010）88361066　68326294

在比尔·盖茨的众多称谓中，据说他更偏爱"首席软件架构师"。在网易创始人丁磊名字前，也有"首席架构师"这样的称谓。架构师是如此重要，以至于在《黑客帝国》中各色人物悉数登场，最后你却发现这一切都是被一个称作"架构师"的白胡子老头左右的。

这是否意味着要成为架构师就要以"领导"权威来支撑或者以时间或实践来积累？当然不必这样，在修炼成"架构师"的道路上，一本好书能让你少走许多弯路，帮助你学会"架构师"思维，快速进入"架构师"角色。

随着数字时代的到来，各种云基础设施、微服务、框架层出不穷，互联和互操作变得唾手可得，集成和重用已有成果成为软件开发常态。在软件系统变得越来越复杂的同时，今天架构师似乎不再需要架构知识了，甚至软件开发的精髓被调侃是" Ctrl+C 和 Ctrl+V"。显然，在已有的架构上实现二次架构设计并不是架构师的未来，我们既要站在巨人的肩膀上，善于利用后发优势，更需要从原始创新上取得突破，这就需要你回到问题的原点，系统地掌握软件架构的知识，努力贡献优秀的原创架构。

《软件架构实践》就是这样一本书。本书是其第 4 版，在软件架构领域，本书已经成为标准。软件架构的术语或知识，大都可以在这本书中找到相关内容和最准确的定义。

本书共分为六个部分。第一部分对软件架构进行了定义，并从 13 个方面揭示软件架构的重要性，希望这 13 个方面能激起你学习软件架构的兴趣。第二部分是关于质量属性的，你如果还分不清"可用性"（availability）和"易用性"（usability）的差别，或觉得"安全性"（safety）和"防护性"（security）就是一回事，那么应该仔细看看这一部分。这部分对 10 个颇具代表性的质量属性进行了全面介绍，给出了一种通用形式来描述质量属性，介绍了每个质量属性要关注的问题并给出了现成的"解决方案"，你甚至可以直接把这些知识运用到你当前的设计中去。第三部分具有很强的时代感，紧密结合当前最流行的技术，包括虚拟化、云计算和移动技术，介绍了当下架构解决方案要关注的内容。第四部分是可扩展架构实践，为设计架构、评估架构和记录架构等活动提供了可操作的工程方法，旨在为完成这些复杂的架构活动提供指南，帮助普通人学习并熟练地完成架构相关工作。如果面对复杂设计你还不知从何下手，则完全可以按照书中介绍的工程方法和交付样式"照猫画虎"，相信通过亲自实践你会掌握书中方法的精髓。第五部分全面介绍了架构师在组织中的角色和应具备的能力，架构师不能活在象牙塔里，这部分知识可以让你根据个人的情况和组织的发展要求，找到自己的努力方向，理解相关处境，做出正确选择。最后一部分介绍了最新的量子计算，并思考了其可能对架构的影响，也算是为读者留下一些悬念。

本书可以作为架构师的工具书，你不必从头开始，根据遇到的问题，找到相应章节就可以得到参考架构解决方案。你也可以把它当作工程行动指南，面对复杂问题，按照其中介绍的方法采取相应行动即可。本书将理论和实践紧密结合，如果你的单位很重视架构，但存在曲高和寡的现象，建议你单位的项目经理和架构师好好阅读一下本书。

当我们开始编写本书第 4 版时，遇到的第一个问题是：架构还重要吗？随着云基础设施、微服务、框架和每个可能想象的领域以及质量属性的参考架构的兴起，人们可能会认为不再需要架构知识了。今天的架构师需要做的就是从丰富的工具和基础设施备选方案中选一个，实例化并配置它。瞧！一个架构就完成了。

我们过去（和现在）非常肯定这不是真的。诚然，我们有些偏见。因此，我们采访了一些在医疗保健、汽车、社交媒体、航空、国防、金融、电子商务等领域工作的架构师，他们都没有被教条的偏见所左右。我们所听到的证实了我们的信念，即架构在今天和 20 多年前（我们编写第 1 版时）一样重要。

我们来研究一下其中的一些原因。首先，新需求出现的速度多年来一直在加快，甚至还在持续加快。在客户和业务需求以及竞争压力的驱动下，今天的架构师面临着连续且不断增加的特性需求和要修复的 bug 等问题。如果架构师不重视系统的模块化（请记住微服务不是万能的），系统很快就会变得难以理解、变更、调试和修改，并拖累业务。

其次，当系统的抽象级别在增加时（我们可以并且确实经常使用许多复杂巧妙的服务，而不用关心它们是如何实现的），我们创建的系统的复杂性也在以同样的速度增加。这像一场军备竞赛，而架构师并没有获胜！架构一直致力于"驯服"复杂性，而这种情况在短期内是不会消失的。

说到提高抽象级别，基于模型的系统工程（Model-Based Systems Engineering，MBSE）在过去十年左右的时间里已经成为工程领域的一股强大力量。MBSE 是一种形式化的支持系统设计的建模应用。国际系统工程理事会（InterNational Council On Systems Engineering，INCOSE）将 MBSE 列为一组"转型赋能者"之一，它是整个系统工程学科的基础。模型是对一个可以被推理的概念或结构进行的图形、数学或物理化表示。INCOSE 正试图将工程领域从基于文档的思维转向基于模型的思维，其中结构模型、行为模型、性能模型等都被持续用于更好、更快、更便宜地构建系统。MBSE 本身已经超出了本书的范围，但是我们不得不注意到正在被建模的是架构。那谁建立模型呢？答案是架构师。

再次，信息系统世界的飞速发展（以及前所未有的员工流动率）意味着，在任何现实世界的系统中，没有人了解一切。仅仅聪明和努力是不够的。

最后，尽管有工具可以自动完成过去需要自己做的许多事情（例如 Kubernetes 中所有的编排、部署和管理功能），但仍然需要理解所依赖的系统的质量属性，当我们把系统组合在一起时，需要理解随之而来的质量属性。大多数质量属性（防护性、可用性、安全性等）都容易受到"最短板"问题的影响，而"最短板"问题只有在联调系统时才会出现并影响我们。如果没有引领者来避免灾难，联调很可能会失败，而这正是架构师的工作。

考虑到这些因素，我们觉得确实需要这本书。

但有必要推出第 4 版吗？当然有必要了！自上一版出版以来，计算机领域发生了很大变化，一些之前没有被考虑的质量属性已在许多架构师的日常实践中变得越来越重要。随着软件继续渗透到社会的各个方面，对许多系统（如无人驾驶系统）来说，**安全性**已经变得至关重要。同样，十年前很少有架构师会考虑**能源效率**这一质量属性，但现在从对能源有不可抑制需求的大型数据中心到我们周围的小型（甚至很小的）电池驱动的移动和物联网设备都必须考虑。此外，考虑到我们比以往任何时候都更多地利用现有的组件来构建系统，**可集成性**这一质量属性也越来越引起我们的注意。

最后，我们正在构建不同种类的系统，并且以不同于十年前的方式构建它们。现在的系统通常构建在云中的虚拟化资源之上，它们需要提供并依赖显式接口。此外，它们的移动性越来越强，移动性带来的机遇和挑战也越来越多。因此，在第 4 版中，我们增加了关于虚拟化、接口、移动性和云的章节。

如你所见，我们说服了自己。希望我们同样说服了你，你会发现第 4 版会使你受益匪浅。

·· 致　　谢 ··

我们对所有与我们合作编写本书的人深表感谢。

首先，我们要感谢各章节的合著者，他们在这些领域的知识和洞察力是无价的。感谢卢加诺大学信息学院的 Cesare pautasso 教授、西门子移动系统公司的 Yazid Hamdi、谷歌的 Greg Hartman、伊斯塔帕拉帕市自治大学的 Humberto Cervantes，以及德雷塞尔大学的 Yuanfang Cai。感谢卡内基 – 梅隆大学软件工程研究所的 Eduardo Miranda，他写了一篇关于"信息技术价值"的文章。

优秀的审稿对于优秀的作品来说是必不可少的，我们很幸运地请到了 John Hudak、Mario Benitez、Grace Lewis、Robert Nord、Dan Justice 和 Krishna Guru 来改进本书的内容。感谢 James Ivers 和 Ipek Ozkaya 从软件工程 SEI 系列的角度审阅本书。

多年来，我们从与同事的讨论和合作写作中受益，感谢他们。除了已经提到的，我们还要特别感谢 David Garlan、Reed Little、Paulo Merson、Judith Stafford、Mark Klein、James Scott、Carlos Paradis、Phil Bianco、Jungwoo Ryoo 和 Phil Laplante。特别感谢 John Klein，他以多种方式为本书的许多章节做出了贡献。

此外，我们还要感谢 Pearson 的每一位员工，感谢他们的辛勤工作，正是他们对无数细节的关注，才将我们的文字转化成你现在正在阅读的图书。尤其要感谢 Haze Humbert，他监督了整个出版过程。

最后，感谢许多研究人员、教师和实践者，他们多年来一直致力于将软件架构从一个好的想法转变为一门工程学科。本书是奉献给他们的。

·· 目　　录 ··

第二部分　质量属性

第三部分　架构解决方案

第四部分 可扩展架构实践

第五部分　架构和组织

第六部分　结论

第一部分

入 门

第1章 什么是软件架构

编写（对我们来说）和阅读（对你来说）一本凝练了众多经验的软件架构方面的书，需要的前提是：

1）合理的软件架构对软件系统的成功开发至关重要。

2）关于软件架构的知识已经足够写成一本书。

曾几何时，上述两点都需要证明。本书的早期版本试图让读者相信这两点都是正确的，一旦你被说服，就为你提供基本的知识以便能够进行架构实践。今天，似乎这两点都没有什么争议，因此本书更多是提供知识而不是令你信服。

软件架构的基本原则是：构建软件系统都是为了满足组织的业务目标，系统的架构充当了（通常抽象的）业务目标和（具体的）最终系统之间的桥梁。虽然从抽象目标到具体系统的路径可能很复杂，但好消息是，可以使用支持实现这些业务目标的已知技术来设计、分析和记录软件架构。复杂性可以被驯服，变得易于驾驭。

因此，本书的主题是：架构的设计、分析和文档编制。我们还将研究影响这些活动的因素，这些因素主要是以业务目标形式出现的质量属性需求。

在本章中，我们将严格从**软件工程**的角度来讨论架构。也就是说，我们将探讨软件架构为开发项目带来的价值。在后面的章节，我们将从业务和组织的角度进行讨论。

1.1 软件架构的定义

通过网络搜索很容易发现软件架构有许多定义，但我们倾向于：

系统的软件架构是对系统进行推理所需的一组结构。这些结构包括软件元素、元素之间的关系以及两者的属性。

这一定义与其他关于系统"早期""重大"或"重要"决策的定义有所不同。虽然许多架构决策确实是在早期做出的，但并非所有架构决策都是如此，尤其是在敏捷和螺旋式开发项目中。此外，许多早期决策并不是我们所考虑的架构。再者，很难判断一个决定是否称得上"重大"。有时候，只有时间会证明一切。由于架构决策是架构师最重要的职责之一，我们需要知道架构包含哪些决策。

相比之下，结构在软件中很容易被识别，它们构成了系统设计和分析的强大工具。

因此，可以说：架构是关于推理和赋能结构的。

让我们看看这个定义的含义。

1. 架构是一组软件结构

这是架构定义中第一个也是最明显的含义。一个结构是由关系维系在一起的一组元素。软件系统由许多结构组成，一个单一结构不能称为架构。结构可以分成不同的类别，这些类别本身提供了思考架构的有用方法。架构结构可以分为三个有用的类别，它们将在架构的设计、文档编写和分析中扮演重要的角色：

1）组件及连接器结构

2）模块结构

3）分配结构

在下一节中，我们将深入研究这些类型的结构。

虽然软件包含无穷无尽的结构，但并不是所有的结构都与架构有关。例如，按照从最短到最长的长度递增，包含字母"z"的源代码集合是一个软件结构。但它无趣，也不是架构风格。如果一个结构支持关于系统和系统属性的推理，那么它才是架构。这个推理应该涉及利益相关者关注的某些重要系统属性。这些属性包括系统所实现的功能、系统在遇到故障或试图关闭时保持有效操作的能力、对系统进行特定更改的难易程度、系统对用户请求的响应能力等。在本书中，我们将花大量时间来讨论这样的架构和质量属性之间的关系。

因此，架构结构的集合既不是固定的，也不是有限的。什么是架构取决于在系统上下文的推理中什么是有用的。

2. 架构是一种抽象

由于架构由结构组成，而结构由元素⊖和关系组成，因此，架构由软件元素以及这些元素的关系组成。这意味着架构专门有意地省略了对系统推理无用的某些元素信息。因此，架构首先是对系统的抽象，它留意某些细节并忽略其他细节。在所有现代系统中，元素之间通过接口进行交互，接口将元素的细节划分为公共部分和私有部分。架构关注的是公共部分；元素的私有部分（仅与内部实现有关的细节）与架构无关。这种抽象对于控制架构的复杂性至关重要：我们不能，也不希望所有时间都在处理复杂性。我们希望且需要的是，理解系统的架构要比理解系统的每个细节容易很多个数量级。你不可能在头脑中记住哪怕是一个中规模系统的每个细节，架构的关键在于让你不必这么做。

3. 架构与设计

架构是设计，但并不是所有的设计都是架构。也就是说，许多设计决策不受架构的约束，毕竟，架构是一种抽象，依赖于下游设计人员甚至开发人员的自由裁量权和良好判断。

4. 每个软件系统都有一个软件架构

每个系统都有一个架构，因为每个系统都有元素和关系。然而，这并不意味着任何人都知道这个架构。也许系统的设计人员早已不在，文档已经消失（或从未产生过），源代码

⊖　在本书中，我们使用术语"元素"表示模块或组件，并且不做区分。

也找不到（或从未交付过），我们手头上只有二进制执行码。这揭示了系统架构和架构表示之间的区别。要使一个架构可以独立于它的描述或规范而存在，就要重视架构文档的编写，这将第 22 章中描述。

5. 不是所有的架构都是好的架构

我们的定义与系统架构好坏无关。架构可能支持或阻碍实现系统的重要需求。假设我们不接受试错作为选择架构的最佳方式，也就是说不接受随机选择一个架构并构建系统，然后黑客攻击系统并希望得到好结果这种方式，那么，就要重视架构设计，这将在第 20 章讨论，在第 21 章将讨论架构评估。

6. 架构包括行为

每个元素的行为都是架构的一部分，并帮助你进行系统推理。元素的行为体现了元素之间以及与环境之间如何相互作用。这显然是架构定义的一部分，并且对系统所展示的属性（比如运行时性能）产生影响。

架构师不必关注元素的所有行为。然而，当一个元素的行为影响了整个系统的可接受性时，这个行为必须被认为是系统架构设计的一部分，并被记录下来。

系统架构和企业架构

与软件架构相关的两个专业领域是系统架构和企业架构。这两个领域都有更广泛的关注点，它们通过建立软件系统及其架构师必须遵循的约束来影响软件架构。

系统架构

系统架构是对系统的表示，包括系统功能到硬件和软件组件的映射、软件架构到硬件架构的映射以及与这些组件的人机交互。也就是说，系统架构关注硬件、软件和人的整体。

例如，系统架构影响分配给不同处理器的功能以及连接这些处理器的网络类型。而软件架构将决定该功能是如何实现的，以及分配到不同处理器上的软件程序如何交互。

软件架构的描述映射到硬件和网络组件上时，支持对性能和可靠性等质量属性进行推理。而系统架构的描述可以对额外的质量属性进行推理，如功耗、重量等物理特性。

在设计一个特定的系统时，系统架构师和软件架构师经常就功能的分布进行协商，从而对软件架构加以约束。

企业架构

企业架构是对组织的过程、信息流、人员、组织单元的结构和行为的描述。企业架构不需要包括计算机化的信息系统，很明显，在计算机出现之前，组织就已经有了符合上述定义的架构，但是现在，如果没有信息系统的支持，除了最小的企业之外，适用于所有企业的架构是不可想象的。因此，现代企业架构关注的是软件系统如何支持企业的业务过程和目标。通常这组关注点中包含一个流程，用于决定企业应该支持哪些系统和哪些功能。

例如，企业架构将指定各种系统用于交互的数据模型，以及企业内部系统与外部系统交互的规则。

软件只是企业架构的一个关注点。人类如何使用软件来执行业务流程以及计算环境的标准是企业架构要回答的另外两个常见问题。

有时候，支持系统之间以及与外部世界通信的软件基础设施被认为是企业架构的一部分；有时候，该基础设施被认为是企业中的一个系统。（在任何一种情况下，该基础设施的架构都是**软件架构**！）这两种观点导致与基础设施有关的人有着不同的管理结构和影响范围。

这些领域在本书的范围内吗？在（嗯，不在）

系统和企业为软件架构提供环境和约束。软件架构必须存在于系统和企业中，并且日益成为实现组织业务目标的焦点。企业架构和系统架构与软件架构有很多共同之处：所有这些都可以被设计、评估和记录；都要回答需求；都是为了满足利益相关者的关注；都由结构组成，结构又由元素和关系组成；都有一整套模式供各自的架构师使用；等等。因此，在某种程度上，这些架构与软件架构具有共同之处，它们在本书的讨论范围之内。但是就像所有的技术领域一样，每个领域都有自己的专业词汇和技术，我们将不介绍这些，可参考大量其他来源。

1.2　架构结构与视图

因为架构结构是我们定义和处理软件架构的核心，本节将更深入地探讨这些概念。这些概念将在第 22 章中进行更深入的讨论，在那里我们将讨论如何编写架构文档。

架构结构本质上要有对应的东西。例如，神经科医生、骨科医生、血液科医生和皮肤科医生对人体的不同结构都有不同的看法，如图 1.1 所示。眼科医生、心脏病医生和足病医生专注于特定的子系统。运动学家和精神病学家关注的是整个行为的不同方面。尽管这些视图的描绘方式不同，有着迥异的属性，但它们都是内在相关和相互关联的：它们一起描述了人体的结构。

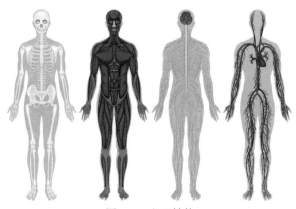

图 1.1　生理结构

架构结构在人类活动中也有类似的情况。例如，电工、水管工、采暖和空调专家、屋顶工人和框架工人各自负责建筑中的不同结构。你可以很容易地看出每种结构的不同的关注点。

软件也是如此。

1. 三种结构

架构结构可以分为三个主要类型，取决于元素所展示的广泛性质以及支持的推理类型：

1）组件及连接器（Component-and-Connector，C&C）结构：聚焦于元素在运行时相互交互以执行系统功能的方式。它描述了如何将系统解构为一组具有运行时行为（组件）和交互（连接器）的元素。组件是主要的计算单元，可以是服务、对等点、客户机、服务器、过滤器或其他类型的运行时元素。连接器是组件之间的通信媒介，例如调用返回、进程同步操作、管道或其他组件。C&C 结构有助于回答以下问题：

- ❏ 主要的执行组件是什么？它们在运行时如何交互？
- ❏ 主要的共享数据存储有哪些？
- ❏ 系统的哪些部分被复制？
- ❏ 数据如何通过系统进行处理？
- ❏ 系统的哪些部分可以并行运行？
- ❏ 系统的结构会在执行过程中发生变化吗？如果会，是如何变化的？

引申开来，这些结构对于回答关于系统运行时属性 [如性能、防护性（security）、可用性等] 的问题至关重要。

C&C 结构是我们看到的最常见结构，但其他两类结构也很重要，不应该被忽视。

图 1.2 显示了一个系统的 C&C 结构的草图，使用了非正式符号并在图中做了解释。系统包含一个共享存储库供服务器和管理组件访问。一组客户端柜员可以与账户服务器交互，并使用发布 – 订阅连接器进行通信。

2）模块结构：将系统划分为实现单元，在本书中我们称之为模块。模块结构显示了一个系统是如何解构为一组必须创建或采购的代码或数据单元。模块被分配特定的计算责任，是开发团队分配工作的基础。在任何模块结构中，元素都是某种类型的模块（可能是类、包、层，或者仅仅是功能的划分，所有这些都是实现单元）。模块代表了一种静态考虑系统的方式。模块是指定的功能区域；在这个结构中，很少强调软件在运行时如何表现自己。模块的实现包括包、类和层。模块结构中的模块之间的关系包括使用（use）、泛化（或"is-a"）和"是一部分"（is part of）。图 1.3 和图 1.4 分别显示了使用统一建模语言（Unified Modeling Language，UML）表示的模块元素和关系示例。

模块结构可以回答以下问题：

- ❏ 每个模块的主要功能职责是什么？
- ❏ 一个模块允许使用哪些其他软件元素？

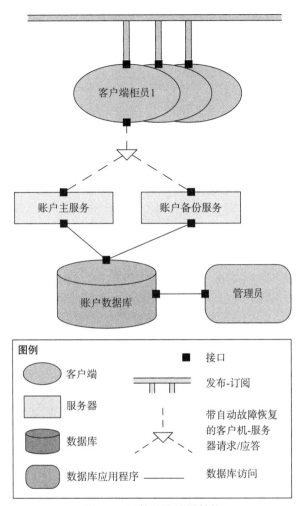

图 1.2　组件及连接器结构

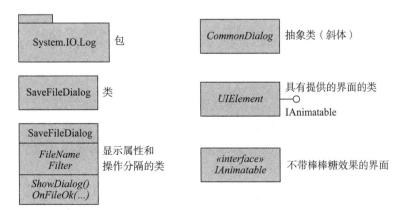

图 1.3　UML 中的模块元素

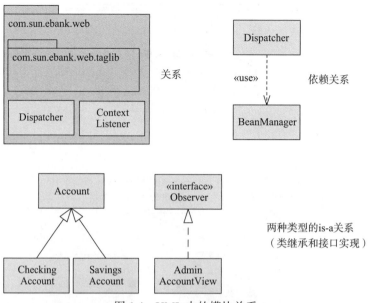

图 1.4　UML 中的模块关系

- ❑ 它实际使用和依赖哪些其他软件?
- ❑ 哪些模块通过泛化或特殊化(即继承)关系与其他模块相关联?

模块结构直接表达了这些信息,它们也可以用来确认模块的功能职责变化对系统的影响。因此,模块结构是对系统的可修改性进行推理的主要工具。

3)分配结构:建立从软件结构到系统的非软件结构(例如相关组织,或者软件开发、测试和执行环境)的映射。分配结构回答下列问题:

- ❑ 每个软件元素在哪些处理器上执行?
- ❑ 在开发、测试和系统构建期间,每个元素存储在哪个目录或文件中?
- ❑ 每个软件元素分配给开发团队的任务是什么?

2. 一些有用的模块结构

- ❑ 分解结构。单元是通过"是－子模块"关系相互关联的模块,展示了模块如何递归地分解成更小的子模块,直到足够小,易于理解。这种结构中的模块代表了设计的共同起点,因为架构师将枚举软件单元必须做的任务,并将每个任务分配给模块,以便随后(更详细的)设计和最终实现。模块通常有相关联的交付物(如接口规范、代码和测试计划)。分解结构在很大程度上决定了系统的可修改性。也就是说,修改在几个(最少化)模块范围内进行?这种结构经常被用作项目组织的基础,包括文档的结构,以及项目的集成和测试计划。图 1.5 显示了一个分解结构的示例。
- ❑ 使用(use)结构。在这个重要但经常被忽视的结构中,单元也是模块,也可能是类。单元之间通过使用关系联系起来,使用关系是一种特殊的依赖形式。如果一个软件单元的正确性依赖于第二个软件单元的正确运行版本 [而不是桩代码（stub）]，则可以称为第一个软件单元使用第二个软件单元。使用结构用于设计可以扩展功能的系统，或者可以提取功能子集的情况。轻松创建系统子集的能力对增量开发十分有用。这个结构也是衡量社会成本（团队之间实际发生的，而不是应该发生的交流的数量）的基础，因为它决定了哪些团队应该互相交流。图 1.6 显示了一个使用结构，并圈出了如果 admin.client 模块存在，则必须在增量中出现的模块。

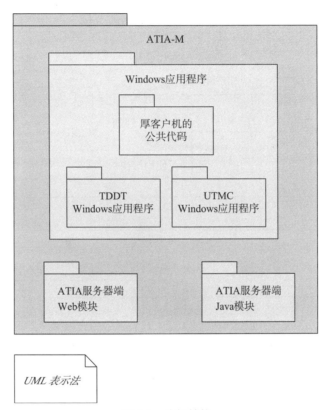

图 1.5　分解结构

❑ 层结构。这种结构中的模块称为层。层是一个抽象的"虚拟机"，它通过被管理的接口提供一组内聚服务。层以可管理的方式使用其他层；在严格分层的系统中，一层只允许使用其他层中的一个。这种结构使系统具有可移植性，即改变底层虚拟机的能力。图 1.7 显示了 UNIX System V 操作系统的层结构。

❑ 类（或泛化）结构。这个结构中的模块称为类，它们通过"继承自"或"是－实例"关系进行关联。该视图支持对类似行为或功能进行聚类以及参数化差异的推理。类结构还支持重用和增量添加功能。遵循面向对象分析和设计过程的项目文档通常是这种结构。图 1.8 显示了一个取自架构专家工具的类结构。

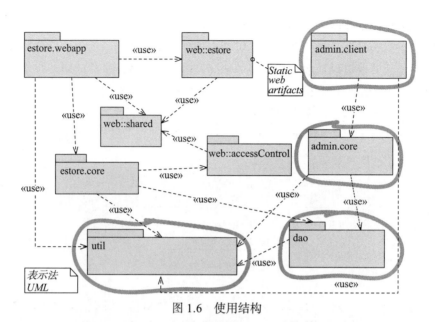

图 1.6 使用结构

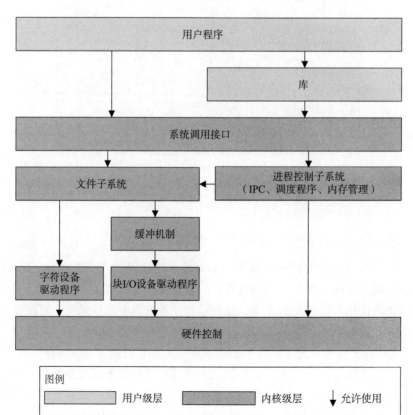

图 1.7 层结构

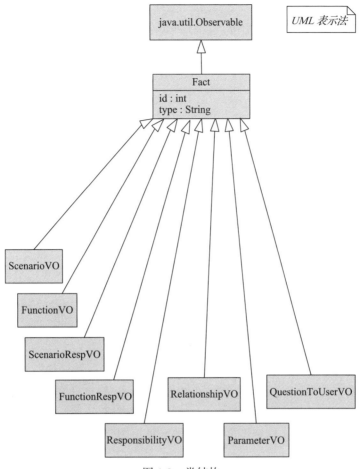

图 1.8　类结构

- 数据模型。数据模型根据数据实体及其关系来描述静态信息结构。例如，在银行系统中，实体通常包括 Account、Customer 和 Loan。Account 拥有账户编号、账户类型（存款或支票）、账户状态和当前余额等属性。关系可以规定一个客户可以拥有一个或多个账户，并且一个账户与一个或多个客户相关联。图 1.9 显示了一个数据模型的示例。

3. 一些有用的 C&C 结构

C&C 结构显示系统的运行时视图。在这些结构中，刚才描述的模块都被编译成可执行的形式。因此，所有的 C&C 结构与基于模块的结构是正交的，并涉及运行系统的动态方面。例如，一个代码单元（模块）可以编译成一个服务，该服务在执行环境中可以复制数千份。也可以将 1000 个模块编译并连接在一起，生成单个运行时可执行文件（组件）。

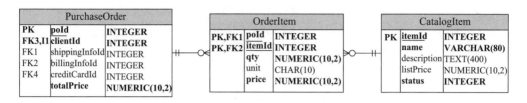

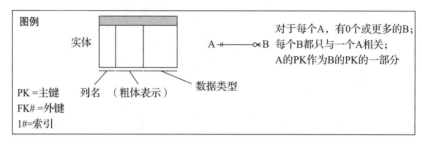

图 1.9　数据模型

所有 C&C 结构中的关系都是依附（attachment），显示了组件和连接器是如何勾连在一起的。（连接器本身可以是"调用"这种常用的结构。）有用的 C&C 结构包括：

- 服务结构。这里的单元是指通过服务协同机制（比如消息）进行互操作的服务。服务结构是一个重要的结构，它可以帮助设计一个由相互独立开发的组件组成的系统。

- 并发结构。这种 C&C 结构允许架构师发现并行的时机和可能发生资源争抢的位置。并发结构的单元是组件，连接器是组件间的通信机制。组件被编排成"逻辑线程"。逻辑线程是一个计算序列，可以在稍后的设计中将其分配给单独的物理线程。并发结构在设计过程的早期用于识别和管理与并发执行相关的问题。

4. 一些有用的分配结构

分配结构定义了来自 C&C 或模块结构的元素如何映射到非软件——通常是硬件（可能是虚拟化的）、团队和文件系统。有用的分配结构包括：

- 部署结构。部署结构显示了如何将软件分配给处理器和通信器件等硬件。该结构的元素包括软件元素（通常是来自 C&C 结构的进程）、硬件实体（处理器）和通信路径。关系是"分配到"，显示软件元素分配到哪个物理单元上，如果分配是动态的，则关系是"迁移到"。此结构可用于推理性能、数据完整性、防护性和可用性。它在分布式系统中特别重要，是实现可部署性的质量属性所涉及的关键结构（参见第 5 章）。图 1.10 显示了 UML 中的一个简单的部署结构。

- 实现结构。该结构显示了软件元素（通常是模块）如何映射到系统的开发、集成、测试或配置管理环境中的文件结构。这对于开发活动和构建过程的管理是至关重要的。

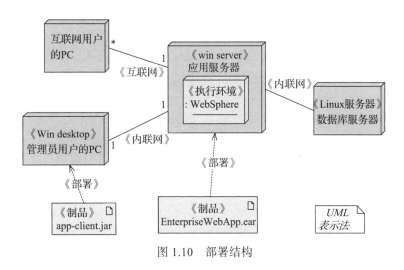

图 1.10 部署结构

❑ **工作分配结构。** 这种结构用于将实现和集成模块的任务分配给相关团队。将工作分配结构作为架构的一部分可清楚地表明，关于谁来执行任务的决定具有架构和管理含义。架构师将了解每个团队所需的专业知识。例如，亚马逊的工作分配结构是为每一项微服务配备一个团队。在大型开发项目中，识别公共功能单元并将其分配给单个团队，而不是让每个需要它们的人来实现它们，这是很有用的。这种结构也将决定团队之间的主要沟通途径：定期的网络会议、wiki、电子邮件列表等。

表 1.1 总结了这些结构。列出每个结构中元素和关系的含义，并说明每个元素可能用于什么。

表 1.1　有用的架构结构

	软件结构	元素类型	关系	用于	影响的质量属性
模块结构	分解结构	模块	是……的子模块	资源分配以及项目构建和规划；封装	可修改性
	使用结构	模块	使用（即请求正确存在的……）	设计子集和扩展	可分解性、可扩展性
	层结构	层	允许使用……服务；为……提供抽象	增量式开发；在"虚拟机"上实现系统	可移植性、可修改性
	类结构	类、对象	是……的实例；是对……的泛化	在面向对象的系统中，分解出共性；规划功能扩展性	可修改性、可扩展性
	数据模型结构	数据实体	{1，多}-对-{1，多}；泛化；具体化	为一致性和性能设计全局数据结构	可修改性、性能
C&C 结构	服务结构	服务、服务注册	依附（通过消息传递）	调度分析；性能分析；鲁棒性分析	互操作性、可用性、可修改性
	并发结构	进程、线程	依附（通过通信和同步机制）	确定存在资源争抢的位置，实现并行的时机	性能

（续）

	软件结构	元素类型	关系	用于	影响的质量属性
分配结构	部署	组件、硬件	分配到；迁移到	将软件元素映射到系统元素	性能、防护性、能耗、可用性、可部署性
	实现	模块、文件结构	存储在	配置管理、集成、测试活动	开发效率
	工作分配	模块、组织单元	分配到	项目管理、专业知识和可用资源的最佳利用、公共管理	开发效率

5. 让结构相互关联

每一种结构都为系统提供了不同的视图和设计抓手，每一种结构都是有效和有用的。虽然这些结构使用了不同的系统视角，但它们并不是独立的。一个结构的元素将与其他结构的元素相关联，我们需要对这些关系进行推理。例如，分解结构中的模块可能表现为一个 C&C 结构中的一个组件、一个组件的一部分或多个组件，反映其运行时的另一面。通常，结构之间的映射是多对多的。

图 1.11 显示了两个结构如何相互关联的简单示例。左图显示了一个小型客户机－服务器系统的模块分解视图。在该系统中，需要实现两个模块：客户端软件和服务器端软件。右图显示了同一个系统的 C&C 视图。在运行时，10 个客户机正在运行并访问服务器。因此，这个小系统有两个模块和 11 个组件（还有 10 个连接器）。

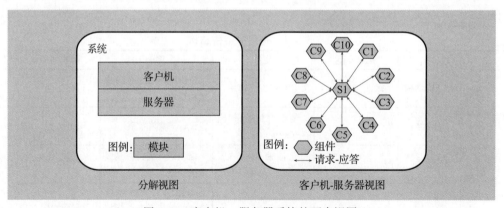

图 1.11　客户机－服务器系统的两个视图

虽然分解结构中的元素与客户机－服务器结构之间的对应关系很明显，但这两个视图使用情况迥异。例如，右边的视图可以用于性能分析、瓶颈预测和网络流量管理，而左边的视图很难或不可能实现这些功能。（在第 9 章中，我们将学习 map-reduce 模式，在这种模式中，简单的、相同的功能副本分布在成百上千个处理节点上——整个系统是一个模块，但每个节点一个组件。）

单独的项目有时考虑以一种结构作为主导结构，并在可能的情况下，根据主导结构推导其他结构。主导结构常常是模块分解结构，因为它反映了开发团队的结构，所以有利于生成项目结构。在其他项目中，主导结构可能是 C&C 结构，它显示了系统的功能和关键质量属性是如何在运行时实现的。

6. 越少越好

并不是所有的系统都需要考虑许多架构结构。系统越大，这些结构之间的差异就越明显；对于小型系统，我们通常可以用更少的结构来应付。例如，与其使用 C&C 结构中的每一个，不如只用一个。如果只有一个流程，那么流程结构就会分解为单个节点，不需要在设计中显式表示。如果用不着分发（即系统在单处理器上实现），那么部署结构就很简单，不需要过度考虑。一般来说，只有能够带来积极的投资回报（通常是降低开发或维护成本）时，才需要设计一个结构并编写文档。

7. 选择哪种结构

我们已经简要描述了一些有用的架构结构，当然还有更多的可能。架构师应该选择哪个用于设计和编写文档呢？当然不是全部。架构师应在了解各种可用的结构如何支持系统重要的质量属性和如何使用的基础上，选择在这些属性中发挥最佳作用的结构。

8. 架构模式

某些情况下，架构元素以解决特定问题的方式组合。随着时间的推移，人们发现这些组合在许多不同的领域中都很有用，因此它们被记录下来并广为传播。为解决系统面临的一些问题而提供打包的一组策略的相关架构元素的组合称为模式。架构模式将在本书的第二部分进行详细讨论。

1.3 什么是"好的"架构

架构本身并没有好坏之分。架构或多或少适合于某些目的。面向服务的三层架构可能是大型企业基于 Web 的 B2B 系统的准入证，但对于航空电子应用程序则完全错误。为实现高可修改性而精心设计的架构对于一次性原型没有意义（反之亦然！）。本书传递的信息之一是，架构实际上是可以评估的，这是关注架构的最大好处之一，但这种评估只在特定目标的上下文中有意义。

尽管如此，在设计大多数架构时，还是应该遵循一些经验法则。没有应用这些法则并不意味着架构会有致命的缺陷，但它应该引起足够的注意。这些法则可以积极应用于新项目开发，以帮助建立"正确的"系统，或可以用于启发式分析，以理解现有系统中的潜在问题，并指导其发展方向。

我们把观察分成两组：过程建议和产品（或结构）建议。我们的过程建议如下：

1）软件（或系统）架构应该是单个架构师或技术领导带领的一小组架构师的产品。这种方法对于赋予架构概念上的完整性和技术上的一致性非常重要。这条建议不仅适用于"传统"项目，也适用于敏捷和开源项目。架构师和开发团队之间应该有很强的联系，以避免不切实际的"象牙塔"设计。

2）架构师（或架构团队）应该在持续的基础上，将架构建立在明确的质量属性需求的优先级列表上，这意味着要经常进行权衡。功能需求没那么重要。

3）应该使用视图来记录架构。（视图只是对一个或多个架构结构的表示。）这些视图应该解决项目时间表中最重要利益相关者的关注点。这可能意味着先是少量的文档，然后才是详细说明文档。关注点通常与系统的构建、分析和维护，以及对新利益相关者的教育有关。

4）应该评估架构交付系统重要质量属性的能力。架构评估应在软件生命周期的早期回报最大时做，并在适当的时候重复，以确保对架构（或其预期的环境）的更改不会导致设计过时。

5）架构应该增量实现，以避免必须一次集成所有内容（这几乎不会成功），并且要尽早发现问题。一种方法是通过创建一个"骨架"系统，在这个"骨架"系统中，通信路径可用，但最初只有最小的功能。这个骨架系统可以用来增量地"生长"系统，并在必要时进行重构。

我们的结构经验法则如下：

1）架构应该具有定义良好的模块，划分模块的首要原则是信息隐藏和关注点分离。信息隐藏要求模块应该封装可能发生变化的内容，从而使软件免受这些变化的影响。每个模块都应该有一个定义良好的接口，用来向使用其功能的其他软件封装或"隐藏"可变方面。这些接口应该允许各自的开发团队在很大程度上独立工作。

2）除非你的需求是前所未有的（可能，但不太现实），你的质量属性应该通过使用众所周知的针对每个属性的架构模式和战术（在第4章到第13章中描述）来实现。

3）架构不应该依赖于特定版本的商业产品或工具。如果必须这样做，其结构也应该是在更改为不同版本时是直接和廉价的。

4）生产数据的模块应该与消费数据的模块分开。这会增加可修改性，因为更改经常局限于要么数据生产者，要么数据消费者。如果添加新数据，双方都必须进行更改，分开将允许分阶段（增量）升级。

5）不要期望模块和组件之间是一对一对应关系。例如，在具有并发性的系统中，一个组件的多个实例可能并行运行，其中每个组件都是由相同的模块构建的。对于具有多个并发线程的系统，每个线程可能使用来自多个组件的服务，而每个组件都是由不同的模块构建的。

6）每个进程的编写都应该使其分配给特定处理器的任务易于更改，甚至可以在运行时更改。正如我们将在第16章和第17章中讨论的那样，这是虚拟化和云部署日益流行的驱动力。

7）架构应该具有少量简单的组件交互模式。也就是说，整个系统应该以相同的方式做相同的事情。这种做法将有助于可理解性，减少开发时间，增强可靠性，增加可修改性。

8）架构应该包含一组特定的（且较小的）资源争抢区域，明确指定并维护其使用规则。例如，如果网络利用率是一个关注的领域，架构师应该为每个开发团队制定（并执行）达到可接受的网络流量水平的指导方针。如果考虑性能，架构师应该制定（并执行）时间预算。

1.4　总结

系统的软件架构是对系统进行推理所需的一组结构。这些结构包括软件元素、它们之间的关系以及两者的属性。

有三种结构：

- ❑ 模块结构将系统表示为一组必须创建或采购的代码或数据单元。
- ❑ 组件和连接器结构将系统表示为一组元素，这些元素具有运行时行为（组件）和交互（连接器）。
- ❑ 分配结构显示了来自模块和 C&C 结构的元素如何与非软件结构（如 CPU、文件系统、网络和开发团队）相关联。

结构是架构的主要工程杠杆点。每个结构都具有操作一个或多个质量属性的能力。总体而言，结构代表了创建架构（以及稍后对其进行分析和向利益相关者解释）的强大方法。而且，正如我们将在第 22 章中看到的，架构师选择的作为工程杠杆点的结构也是架构文档结构的主要候选者。

每个系统都有一个软件架构，但是这个架构可能会也可能不会被文档化和传播。

架构本身并没有好坏之分。架构只是或多或少适合于某些目的。

1.5　进一步阅读

如果你对软件架构研究领域非常感兴趣，你可以参考一些开创性的工作。其中大部分根本没有提到"软件架构"，因为这个短语是在 20 世纪 90 年代中期才发展起来的，所以你必须从字里行间去理解它。

Edsger Dijkstra 在 1968 年关于 T.H.E. 操作系统的论文中引入了层的概念 [Dijkstra 68]。David Parnas 的早期工作奠定了许多概念基础，包括信息隐藏 [Parnas 72]、程序家族 [Parnas 76]、软件系统固有结构 [Parnas 74]，以及使用结构来构建系统的子集和超集 [Parnas 79]。Parnas 的所有论文都可以在他的重要论文集 [Hoffman 00] 中找到。现代分布式系统的存在归功于协同顺序处理的概念，（其中）C.A.R.（Tony）Hoare 先生在概念化和定义

[Hoare 85] 中发挥了重要作用。

1972 年，Dijkstra、Hoare 以及 Ole-Johan Dahl 认为，程序应该被分解成具有小而简单接口的独立组件，他们的方法被称为结构化编程，可以说这是软件架构的首次亮相 [Dijkstra 72]。

Mary Shaw 和 David Garlan，一起和单独，推动创建了我们称之为软件架构的研究领域。从文献 [Garlan 95] 开始，他们建立了一些基本原则，开创性地编目了架构风格家族（一个类似模式的概念），其中一些作为架构结构出现在本章中。

软件架构模式已经被广泛地编入《面向模式的软件体系结构》（*Pattern- Oriented Software Architecture*）系列[⊖]中 [Buschmann 96 和其他]。本书的第二部分还将讨论架构模式。

关于工业发展项目中使用架构视图的早期论文是文献 [Soni 95] 和文献 [Kruchten 95]。前者被写成了一本书 [Hofmeister 00]，全面介绍了在开发和分析中使用视图的情况。

许多书籍都关注与架构相关的实际实现问题，如 George Fairbanks 的 *Just Enough Software Architecture* [Fairbanks 10]、Woods 和 Rozanski 的 *Software Systems Architecture* [Woods 11] 和 Martin 的 *Clean Architecture：A Craftsman's Guide to Software Structure and Design* [Martin 17]。

1.6　问题讨论

1. 是否有你所熟悉的软件架构的不同定义？如果有，将其与本章给出的定义进行比较。很多定义包括"基本原理"（说明为什么架构是这样的）或架构将如何随着时间发展。你是否同意这些考虑应该是软件架构定义的一部分？
2. 讨论架构如何作为分析的基础。如何做决策？架构可以授权做什么样的决策？
3. 架构在降低项目风险中扮演什么角色？
4. 找到一个普遍接受的系统架构定义，并讨论它与软件架构的共同之处。同样讨论一下企业架构。
5. 查找已发布的软件架构示例，看看有哪些结构？考虑到它的用途，应该显示哪些结构？架构支持什么分析？评价一下你的什么问题是这个架构没有回答的？
6. 帆船有架构，这意味着它们有"结构"，并能够推理船的性能和其他质量属性。查一下三桅帆船（barque）、双桅横帆船（brig）、小快艇（cutter）、三帆快速战舰（frigate）、双桅纵帆船（ketch）、纵帆船（schooner）和单桅帆船（sloop）的技术定义。提出一套有用的"结构"来区分和推理船舶架构。

⊖ 此系列的中文版已由机械工业出版社出版，ISBN 是 978-7-111-11182-6、978-7-111-11686-0、978-7-111-16983-2。——编辑注

7. 飞机的架构可以通过它们如何解决一些主要的设计问题来确定，比如发动机位置、机翼位置、起落架布局等。几十年来，大多数用于客运的喷气式飞机都具有以下特点：

- ❑ 发动机安装在悬挂于机翼下方的短舱里（而不是安装在机翼上或安装在机身后部）。
- ❑ 机翼在底部连接机身（而不是在顶部或中部）。

首先，在网上搜索，从波音、巴西航空工业公司、图波列夫和庞巴迪等制造商那里找到此类设计的例子和反例。接下来，在网上做一些调查，并回答问题：这种设计决定了飞机什么样的重要品质？

第 2 章　为什么软件架构重要

如果架构是答案，那么问题是什么？

本章主要从技术角度讨论为什么架构重要。我们将研究 13 个重要原因。你可以利用它们来推动新架构的创建，或者对已有系统架构进行分析和优化。

1）架构可以抑制或支持系统的质量属性。

2）在架构中做出的决策允许你根据系统的发展进行推理和变更管理。

3）对架构的分析能够提前预测系统的质量。

4）文档化的架构增强了利益相关者之间的沟通。

5）架构是最早的，因此也是最基本的、最难改变的设计决策的载体。

6）架构定义了后续实现的一组约束。

7）架构决定了组织的结构，反之亦然。

8）架构可以为增量开发提供基础。

9）架构是允许架构师和项目经理推理成本和进度的关键制品。

10）架构可以作为一个可转移、可重用模型来创建，它构成了产品线的核心。

11）基于架构的开发将注意力集中在组件的合并上，而不是简单地关注组件的创建。

12）通过限制设计的备选范围，架构引导开发人员的创造力，降低设计和系统复杂性。

13）架构可以是培训新团队成员的基础。

即使你已经相信架构是重要的并且不必再强调 13 次，也可以将这 13 点（构成本章的大纲）视为在项目中使用架构的 13 种有用方法，或者用于证明架构投入是合理的。

2.1　抑制或支持系统的质量属性

系统满足其期望的（或要求的）质量属性的能力实质上是由架构决定的。如果你想不起本书里的其他内容，那么请记住这一点。

这种关系是如此重要，以至于我们用了本书的第二部分来详细阐述这一信息。在此之前，请记住以下例子：

❑ 如果你的系统需要高性能，那么你需要关注管理元素基于时间的行为、它们对共享资源的使用以及元素间通信的频率和数量。

❑ 如果可修改性很重要，那么你需要关注将责任分配给元素，并限制这些元素的交互（耦合），以便系统的大多数变更只影响到这些元素中的少数。理想情况下，每个变更将只影响单个元素。

- 如果你的系统必须是高度防护的，那么你需要管理和保护组件间的通信，并控制哪些组件可以访问哪些信息。你可能还需要在架构中引入专门的元素（例如授权机制）来设置一个强大的"边界"以防止入侵。
- 如果你想让系统安全可靠，你需要设计保障措施和恢复机制。
- 如果你认为性能的可伸缩性对系统的成功非常重要，那么你需要将资源的使用本地化，以便引入更高容量资源来替换，并且必须避免在资源假设或资源限制中进行硬编码。
- 如果你的项目需要交付系统增量子集，那么你必须管理组件间的使用。
- 如果你想让系统中的元素在其他系统中可重用，那么你需要限制元素间的耦合，这样当你提取一个元素时，它不会带出太多与当前环境相关的内容。

针对这些和其他质量属性的策略是非常架构化的。但是，架构本身不能保证系统所需的功能或质量。糟糕的下游设计或实现决策总是会破坏合理的架构设计。就像我们常说的那样（多半是开玩笑）：架构给予什么，实现就拿走什么。软件生命周期的所有阶段（从架构设计到编码、实现和测试）的决策都会影响系统质量。因此，质量并不完全是架构设计的一个功能，但它是起点。

2.2　推理和变更管理

这是上面观点的推论。

可修改性——可以对系统进行变更的便捷程度，是一个质量属性（在前一节讨论过），但它是如此重要的一个属性，以至于我们在 13 个原因中专门提到了它。软件开发社区开始认识到这样一个事实：一个典型的软件系统大约 80% 的总成本发生在初始部署之后。人们使用的大多数系统都处于这个阶段。许多程序员和软件设计师从来没有从事新的开发工作——他们在现有架构和代码体的约束下工作。事实上，所有软件系统在其生命周期中都会发生变更，以适应新特性、新环境，修复 bug 等。但现实是，这些变更往往充满了困难。

每个架构，无论它是什么，都将可能的变更划分为三类：局部的、非局部的和架构的。

- 局部变更可以通过修改单个元素来完成。例如，在定价逻辑模块中添加新的业务规则。
- 非局部变更需要对多个元素进行修改，但不会影响底层架构。比如，在定价逻辑模块添加一个新的业务规则，然后在数据库中添加业务规则所需的字段，并根据需要修改用户界面。
- 架构变更会影响元素之间相互作用的基本方式，并可能需要对整个系统进行变更。例如，将一个系统从单线程改变为多线程。

显然，局部变更是最理想的，因此有效的架构中最常见的变更是局部的，因此很容易进行。非局部变更不是那么令人满意，但它们确实有一个优点，那就是它们通常可以分期进行，也就是说，随着时间的推移，以有序的方式展开。例如，你可能首先进行变更以添加新的定价规则，然后进行更改以实际部署新规则。

决定什么时候变更是至关重要的，决定哪些变更路径具有最小的风险，评估变更的影响，决定变更的顺序和优先级，都需要对软件元素的关系、性能和行为有着广泛的了解。这些任务都是架构师工作的一部分。对架构进行推理和分析提供了对预期变更做出决策所必需的洞察力。如果你不采取这一步，并且不注意维护架构的概念完整性，那么你几乎肯定会积累架构债。我们在第 23 章讨论这个问题。

2.3　预测系统质量

这一点是由前两点引出的：架构不仅赋予系统质量属性，而且以可预测的方式进行。

这似乎是显而易见的，但事实并非如此。设计一个架构，做出一系列相当随意的设计决策，构建系统，测试质量属性，并期待最好的结果。哎呀——速度不够快，还不堪一击？开始被黑客攻击。

幸运的是，根据系统架构评估结果就可以对系统进行质量预测。如果我们知道某些类型的架构决策会支持系统中的某些质量属性，那么我们就可以做出那些决策，并理所当然地期望得到相应的质量属性回报。之后，当检查架构时，我们可以确定决策是否已经完成，并自信地预测架构将显示相应的品质。

这一点和前面的一点结合起来，意味着架构在很大程度上决定了系统质量，甚至更好！我们知道它是如何做到的，我们也知道如何让它做到。

即使你有时不执行必要的定量分析建模以确保能够交付符合要求的架构，这种基于质量属性含义的评估对于及早发现潜在的问题也是非常宝贵的。

2.4　利益相关者之间的沟通

在第 1 章中提到，架构是一种抽象，这是有用的，因为它代表了整个系统的简化模型（与整个系统的无限细节相反），你可以记住它，团队里的其他人也可以记住它。架构是系统的公共抽象，大多数（如果不是全部的话）的利益相关者可以将它作为创建相互理解、协商、形成共识和彼此交流的基础。架构（或至少部分架构）是非常抽象的，大多数非技术人员，特别是在架构师的指导下，都可以理解它。而且这种抽象可以被细化为足够丰富的技术规范，以指导实现、集成、测试和部署。

软件系统的每一个利益相关者（客户、用户、项目经理、编码人员、测试人员等）都与受架构影响的不同系统特征有关。例如：

- ❑ 用户关心系统是否快速、可靠且在需要时可用。
- ❑ 客户（为系统付费的人）关心架构可以按计划和预算实施。
- ❑ 管理者关心架构（除了成本和进度方面之外）是否最大限度允许团队独立工作，以有纪律和受控的方式进行交互。
- ❑ 架构师关心实现所有这些目标的策略。

架构提供了可以表达、协商和解决不同问题的通用语言，甚至对于大型复杂系统也是这样的。如果没有这样的通用语言，就很难充分理解大型系统，从而导致做出影响质量的早期决策。正如我们将在第 21 章中看到的，架构分析既依赖于某个层面的沟通，又增强了这个沟通。

关于架构文档的第 22 章更深入地介绍了利益相关者及其关注的问题。

"当我按下这个按钮时会发生什么"：架构作为利益相关者沟通的工具

项目审查没完没了地进行。政府资助的项目落后于计划，超出了预算，而且项目大到足以引起美国国会的注意。现在政府正在通过马拉松式的一对一评审来弥补过去的疏忽。承包商最近接受了一次买断，但情况也没改善。那是第二天的下午，会议议程要求展示软件架构。这位年轻的架构师（系统总架构师的学徒）勇敢地解释了大规模系统的软件架构如何能够满足实时、分布式、高可靠性的要求。他有一个扎实的陈述和一个扎实的架构。这是合情合理的。听众是大约 30 名政府代表，他们在这个棘手的项目中承担着不同的管理和监督角色，他们已经厌倦了。他们中的一些人甚至在想，也许应该进入房地产业，而不是忍受另一场马拉松式的"让我们终于把事情做对了"的评审。

幻灯片以半正式的框线符号展示了系统运行时的主要软件元素。年轻的架构师说，这些名字都是首字母缩写，未经解释，没有任何语义。这些线显示了数据流、消息传递和流程同步。正如架构师所解释的那样，这些元素在内部是冗余的。"如果发生故障，"他用激光笔标出其中一条线说，"就会沿着这条路径触发一个重启装置，当……"

"当按下模式选择按钮时会发生什么？"一位听众打断了他的话。他是代表这个系统的用户的政府与会者。

"你能再说一遍吗？"架构师问。

他说："模式选择按钮，当你按它的时候会发生什么？"

"嗯，这会触发设备驱动程序中的一个事件，在这里，"架构师开始用激光笔，"然后读取注册表并解释事件代码。如果是模式选择，它向公告板发出信号，公告板又向订阅了该事件的对象发出信号……"

"不，我是说系统做了什么。"提问者打断了他，"它会重置显示器吗？如果在系统重新配置时出现这种情况会发生什么？"

架构师看起来有点惊讶，甩掉了激光笔。这不是一个架构问题，但由于他是一个架构师，因此对需求很熟悉，所以他知道答案。他说："如果命令行处于设置模式，显示器将重置。否则，一个错误消息将被显示在控制台上，但信号将被忽略。"他把激光笔放回去，说："我刚才说的重启机制……"

"嗯，我只是想知道，"用户代表说，"因为我从你的图表上看到，显示器正在向目标位置模块发送信号。"

"**会**发生什么？"另一位听众对第一个提问者问道，"你真的希望用户在重新配置时获得模式数据吗？"在接下来的 45min，架构师看着观众占用着他的时间争论在各种深奥的状态下系统的正确行为应该是什么——这是一个绝对必要且应该在需求制定的时候就应该明确的问题，但是，不知出于什么原因没有明确。

争论的焦点不是架构，但架构（以及它的图形化呈现）引发了争论。很自然地，我们可以把架构看作交流的基础——在架构师和开发人员之外的一些利益相关者之间进行交流，例如，管理人员使用架构来创建团队并分配资源。但是用户呢？毕竟，架构对用户是不可见的，为什么他们要把架构作为理解系统的工具？

事实是他们确实如此。在这个例子中，提问者已经坐了两天的时间查看了所有关于功能、操作、用户界面和测试的图表。尽管他很累，想回家，但第一张关于架构的幻灯片让他意识到自己有些东西不懂。参加了许多架构评审使我确信，以一种新的方式来看待系统会刺激人们的思维，并带来新的问题。对于用户来说，架构通常是一种新的方式。用户提出的问题本质上是与行为有关的，在几年前的一个令人难忘的架构评审中，用户代表对系统将要做什么更感兴趣，而不是它将如何做，而且很自然地是这样。在那之前，用户与供应商的唯一联系是后者的营销人员。架构师是用户可以接近的第一个正式的系统专家，他们会毫不犹豫地抓住这个机会。

当然，详细和彻底的需求规范将改善这一点，但由于各种原因，需求并不总是明确或可用的。如果缺少这样的需求规范，架构规范通常有助于引发问题并提高需求清晰度。认识到这种可能性要比抵制它更为明智。

有时，这样的演练会暴露出不合理的需求，然后可以重新审视这些需求的效用。这种类型的评审强调需求和架构之间的协同作用，通过在整个评审会议中为年轻的架构师提供处理这类信息的机会，可以让故事中的年轻架构师摆脱困境。而用户代表也不会觉得像离开了水的鱼，在一个明显不合适的时间问他的问题。

——PCC

2.5 早期设计决策

软件架构是关于系统的早期设计决策的体现，这些早期约束对于系统后续开发、部署和维护具有巨大的影响。这也是对这些影响系统的重要设计决策进行详细评审的最早时间点。

在任何规程中的任何设计都可以看作一系列决策。在作画时，甚至在开始作画之前，艺术家就开始决定画布和材料——油彩、水彩还是蜡笔。一旦开始作画，就会相应做出其他的决定：第一条线在哪里，它的宽度是多少，它的形状是什么？所有这些早期的决策都对最终画面的外观有很大的影响，并且每个决策都限制了接下来的许多决策。每一个单独的决策可能看起来都是无关紧要的，但早期的决策尤其具有不成比例的重要性，因为它们影响和限制了接下来的许多事情。

架构设计也是如此。架构设计也可以看作一系列的决策。就现在必须改变的额外决策而言，改变这些早期的决策将会引起连锁反应。是的，有时架构必须重构或重新设计，但这不是一项轻松的任务，因为一片雪花就可能引发雪崩。

软件架构体现了哪些早期设计决策？想想看：

- ❏ 系统是运行在一个处理器上还是分布在多个处理器上？
- ❏ 软件是分层的吗？如果是，分几层？每层做什么？
- ❏ 组件间是同步通信还是异步通信？它们是通过控制流或数据流交互，还是两者兼而有之？
- ❏ 流经系统的信息会被加密吗？
- ❏ 使用哪种操作系统？
- ❏ 选择哪种通信协议？

想象一下，如果你不得不改变其中一个或其他相关决策，而这样的决策一开始就决定了架构的某些结构及其交互方式，那么改变决策将是一场噩梦。

2.6 实现约束

如果你希望实现是符合架构的，那么它必须符合架构规定的设计决策，包括必须具有架构所规定的元素集，元素之间必须以架构所规定的方式相互交互，并且每个元素必须按照架构规定履行其职责。每一个规定都是对实现者的约束。

元素构建者必须熟悉元素对应的规范，他们可能不了解整体架构权衡点——架构（或架构师）只是以满足权衡的方式约束元素构建者。性能约束分配是一个经典的例子，架构师常常将一个大功能的性能约束分配给涉及的软件单元。如果每个单元都满足约束，那么整体也将满足。而每个组成部分的实现者可能不知道整体性能约束，而只知道他们自己的。

相反，架构师不需要精通算法设计的所有方面或复杂的编程语言。当然，他们应该有足够的知识，避免设计出难以实现的东西。架构师是负责建立、分析和执行架构决策并进行权衡的人。

2.7 对组织结构的影响

架构不仅规定了正在开发系统的结构，而且深刻影响开发项目的结构（有时是整个组织的结构）。在一个大型项目中，划分工作的通常方法是将系统的不同部分分配给不同的组。这个所谓的工作分解结构在第 1 章中有所体现。因为架构包含了系统的最广泛的分解，所以它通常被用作工作分解结构的基础。工作分解结构反过来决定了计划、调度和预算的单位，团队间的沟通渠道，配置控制和文件系统结构，集成和测试计划及程序，甚至项目的细节，比如项目内部网如何组织，公司野餐时谁和谁坐在一起。团队根据接口规范彼此沟通。当组建运维团队时，也将依据软件结构中的特定元素——数据库、业务规则、用户界面、设备驱动程序等进行相应分工。

建立工作分解结构的一个副作用是冻结了软件架构的某些方面。负责其中一个子系统的组可能会拒绝将其职责分到其他组。如果这些职责已经在合同中确认，改变职责可能会变得昂贵，甚至会引起诉讼。

因此，一旦架构达成一致，出于管理和业务上的原因，对其进行重大修改就变得非常昂贵。所以对于大型系统，在做出具体选择之前，一定要分析其软件架构。

2.8 赋能增量开发

一旦定义了架构，它就可以作为增量开发的基础。第一个增量可以是一个骨架系统，其中至少包含一些基础设施——元素的初始化、通信、共享数据、访问资源、报告错误、日志活动等，但系统的大部分应用功能并不存在。

构建基础设施和构建应用功能可以同时进行。设计和构建一个小的基础设施来支持少量端到端的功能，不断重复，直到完成。

许多系统先构建成骨架系统，然后使用插件、包或扩展库进行扩展。比如 R 语言、Visual Studio Code 和大多数 Web 浏览器。每当添加扩展时，就增加了额外功能。这种方法需要确保系统在产品生命周期的早期就能执行。随着扩展的持续增加，早期版本不断被更完善的版本所取代，系统越来越逼近最终目标。在某些情况下，这些是最终功能的低保真版本或原型；在其他情况下，它们可能是替代品（surrogate），以适当的速度消耗和生成数据，但几乎不做其他事情。除此之外，这允许在产品生命周期的早期识别潜在的性能（和其他）问题。

这种做法在 21 世纪初通过 Alistair Cockburn 的思想和他的"行走骨架"概念而受到关注。最近，它被那些采用 MVP（最低可行产品）作为风险降低策略的人所采用。

增量开发的好处包括减少项目中的潜在风险。如果架构是针对一个系统家族的，那么基础设施可以在整个家族中重用，从而降低每个系统的成本。

2.9　成本和进度估算

成本和进度估算是项目经理的一个重要工具。它们帮助项目经理获取必要的资源，并监控项目的进展。架构师的职责之一是帮助项目经理在项目生命周期的早期开展成本和进度估算。虽然自顶向下的估算对于设定目标和分配预算是有用的，但是基于自底向上对系统各部分的理解的成本估算通常比纯粹基于自顶向下系统知识的估算更准确。

正如我们所说的，项目的组织和工作分解结构几乎总是基于它的架构。对工作项目负责的每个团队或个人对从事的工作能够比项目经理做出更准确的估算，在实现这些估算的过程中，也会有更多的自主权。但是最好的成本和进度估算通常是在自顶向下的估算（由架构师和项目经理创建）和自底向上的估算（由开发人员创建）之间达成一致。这一过程中通过讨论和协商产生的估算要比使用任何一种方法精确很多。

对系统需求进行审查和验证是很有帮助的。你对范围了解越多，成本和进度估算就越准确。

第 24 章深入探讨了架构在项目管理中的作用。

2.10　可转移、可重用模型

在软件生命周期中执行重用越早，获得的好处就越大。代码重用是好事，而架构重用为具有类似需求的系统提供了巨大的重用机会。当架构决策可以跨多个系统重用时，前面描述的所有早期决策结果也会转移到那些系统中。

产品线或产品家族是使用同一组共享资产（软件组件、需求文档、测试用例，等等）构建的一组系统。这些资产中最主要的是面向整个产品线设计的架构。产品线架构师选择一个架构（或一系列紧密相关的架构），该架构服务于产品线的所有成员，定义了什么是固定的，什么是可变的。

产品线代表了一种强大的多系统开发方法，在上市时间、成本、生产率和产品质量方面能得到数量级的回报。架构的力量处于这种方法的核心。与其他资本投资类似，产品线的架构是开发组织的共享资产。

2.11　架构允许合并独立开发的元素

早期的软件范例把编码作为主要的活动，以代码行来衡量进度，而基于架构的开发通常把重点放在组合或组装可能分开开发的元素，甚至是彼此独立开发的元素上。这种组合是可能的，因为架构定义了可以合并到系统中的元素。架构根据它们与环境的交互方式、它们接收和放弃控制的方式、它们消费和生成的数据、它们访问数据的方式以及它们进行通信和资源共享所使用的协议来约束可能的替换（或添加）。我们将在第 15 章详细阐述这些观点。

现成的商业组件、开源软件、公开可用的 App 和网络服务都是独立开发的元素。将许多独立开发的元素集成到系统的复杂性和普遍性催生了整个软件工具行业，如 Apache Ant、Apache Maven、MSBuild 和 Jenkins。

对于软件，有以下收益：

❑ 缩短投放市场的时间（使用别人的现成解决方案比自己开发更容易）。
❑ 提高可靠性（广泛使用的软件更利于消除 bug）。
❑ 更低的成本（软件供应商在客户群中分摊开发成本）。
❑ 增加灵活性（如果你想购买的元素不是极端特别的，就可能有多个来源，从而增加议价空间）。

一个开放系统为软件元素定义了一组标准——它们如何运转，它们如何与其他元素交互，它们如何共享数据，等等。开放系统支持甚至鼓励许多不同的供应商能够生产元素。这可以避免"绑定供应商"，即只有单个供应商能够提供元素并因此收取额外费用。开放系统是通过定义元素及其交互的架构实现的。

2.12　限制设计的备选范围

随着架构解决方案不断增加，尽管软件元素能以或多或少无限的方式组合，但如果我们主动选择较少的元素并限制其相互关系，则可以最小化正在构建系统的设计复杂性。

软件工程师不是一个创造性的和自由至上的艺术家。相反，工程是关乎规程的，而规程在一定程度上是限制已证实方案的替代词汇。这些已证实方案包括战术和模式，这些将在第二部分广泛讨论。重用现成的元素也是限制设计词汇的另一种方法。

将你的设计词汇限制为经过验证的解决方案可以产生以下好处：

❑ 提高重用性。
❑ 更有规律、更简单的设计更容易理解和沟通，并带来更可靠的可预测结果。
❑ 更容易分析，更有信心。
❑ 更短的选择时间。
❑ 更广泛的互操作性。

史无前例的设计是有风险的。经过验证的设计是可验证的。这并不是说软件设计永远不能创新或提供新的和令人兴奋的解决方案，当然可以，但这些解决方案的发明不应该只是为了新奇，当现有的解决办法不足以解决眼前问题时，就应该寻求创新方案。

软件的特性取决于架构战术或模式的选择。选择对于特定问题更合适的战术和模式能改进最终解决方案，可能通过使仲裁冲突的设计约束变得更容易，加深人们对设计环境的理解，帮助发现需求中的不一致性。我们将在第二部分讨论架构战术和模式。

2.13 培训的基础

架构，包括对元素如何相互作用以实现所需行为的描述，可以作为新项目成员了解系统的第一课。这进一步证明软件架构的一个重要用途是支持和鼓励不同利益相关者之间的交流，并为所有这些人提供一个公共参考点。

模块视图是向人们展示项目结构（如谁做什么，哪个团队被分配到系统的哪个部分，等等）的绝佳方法。组件和连接器视图是解释系统如何工作和完成其任务的极佳选择。分配视图显示为新项目成员分配一个适合他的项目开发或部署环境。

2.14 进一步阅读

Gregor Hohpe 所著的 *The Software Architect Elevator：Redefining the Architect's Role in the Digital Enterprise* 描述了架构师与组织内外各级人员交互的独特能力，并促进利益相关者沟通 [Hohpe 20]。

关于架构和组织的论文的鼻祖是文献 [Conway 68]。Conway 定律指出："设计系统的组织……只能设计出这些组织沟通结构的复制品。"

Cockburn 在《敏捷软件开发》（*Agile Software Development: The Cooperative Game*）⊖ 中描述了"行走骨架"的概念 [Cockburn 06]。

开放系统架构标准的一个很好的例子是 AUTOSAR，它是为汽车工业开发的（autosar. org）。

有关构建软件产品线的详细处理，请参见文献 [Clements 16]。基于特性的产品线工程是一种现代的、以自动化为中心的构建产品线的方法，它将范围从软件扩展到系统工程。一个很好的总结可以在文献 [INCOSE 19] 中找到。

2.15 问题讨论

1. 如果你对本书印象不深，那你记住了什么？
2. 针对本章阐述的架构为何重要的 13 个原因，采取相反的立场：提出一组环境，在这些环境下，架构对于实现对应结果是不必要的。证明你的立场。（尝试为这 13 个原因中的每一个想出不同的情况。）
3. 本章认为架构带来了许多切实的好处。在一个特定的项目中，你如何衡量这 13 点中的每一点所带来的好处？

⊖ 此书的中文版和英文版已由机械工业出版社出版，ISBN 分别是 978-7-111-23166-0、978-7-111-21457-1。——编辑注

4. 假设你想向组织引入以架构为中心的实践，你的管理层对此持开放观点，但想知道这样做的投资回报率。你会如何回应？

5. 根据一些对你有意义的标准来排列本章中列出的 13 个原因。证明你的答案。或者，如果你只能选择其中两三个来促进架构在一个项目中的使用，你会选择哪几个，为什么？

第二部分

质 量 属 性

第 3 章　理解质量属性

诸多因素决定了系统架构中必需的质量属性。这些属性超越了系统所表现的能力、服务、行为等功能性。尽管功能性和质量属性密切相关，但功能性通常在方案设计中被优先考虑。正如你看到的，这种偏好是短视的。系统常常不是因为功能上有缺陷而被重新设计，而是因为它们难以维护、移植或扩展，或运行得太慢，或被黑客入侵。在第 2 章中，我们说架构处在软件开发的首要位置，因为要在这里满足质量需求。正是系统功能到软件结构的映射决定了架构对质量的支持。在第 4 ~ 14 章中，我们将讨论架构设计决策如何支持各种质量属性。在第 20 章中，我们将展示如何将所有驱动因素（包括质量属性）集成到一个连贯的设计中。

我们一直在随意地使用术语"质量属性"，现在是时候更仔细地定义它了。质量属性（Quality Attribute，QA）是系统的一种可测量或可测试属性，用于表明系统在基本功能之外满足利益相关者需求的程度。你可以将质量属性视为沿着利益相关者感兴趣的某个维度来衡量产品的"效用"。

在本章中，我们重点理解以下内容：
- ❏ 如何表达架构要展示的质量属性？
- ❏ 如何通过架构来实现质量属性？
- ❏ 如何做出设计决策来满足质量属性？

本章为第 4 ~ 14 章中单个质量属性的讨论做铺垫。

3.1　功能性

功能性是指系统完成预期工作的能力。在所有需求中，功能性与架构的关系最为奇怪。

首先，功能性并不决定架构。也就是说，给定一组功能需求，你可以设计出无数架构。至少可以用多种方式来划分功能，并将它们分配给不同的架构元素。

事实上，如果功能性是唯一要考虑的东西，你根本没必要将系统划分为多个部分：一个没有内部结构的大模块就可以了。相反，我们将系统设计为相互协作的架构元素（模块、层、类、服务、数据库、App、线程、节点等）组成的结构化整体，以便设计易于理解并支持各种其他需求。这些"其他需求"正是质量属性，我们将在本章其余部分以及第二部分后续的章节中进行讨论。

尽管功能性独立于任何特定结构，但它是通过将责任分配给相应的架构元素来实现的。

此过程引出了最基本的架构结构之一——模块分解。

当软件架构考虑到质量属性的需求时，模块的划分就不能随意进行。例如，划分应（或必须）便于不同人进行协作。架构师对功能性的关注点是它与其他质量属性的关系和约束。

功能需求

在写了 30 多年关于功能需求和质量需求之间的区别的文章并进行了讨论之后，功能需求的定义仍让我摸不着头脑。质量属性需求定义得很好：性能与系统的时序行为有关，可修改性与系统初始部署后支持变更或其他质量需求变化的能力有关，可用性与失效后恢复的能力有关，等等。

然而，功能是一个难以捉摸的概念。国际标准（ISO 25010）将功能适用性定义为"当软件在规定条件下使用时，软件产品提供满足明示和隐含需求的功能的能力"。也就是说，功能性是提供功能的能力。该定义的一个解释是，功能描述了系统能做什么，质量描述了系统如何很好地完成它的功能。也就是说，质量是系统的属性，功能是系统的目的。

然而，当你考虑一些"功能"的性质时，这种区别就被打破了。如果软件的功能是控制发动机运转，如果不考虑时序问题，这个功能如何正确执行？通过要求用户名/密码组合来控制访问的能力是不是一个功能，即使它不是任何系统的目的？

我更喜欢用"职责"这个词来描述系统必须执行的计算。诸如"该职责集的时序限制是什么？""该职责集预计会有哪些修改？"以及"允许哪类用户执行该职责集？"之类的问题是有意义并且可行的。

质量的达成催生职责，考虑一下刚才提到的用户名/密码示例。此外，还可以识别与特定需求集相关联的职责。

那么这是否意味着不应该使用"功能需求"这个术语呢？人们对这个术语有一定的理解，但是当需要精确性时，我们应该讨论一系列具体的职责。

长期以来，Paul Clements 一直对"非功能性"一词的粗心使用表示不满，现在轮到我对"功能性"一词的粗心使用表示不满了——这可能同样是无效的。

——Len Bass

3.2　质量属性的相关注意事项

正如不考虑质量属性，系统的功能就不能独立存在一样，质量属性也不能独立存在，它们与系统的功能有关。如果功能需求是"当用户按下绿色按钮时，Options 对话框就会弹出"，那么性能 QA 可能会描述对话框弹出的速度；可用性 QA 可能描述允许该功能失败的频率，以及修复它的时间；易用性 QA 可能会描述学习这个功能有多容易。

至少从 20 世纪 70 年代开始，软件社区就开始讨论质量属性这个独特主题，并发布了各种各样的分类法和定义（我们将在第 14 章讨论其中的一些），其中许多都有自己的研究和实践者社区。然而，大多数关于质量属性的讨论存在三个问题：

1）为属性提供的定义是不可测试的。说一个系统是"可修改的"是没有意义的，因为每个系统可能对于一组变更是可修改的，而对于另一组变更则是不可修改的。在这方面，其他质量属性也是相似的：一个系统可能对某些故障是健壮的，对其他故障是脆弱的，等等。

2）讨论通常集中在一个特定的问题属于哪个质量属性。对系统的拒绝服务攻击属于可用性的一个方面、性能（Performance）的一个方面、防护性的一个方面还是易用性的一个方面？所有四个属性都会声称对拒绝服务攻击拥有"所有权"。在某种程度上，这些都是正确的。但是，关于分类的争论并不能帮助架构师理解和创建架构解决方案来实际管理关注的属性。

3）每个社区都开发了自己的词汇表。性能社区有到达系统的"事件"，防护性社区有到达系统的"攻击"，可用性社区有到达的"故障"，易用性社区有"用户输入"。所有这些可能实际上指的是同一事件，但它们却用了不同的术语来描述。

前两个问题（不可测试的定义和重叠问题）的解决方案是使用质量属性场景作为描述质量属性的方法（参见 3.3 节）。第三个问题的解决方案是，以一种共同的形式说明属性社区的基本概念，这是我们在第 4～14 章中所做的。

我们将重点讨论两类质量属性。第一类描述系统运行时的属性，如可用性、性能或易用性。第二类描述系统开发时的属性，如可修改性、可测试性或可部署性。

质量属性永远不能孤立地实现。任何人的成果都会对他人的成果产生影响——有时是积极的，有时是消极的。例如，几乎所有质量属性都会对性能产生负面影响。以可移植性为例：实现可移植性的主要技术是隔离系统依赖，这会在进程或过程边界增加额外开销，进而损害性能。完成满足质量属性需求的设计，在一定程度上是做出适当权衡，我们将在第 21 章讨论设计。

在接下来的三节中，我们将重点关注如何明确质量属性，什么样的架构决策能够实现特定的质量属性，以及关于质量属性的哪些问题能够让架构师做出正确的设计决策。

3.3　明确质量属性需求：质量属性场景

我们使用一种通用形式将所有 QA 需求指定为场景。这解决了前面提到的用词问题。该通用形式是可测试的和明确的，它对分类的奇思妙想并不敏感。因此，它给我们提供了处理所有质量属性的规则。

质量属性场景由六个部分组成：

❑ 刺激。我们使用术语"刺激"来描述到达系统或项目的事件。刺激可以是性能社区的事件、易用性社区的用户操作或防护性社区的攻击，等等。同样，我们用"刺激"来描述对研发质量的激励行动。因此，对可修改性的刺激是一个修改请求；对可测试性的刺激是单元的开发完成。

❑ 来源。刺激必须有源头，它必须来自某个地方。一定是某个实体（人、计算机系统或任何其他参与者）产生了刺激。刺激的来源可能会影响系统如何处理刺激。来自受信任用户与不受信任用户的请求不会受到相同的审查。

❑ 响应。响应是刺激到达后发生的活动，是架构师承诺要满足的内容。它包括系统（在运行时的质量属性）或开发人员（在开发时的质量属性）响应刺激所应承担的职责。例如，在性能场景中，一个事件（刺激）到达，系统应该处理该事件并做出响应。在可修改场景中，修改请求（刺激）到达时，开发人员应该完成修改且不产生副作用，然后测试和部署修改。

❑ 响应度。当响应发生时，它应该是可度量的，以便对场景进行测试，也就是说，我们要以此确定架构师是否实现了它。对于性能，这可能是延迟或吞吐量；对于可修改性，它可能是开发、测试和部署修改所需的工时。

场景的这四个特征是质量属性规范的核心。但是还有两个重要的特征：环境和制品，虽然它们经常被忽视。

❑ 环境。环境是场景发生时所处的状况，通常是指系统运行时状态：系统可能处于过载状态、正常运行状态或其他一些状态。对于许多系统来说，"正常"操作可以指诸多模式中的一种。对于这种类型的系统，环境应该指定系统以哪种模式执行。但是环境也可以是系统不运行的状态，比如处于开发、测试、刷新数据或运行间隔的充电状态。环境为场景的其他部分设置了上下文。例如，在代码被冻结之后到达的修改请求与在冻结之前到达的请求可能会被区别对待，组件的第五次连续失效与组件的第一次失效可能会被区别对待。

❑ 制品。刺激到达的某个目标。这通常是指系统或项目本身，但如果可能的话，更精确一些是有帮助的。制品可以是系统的集合、整个系统或者系统的一个或多个部分。失效或修改请求可能只影响系统的一小部分。处理数据存储中的失效可能与处理元数据存储中的失效不同。对用户界面的修改可能比对中间件的修改有更快的响应时间。

总结一下，我们将质量属性需求分为六个部分。虽然省略这六个部分中的一个或多个是很常见的，特别是在考虑质量属性的早期阶段，但知道所有的部分都在那里，会驱使架构师考虑每个部分是否相关。

我们已经为第 4 ～ 13 章中提出的每个质量属性创建了一个通用场景，以促进大家进行头脑风暴和引出具体场景。我们区分了通用质量属性场景（通用场景）和具体质量属性场景（具体场景）。前者是系统独立的，可以用于任何系统；后者专门用于所考虑的特定系统。

为了将这些通用属性描述转换为特定系统的需求，需要将通用场景根据系统进行具象化。不过，正如我们发现的，对利益相关者来说，将一个通用场景裁剪成适合他们系统的场景要比凭空生成场景容易得多。

图 3.1 显示了刚才讨论的质量属性场景的各个部分。图 3.2 显示了一个通用场景的示例，在这个示例中目的是获得可用性。

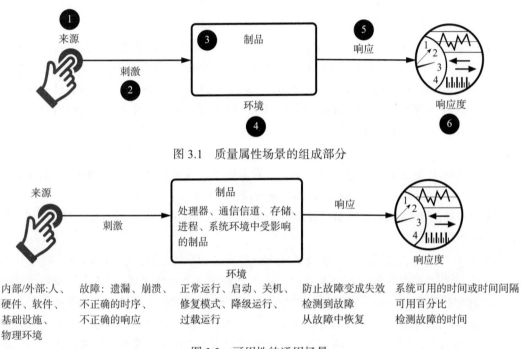

图 3.1　质量属性场景的组成部分

图 3.2　可用性的通用场景

不是我的问题

不久前，我在为 Lawrence Livermore 国家实验室创建的复杂系统做架构分析。如果你访问该组织的网站（llnl.gov），并试图弄清楚该实验室做什么，你会看到"安全"这个词被反复提及。实验室重点研究核安全、国际和国内安全、环境和能源安全。

记住这个重点后，我要求客户描述我正在分析的系统所关注的质量属性。我相信你可以想象当安全问题一次都没有被提到时我有多惊讶！系统的利益相关者提到了性能、可修改性、可演化性、互操作性、可配置性和可移植性等，但是"安全性"这个词从来没有被提过。

作为一名优秀的分析师，我质疑了这个似乎令人震惊且明显的遗漏。回想起来，他们的回答很简单，也很直接："我们不在乎它。我们的系统没有与任何外部网络连接，我们有铁丝网围栏和配有机关枪的警卫。"

当然，Livermore 实验室**有人**对安全问题很感兴趣，但不是软件架构师。这里我们学到的是，软件架构师可能不会承担每个 QA 需求的职责。

——Rick Razman

3.4　通过架构模式和战术实现质量属性

现在我们转向架构师用来实现所需质量属性的技术：架构模式和战术。

战术是一种影响质量属性响应的设计决策，它直接影响系统对某些刺激的响应。战术可以赋予一种设计可操作性，赋予另一种设计高性能，赋予第三种设计可集成性。

架构模式描述特定设计上下文中反复出现的典型设计问题，并提供经过验证的架构解决方案。解决方案是通过描述其组成元素的角色、职责、关系以及元素的协作方式来指定的。与战术的选择一样，架构模式的选择（通常不止一个）对质量属性有着深远的影响。

模式通常包含多个设计决策，事实上，通常包含多个质量属性战术。模式总是捆绑战术，因此要经常在质量属性之间进行权衡。

我们将在有关质量属性的章节中查看战术和模式之间的关系。第 14 章解释如何构建一套针对任何质量属性的战术，事实上，这些战术就是我们在本书中所使用的制作战术的步骤。

当我们讨论模式和战术时，就好像它们是基础设计决策似的，但事实是架构经常是许多小决策和业务驱动不断演进的结果。例如，一个曾经具有良好可修改性的系统可能会随着时间的推移以及开发人员添加功能和修复错误而恶化。类似地，系统的性能、可用性、防护性和任何其他质量属性都可能（通常情况下总是）随着时间的推移而恶化，这同样是专注于当前任务而不是保持架构完整性的程序员的善意行为造成的。

这种"千刀万剐"的做法在软件项目中很常见。开发人员可能会由于缺乏对系统结构的理解、进度压力，或者可能从一开始就缺乏清晰的架构而做出次优决策。这种恶化是技术债的一种形式，称为架构债。我们将在第 23 章讨论架构债。为了还这种债，通常要进行重构。

重构可能有很多原因。例如，你可以重构一个系统以提高其防护性，根据防护属性将不同的模块放入不同的子系统中。或者你可以重构一个系统来提高它的性能，消除瓶颈并重写运行缓慢的代码。或者你可以重构以改进系统的可修改性，例如，当两个模块相互是（至少部分是）副本时，面对同样的变更必然需要同时修改，如果把公共部分独立为模块来提高内聚性，当下一次（类似的）变更请求到来时，更改的地方就会减少。

代码重构是敏捷开发项目的主流做法，作为一个清理步骤来确保团队没有产生重复或过于复杂的代码。然而，这个概念也适用于架构元素。

除了与架构相关的决策之外，成功实现质量属性通常还涉及与过程相关的决策。例如，如果你的员工容易受到网络钓鱼攻击或不选择强密码，再好的防护性架构也没有价值。我们在本书中不讨论过程方面的决策，但请注意它们很重要。

3.5 用战术进行设计

系统设计由一系列决策组成。其中一些决策决定了对质量属性的响应，其他的则确保系统功能的实现。我们在图 3.3 中描述了这种关系。战术和模式一样，是架构师多年来一直在使用的设计技术。在本书中，我们对它们进行分离、分类和描述。我们不是在这里发明战术，而是在实践中捕捉优秀架构师所做的事情。

我们为什么要关注战术？有三个原因：

1）模式是许多架构的基础，但有时可能没有模式可以完全解决你的问题。例如，你可能需要高可用性、高安全性的代理模式，而不是教科书中的代理模式。架构师经常需要修改和调整模式以适应其特定的环境，战术提供了一种系统的方法来扩充现有模式以填补空白。

2）如果不存在实现架构师设计目标的模式，战术允许架构师根据"首要原则"来构建设计片段，并让架构师能够洞察最终设计片段的属性。

3）战术提供了在一定限度内使设计和分析更加系统化的方法。我们将在下一节探讨这个问题。

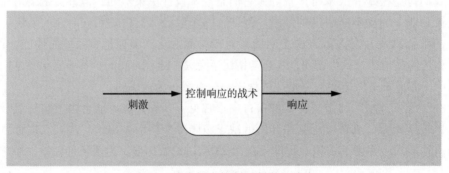

刺激 → 控制响应的战术 → 响应

图 3.3　战术旨在控制对刺激的响应

与任何设计概念一样，我们在此提出的战术应用于具体设计时可以也应该加以完善。比如性能：资源调度是一种常见的性能战术，但是，为了特定的目的，这个战术需要被细化为特定的调度方法，例如最短作业优先、循环等。使用中介是一种可修改性战术，但是有多种类型的中介（层、中介、代理等）以不同的方式实现，因此，设计师会对每个战术进行完善，使其具体化。

此外，战术的运用要视情境而定。再次以性能为例：管理采样率只对一些而不是所有的实时系统是有意义的，当然对数据库系统或股票交易系统这类视丢失交易为非常严重问题的系统也是没意义的。

请注意，有一些"超级战术"——那些如此基础和如此普遍的战术，值得特别关注。例如，封装、限制依赖关系、使用中介和抽象公共服务等可修改战术几乎可以在所有模式的实现中找到！性能方面的调度战术，也出现在许多地方。例如，用负载均衡器作为执行调度的中介。监视也出现在许多质量属性中：我们监视系统的各个方面，以实现能源效率、性能、可用性和安全性。因此，我们不应该期望一种战术只存在于一个地方，只存在于单一的质量属性中。战术是设计的基本要素，因此，在设计的不同方面反复出现。这实际上就是战术如此强大，值得你我注意的原因。去了解它们，它们会是你的朋友。

3.6　分析质量属性的设计决策：基于战术的调查问卷

在本节中，我们将介绍一个工具：基于战术的调查问卷。分析师可以使用它来了解架构设计的各个阶段的潜在质量属性行为。

分析质量属性的实现情况是架构设计的关键任务之一，并且（毫无疑问）你不应该等到你的设计完成后才开始做。质量属性分析的时机会在软件生命周期的许多不同阶段出现，甚至在非常早期的阶段出现。

在任何时候，分析师（可能是架构师）都需要对分析的任何可用制品做出适当的响应。分析的准确性和分析结果的预期置信度将根据可用制品的成熟度而变化。但不管设计的状态如何，我们发现基于战术的调查问卷有助于洞察架构提供所需质量属性的能力（或可能的能力，因为需要完善）。

第 4 ～ 13 章均给出了所涵盖质量属性的基于战术的调查问卷。对于调查问卷中的每个问题，分析师要记录以下信息：

❑ 系统架构是否支持相关战术。

❑ 使用（或不使用）这种战术存在的风险。如果使用了战术，记录它是如何在系统中实现的，或者打算如何实现（例如，通过自定义代码、通用框架或外部组件）。

❑ 为实现战术而做出的具体设计决策，以及在代码库中可以找到实现的地方。这对于审计和架构重构非常有用。

❑ 实现这一战术的根本原因或假设。

要使用这些调查问卷，只需遵循以下四个步骤：

1）对于每个战术问题，如果该战术在架构中得到支持，则用"是"填充"是否支持"（Supported）栏，否则则用"否"填充。

2）如果"是否支持"一栏的答案是"Y"，那么在"设计决策和位置"（Design Decisions and Location）一栏中描述为支持战术而做出的具体设计决策，列举这些决策已经或将要出现在（位于）架构中的哪些地方。例如，指出哪些代码模块、框架或包实现了这个战术。

3）在"风险"（Risk）一栏中，使用等级（H= 高，M= 中，L= 低）表示实施战术的风险。

4）在"原因"（Rationale）一栏中，描述所做设计决策（包括不使用此战术的决策）的根本原因，简要解释这一决策的意义。例如，从成本、进度、演进等方面解释决策的根本原因和意义。

虽然这种基于调查问卷的方法可能听起来很简单，但它实际上非常强大和深刻。回答这组问题迫使架构师后退一步，考虑更大的图景。这个过程也非常有效：针对单个质量属性的典型调查问卷需要 30 ～ 90min 才能完成。

3.7　总结

功能需求是由设计中包含的一组适当职责来满足的。质量属性需求是由架构的结构和行为来满足的。

架构设计中的一个挑战是这些需求（如果有的话）往往很难捕捉。为了捕捉和表达质量属性需求，我们建议使用质量属性场景。每个场景由六个部分组成：

1）来源。

2）刺激。

3）环境。

4）制品。

5）响应。

6）响应度。

架构战术是影响质量属性响应的设计决策。战术重点是对单一质量属性的响应。架构模式描述在特定的设计上下文中反复出现的特定设计问题，并为该问题提供经过良好验证的架构解决方案。架构模式可以被视为"一组"战术。

分析师可以通过使用基于战术的调查问卷来理解架构中的决策。这种轻量级架构分析技术可以在很短的时间内洞察架构的优缺点。

3.8　进一步阅读

在文献 [Cervantes 16] 中可以找到一些扩展的案例研究，展示如何在设计中使用战术和模式。

在 Frank Buschmann 等人的五卷集《面向模式的软件体系结构》（*Pattern-Oriented Software Architecture*）⊖中可以找到内容充实的架构模式目录。

⊖　前三卷中文版已由机械工业出版社出版，ISBN 分别是 978-7-111-11182-6、978-7-111-11686-0、978-7-111-16983-2。——编辑注

论证表明许多不同的架构可以提供相同的功能，也就是说，架构和功能在很大程度上是正交的，可以在文献 [Shaw 95] 中找到。

3.9　问题讨论

1. 用例和质量属性场景之间的关系是什么？如果想要向用例添加质量属性信息，你将如何做呢？
2. 你认为质量属性的战术是有限的还是无限的？为什么？
3. 列举自动柜员机应该支持的职责集，提出并证明适应该职责集的设计方案。
4. 选择一个你熟悉的架构（或者选择你在问题 3 中定义的 ATM 架构）并浏览基于战术的性能调查问卷（在第 9 章中找到）。这些问题对你所做的（或未做的）设计决策提供了什么见解？

第4章　可用性

可用性是指软件的一种属性——当你需要它时，它就在那里，随时准备执行任务。这是一个广泛的观点，包括通常所说的可靠性（尽管它可能包含额外的考虑因素，如由于定期维护而停机）。可用性建立在可靠性概念的基础上，增加了恢复的概念——当系统失效时，它会自我修复。修复可以通过各种方式完成，我们将在本章中看到。

可用性还包括系统屏蔽或修复故障（fault）的能力，从而确保服务停机累计时间在指定的时间间隔内不会超过设定的值。这个定义包含了可靠性、健壮性和任何其他涉及不能接受失效（failure）概念的质量属性。

系统与其规格之间的偏差称为失效，这种偏差在外部是可见的，而且有明确的外部观察者。

失效的原因叫作**故障**。故障可以是系统内部的，也可以是系统外部的。发生故障和失效之间的中间状态称为错误（error）。故障可以被预防、容忍、消除或预测，进而让系统对故障变得"有弹性"。对此我们应该关心的是如何检测到系统故障，可能发生故障的频率，当故障发生时会有什么后果，系统允许停止操作的时间，什么时候故障或失效可以发生，如何避免，以及失效时需要什么类型的通知。

可用性与防护性密切相关，但又明显不同。拒绝服务攻击显然是为了使系统失效（也就是说，使系统不可用）而设计的。可用性也与性能密切相关，因为很难判断系统何时失效，何时响应异常缓慢。最后，可用性与安全性密切相关，安全性涉及防止系统进入危险状态，并在系统进入危险状态时恢复或限制伤害。

在构建高可用性容错系统时，最苛刻的任务之一是理解在操作过程中可能出现的失效的性质。只有理解了这些，才能设计相应的缓解策略。

由于系统失效是可以被用户观察到的，所以修复时间就是直到失效不再被观察到的时间。这可能是用户响应时间中难以察觉的延迟，或者是某人飞到遥远的安第斯山脉修理一件采矿机械所花费的时间（正如一位负责修理采矿机械发动机软件的人向我们讲述的那样）。"可观察性"的概念在这里非常关键：如果一个失效**可以被观察到**，那么它就是一个失效，不管它是否被实际观察到。

此外，我们常常关注失效时仍然保留的功能级别——降级操作模式。

区分失效和故障使我们能够讨论修复策略。如果执行了包含故障的代码，但系统能够从故障中恢复，而没有任何可观察到的偏离行为，则认为没有失效。

系统的可用性可以通过在指定的时间间隔内提供服务的概率来衡量。一个众所周知的用来推导稳态可用性（来自硬件领域）的表达式为：

$$MTBF/（MTBF + MTTR）$$

其中，MTBF（Mean Time Between Failures）指系统平均失效间隔，MTTR（Mean Time To Repair）指平均修复时间。在软件世界中，这个公式意味着，当考虑可用性时，你应考虑什么会导致系统失效，这种事件发生的可能性有多大，以及需要多少时间来修复它。

依据公式，我们可以计算概率，并做出类似"系统表现出 99.999% 的可用性"或"系统无法正常操作的概率为 0.001%"这样的声明。在计算可用性时，不应考虑计划停机时间（提前安排好的停机），因为那时系统被认为"无须运行"；当然，这取决于系统的特定需求，这些需求通常约定在服务水平协议（Service Level Agreement，SLA）中。这可能会导致看似奇怪的情况发生，即系统宕机和用户等待，但由于宕机是计划好的，因此不违反可用性要求。

检测到的故障在被报告和修复之前可进行分类。一般根据故障的严重程度（紧急、重要或次要）和对业务的影响（影响业务或不影响业务）进行分类。它为系统操作员提供及时和准确的系统状态，指导采用的维修策略。修复策略可能是自动化的，也可能需要人工干预。

如前所述，系统或服务的可用性通常表示为 SLA。SLA 指定了保证的可用性级别，通常还规定了如果违反 SLA，供应商将遭受的惩罚。例如，某云服务提供了以下 SLA：

我们将尽商业上合理的努力，在任何月度计费周期内，使每个区域所包含的服务每月正常运行时间百分比至少为 99.99%（"服务承诺"）。如果任何包含的服务不符合服务承诺，你将有资格获得如下所述的服务积分。

表 4.1 提供了系统可用性需求的例子和可接受的系统停机时间的相关阈值，测量周期为 90 天和 1 年。术语高可用性通常指的是目标可用性为 99.999%（"5 个 9"）或更高。如前所述，只有计划外停机才会被计入。

表 4.1　系统可用性需求

可用性	停机时间 /90 天	停机时间 / 年
99.0%	21h 36min	3 天 15.6h
99.9%	2h 10min	8h 0 min 46s
99.99%	12min 58s	52min 34s
99.999%	1min 18s	5min 15s
99.9999%	8s	32s

4.1　可用性通用场景

现在描述可用性通用场景的各个部分，如表 4.2 所示。

表 4.2 可用性通用场景

场景组成	描述	可能取值
来源	描述故障的来源	内部 / 外部：人员、硬件、软件、物理基础设施、物理环境
刺激	本场景下"刺激"一般是"一个故障"	故障：遗漏、崩溃、不正确的时序、不正确的响应
制品	系统的哪些部分对故障负责并受故障影响	处理器、通信信道、存储、进程、系统环境中受影响的制品
环境	我们可能不仅对系统在"正常"环境中的行为感兴趣，而且还对系统在从故障中恢复的情况下的行为感兴趣	正常运行、启动、关机、修复模式、降级运行、过载运行
响应	最期望的响应是防止故障变成失效，但其他响应也可能很重要，例如通知相关人员或记录故障以供后期分析。本节特指期望的系统响应	防止故障变成失效 检测故障： • 记录故障 • 通知适当的实体（人或系统） • 故障恢复 • 关闭导致故障的事件源 • 在维修期间暂时无法工作 • 修复或掩盖故障 / 失效或控制造成的损坏 • 在进行修复时以降级模式操作
响应度	根据所提供服务的关键性，我们可能会关注的一些可用性度量	• 系统必须可用的时间或时间间隔 • 可用性百分比（如 99.999%） • 故障检测时间 • 故障修复时间 • 系统处于降级模式的时间或时间间隔 • 系统预防或防止某类故障变为失效的比例（如 99%）或效率（如高达每秒 100 笔）

图 4.1 显示了从表 4.2 中的通用场景衍生出来的一个具体可用性场景示例。场景是这样的：服务器集群中的服务器在正常操作期间失效，系统通知操作员并继续操作，无停机时间。

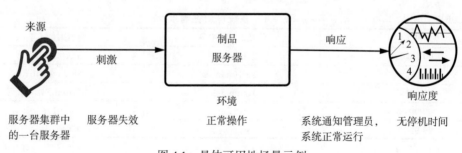

图 4.1 具体可用性场景示例

4.2 可用性战术

当系统不再提供与其规格一致的服务，并且系统参与者可以观察到时，就发生了失效。

一个故障（或多个故障的组合）有可能导致失效。可用性战术的目标是使系统能够防止或忍受系统故障，从而使系统交付的服务仍然符合其规格。本节讨论的战术将防止故障变成失效，或至少降低故障的影响并使修复成为可能，如图 4.2 所示。

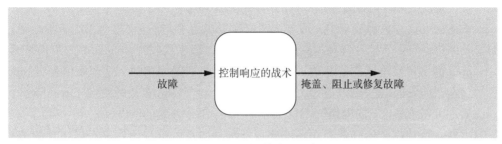

图 4.2　可用性战术的目标

可用性战术有以下三个目的之一：故障检测、故障恢复或故障预防。可用性的战术如图 4.3 所示。这些战术通常由软件基础设施（如中间件）提供，因此作为架构师，你的工作可能是选择和评估（而不是实现）正确的可用性战术和战术的正确组合。

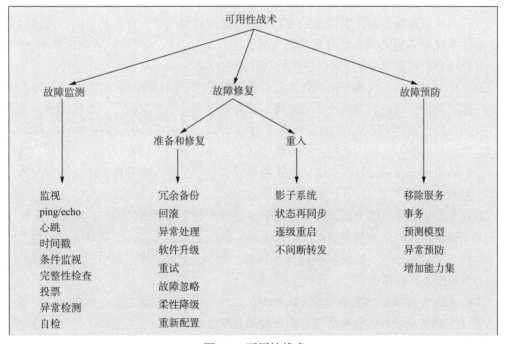

图 4.3　可用性战术

1. 故障检测

在任何系统对故障采取行动之前，必须检测到故障的存在或预测到故障的存在。这类战术包括：

❑ 监视。此组件用于监视系统其他各个部分：处理器、进程、I/O、内存等的健康状态。系统监视器可以检测网络或其他共享资源中的故障或拥塞（例如来自拒绝服务攻击的），并使用其他战术对软件进行编排，以检测故障组件，例如，系统监视器发起自检，检测故障时间戳或错过心跳的组件[⊖]。

❑ ping/echo。在这种战术中，节点之间交换异步请求 / 响应消息对，用于确定通过相关网络路径的可达性和往返延迟。另外，echo 表示接收到 ping 命令的组件是活的。ping 通常由系统监视器发送。ping/echo 需要设置时间阈值，这个阈值告诉 ping 组件在认为 ping 组件已经失效（"超时"）之前等待 echo 多长时间。ping/echo 的标准实现可用于通过互联网协议（Internet Protocol IP）互联的节点。

❑ 心跳。这种故障检测机制在系统监视器和被监视的进程之间进行周期性的消息交换。心跳的一种特殊情况是，被监视的进程定期重置监视器中的看门狗定时器，以防止它因超时而发出故障信号。对于需要考虑可伸缩性的系统，可以通过将心跳消息附加到正在交换的其他控制消息上来减少传输和处理开销。心跳和 ping/echo 之间的区别在于谁负责启动检查——是监视器还是组件本身。

❑ 时间戳。这个战术用来检测不正确的事件序列，主要用于分布式消息传递系统。事件的时间戳通常是在事件发生后立即将本地时钟赋给该事件来建立的，考虑到分布式系统中不同处理器时钟可能不一致，也可以用序列号代替。请参阅第 17 章，以获得分布式系统中关于时间主题的更全面的讨论。

❑ 条件监视。这一战术包括检查进程或设备的条件，或验证设计过程中的假设。通过监视条件，可以防止系统产生故障。计算校验和是个常见例子。监视器本身必须是简单的（理想情况下，可以证明是正确的），以确保它不会引入新的软件错误。

❑ 完整性检查。这种战术用于检查组件的特定操作或输出的有效性或合理性。这种检查通常基于内部设计、系统状态或所审查信息的性质。最常用于检查接口的特定信息流。

❑ 投票。接收来自多个来源的计算结果并进行比较，如果结果不同，则要决定使用哪个结果。这种战术严重依赖于投票逻辑，投票逻辑通常是一个简单的、经过严格审查和测试的单例，因此出错的概率很低。投票还严重依赖于对多个来源进行评估。典型的方案包括：

● 复制是最简单的投票形式，在这里，组件是彼此的精确克隆。相同组件的多个副本能防止硬件的随机故障，但不能防止软硬件的设计或实现错误，因为这种战术中没有任何形式的多样性。

● 与复制相反，功能冗余旨在通过实现设计多样性来解决软硬件中的共模失效（由于副本是相同的实现，因此多个副本在同一时间出现相同的故障）问题。该战术

⊖ 使用定期重置的计数器或定时器实现的检测机制在专业上也称为看门狗。在标称运行期间，被监视的进程将周期性地重置看门狗计数器或定时器作为其正常工作的一部分，这有时被称为"爱抚看门狗"。

通过增加冗余的多样性来应对系统性的设计缺陷。对于相同的输入，功能冗余组件的输出应该是相同的。当然，功能冗余战术容易受到设定误差的影响，其开发和验证成本也更高。

- 分析冗余不仅允许组件私有部分存在多样性，而且允许组件的输入和输出存在多样性。这个战术通过使用单独的需求规范来容忍特定错误。在嵌入式系统中，当某些输入源不可用时，分析冗余就会发挥作用。例如，航空电子程序有多种方法来计算飞机高度，如使用气压、雷达高度计，以及几何上使用直线距离和地面前方某一点的向下角度。与分析冗余一起使用的投票机制更加复杂，它不简单是过半数规则或计算一个简单的平均值，它需要理解哪些传感器目前是可靠的（或不可靠的），甚至通过混合和平滑一段时间内的值来产生比任何单个组件更精确的值。

❑ 异常检测。这种战术的重点是检测改变正常执行流程的系统原因。可以进一步细分为：

- 系统异常因所采用的处理器硬件架构的不同而不同。包括诸如除零、总线和地址故障、非法程序指令等故障。
- 参数围栏战术使用一个已知的数据样本（例如 0xDEADBEEF），将该样本放置在对象任何可变长参数之后，用于在运行时检测访问是否覆盖了对象可变长参数分配的内存。
- 参数类型使用基类定义添加、查找和遍历以"类型 - 长度 - 值"（Type-Length-Value，TLV）格式为参数格式的函数，派生类使用基类函数来提供构建和解析消息的函数。这种方式可以确保消息的发送方和接收方对内容的类型达成一致，并检测不一致的情况。
- 超时战术在组件检测到自己或另一个组件未能满足时间限制时将触发异常。例如，等待另一个组件响应的组件，如果等待时间超过某个值将引发异常。
- 自检。组件（或者更有可能是整个子系统）运行一个程序来测试自己是否正确运行。自检过程可以由组件本身发起，也可以由系统监视器不定时调用。可能会使用状态监测中的一些技术，例如校验和。

2. 故障恢复

故障恢复战术被细化为准备和修复战术以及重入战术。后者涉及将失效组件（但已恢复）重新引导到正常操作中。

准备和修复战术基于重试计算或引入冗余的各种组合：

❑ 冗余备份。这种战术指的是一种配置，在这种配置中，如果主组件发生故障，一个或多个备份组件可以介入并接管工作。这种战术是热备、温备和冷备模式的核心，它们的主要区别在于接管时备份组件的更新程度。

- ❑ 回滚。回滚允许系统在检测到故障时恢复到以前已知的良好状态（称为"回滚行"）。一旦达到良好状态，就可以继续执行。该战术通常与事务战术和冗余备份战术结合使用，以便在发生回滚后，将失效组件的备用版本提升为活动状态。回滚取决于正在回滚的组件是否可以使用先前良好状态（检查点）的副本。检查点可以存储在固定位置，定期更新，或在处理过程中方便时更新，或在重要的时间点（例如复杂操作完成时）更新。

- ❑ 异常处理。一旦检测到异常，系统将以某种方式处理它。最简单的动作就是直接崩溃——当然，从可用性、易用性、可测试性的角度来看，这是一个糟糕的想法，应采用更积极和富有成效的做法。异常处理的机制很大程度上依赖于所使用的编程环境，从简单的函数返回码（错误代码）到异常类的使用，这些异常类包含用于掩盖或修复故障的信息，如异常的名称、异常产生的原因等。

- ❑ 软件升级。此战术的目标是以一种不影响服务的方式实现对可执行代码镜像的在线升级。战术包括：

  - 函数补丁。这种补丁用于面向过程编程的情况，它使用增量连接器 / 加载器将更新的函数加载到目标内存的预分配段中。新版本的函数将接管已弃用版本的入口点和出口点，进而实现在线更新。

  - 类补丁。这种类型的升级适用于面向对象编程的情况，其类定义中包括了一种后门机制允许在运行时添加成员数据和函数。

  - 无中断"在线软件升级"（In-Service Software Upgrade ISSU）。利用冗余备份战术实现无服务影响的软件和相关架构升级。

在实践中，函数补丁和类补丁常用于错误修复，而无中断 ISSU 用于交付新特性和新功能。

- ❑ 重试。假设导致失效的故障是暂时的且重试操作可能会成功，就可以使用重试战术。它常被用于网络和服务器集群中，在这些地方，故障是预料之中的，也是很常见的。应该限制重试的次数以避免永久故障发生造成的无限重试情况。

- ❑ 故障忽略。当我们确定特定来源的消息是虚假的时，就可以忽略掉这些消息。例如，我们一般会忽略掉传感器实时故障所发出的消息。

- ❑ 柔性降级。这种战术在组件出现故障的情况下保持最关键的系统功能，而放弃不太关键的功能。这是在单个组件故障会降低系统功能性，而不会导致整个系统失效的情况下完成的。

- ❑ 重新配置。重新配置试图通过将职责重新分配给（可能受限的）仍在运行的资源或组件，同时尽可能多地维持功能，从而从故障中恢复。

重入是在故障组件修复后重新进入系统。重入的战术包括：

- ❑ 影子系统。此策略是指在将组件恢复为活动角色之前，以"影子模式"操作先前失效或在线升级的组件一段预定义的时间。在此期间，可以监视其行为的正确性，并以增量方式重新填充其状态。

□ 状态再同步。这种重入战术是冗余备份战术的一个搭档。当与主动冗余（冗余备份战术的一种版本）一起使用时，因为主、备组件都并行地接收和处理相同的输入，状态再同步就会自然发生，在实际操作中，主、备组件的状态会定期比较，以确保同步。这种比较可以基于循环冗余检查计算（校验和），或者对于提供关键安全服务的系统，可以基于消息摘要计算（单向哈希函数）。当与冗余备份战术的被动冗余一起使用时，状态再同步仅基于从主组件向备用组件发送的周期性（通常通过检查点）同步状态信息。

□ 逐级重启。这种重入战术允许系统通过改变重启动组件颗粒度和最小化服务影响级别来从故障中恢复。假设一个支持 4 级（编号为 0 ~ 3）重启的系统，最低级别（第 0 级）的重启对服务影响最小并采用被动冗余（温备），在此情况下，将杀死故障组件的所有子线程并重新创建，与子线程关联的数据将被释放并重新初始化。下一级（第 1 级）重启将释放并重新初始化所有未受保护的内存，受保护的内存不受影响。再下一级（第 2 级）重启释放并重新初始化所有内存，包括受保护的和未受保护的，迫使所有应用程序重新加载和重新初始化。最后一级（第 3 级）涉及完全重新装载和初始化可执行镜像及相关数据。逐级重启战术对于柔性降级特别有用，在柔性降级中，系统能够对其提供的服务降级，同时保持对任务关键性能或安全关键性应用程序的支持。

□ 不间断转发。这个概念起源于路由器设计，假设功能被分为两个平面：监督或控制平面（管理连接性和路由信息）和数据平面（完成从发送方到接收方的实际路由数据包的工作）。如果一个路由器发生主动监督失效，只要路由协议信息能恢复和验证，它就可以与相邻的路由器一起沿着已知的路由继续转发数据包。当控制平面重启后，即使数据平面继续运行，它也会柔性增量地重建它的路由协议数据库。

3. 故障预防

如果你的系统能够从一开始就阻止故障的发生，而不是检测并试图从中恢复，会怎么样呢？虽然这听起来似乎需要一定程度的预见力，但事实证明，在许多情况下，做到这一点是可能的[⊖]。

□ 从服务中移除组件。这种战术指的是暂时将组件置于停止服务状态，以减少潜在的系统失效。例如，在故障积累达到影响服务的级别之前，选取系统的一个组件并重置，以消除潜在的故障（如内存泄漏、碎片或未受保护缓存中的软错误）。这种战术也常被称作软件再生和治疗性重启。如果你每晚都重启计算机，你就是在践行从服务中移除组件战术。

⊖ 这些战术是防止运行时错误发生的方法。当然，一个很好的故障预防方法是生成高质量代码——如果你管不了其他要交互的系统，至少在你正在构建的系统中应该这样。这可以通过代码检查、结对编程、可靠的需求审查和许多其他良好的工程实践来实现。

- 事务。以高可用性服务为目标的系统利用事务来确保在分布式组件之间交换的异步消息是原子的（Atomic）、一致的（Consistent）、隔离的（Isolated）和持久的（Durable）——这些属性统称为"ACID 属性"。事务战术最常见的实现是"两阶段提交"（two-Phase Commit，2PC）协议。这种战术可以防止两个进程同时更新相同数据导致的竞争情况。

- 预测模型。将预测模型与监视器结合使用，可以监视系统进程的健康状态，确保系统运行在其标称运行参数范围内，并在系统接近临界阈值时采取纠正措施。用于预测故障的运行性能指标示例有：会话创建速度（在 HTTP 服务器中）、阈值跨越（监控某些受约束共享资源的高低限位）、进程状态统计信息（服务中、停用、维护中、空闲等）和消息队列长度等。

- 异常预防。这种战术特指预防系统异常发生的技术。比如，前面讨论的异常类，它允许系统透明地从系统异常中恢复。异常预防的其他例子包括错误纠正码（用于通信）、抽象数据类型（如智能指针）和使用包装器来防止故障（如悬空指针或信号量访问冲突）。智能指针通过对指针进行边界检查来防止异常，并确保资源在没有被数据引用时会自动回收，从而避免资源泄漏。

- 增加能力集。程序的能力集是指程序能够"胜任操作"的情况集。例如，分母为零的情况超出了大多数除法程序的能力集。当组件引发异常时，发出信号表明超出了自己的能力集；本质上，它不知道该做什么，只能认输。增加组件的能力集意味着将故障作为其正常操作的一部分来处理。例如，访问共享资源的组件在发现访问被阻塞时可能抛出异常。而另一个组件可能等待访问或立即返回并指示它将在下次有访问权时再完成相关操作。这个例子中，第二个组件比第一个组件拥有更大的能力集。

4.3 基于战术的可用性调查问卷

基于 4.2 节中描述的战术，我们可以创建一组受可用性战术启发的问题，如表 4.3 所示。为了获得支持可用性架构选择的概述，分析人员询问每个问题并在表中记录答案。这些问题的答案可以作为进一步活动（比如文档调阅、代码或其他制品分析、代码逆向工程等）的重点。

表 4.3　基于战术的可用性调查问卷

战术组	战术问题	是否支持 （是 / 否）	风险	设计决策和 实现位置	原因和假设
故障监测	系统是否使用 ping/echo 以检测组件或连接的故障、网络拥塞？				

（续）

战术组	战术问题	是否支持 （是／否）	风险	设计决策和 实现位置	原因和假设
故障监测	系统是否**监视**系统的健康状态？系统监视器可以检测网络或其他共享资源中的故障或拥塞，例如拒绝服务攻击。 　系统是否使用**心跳**（系统监视器和进程之间的定期消息交换）来检测组件或连接的故障、网络拥塞？ 　系统是否使用**时间戳**来检测分布式系统中不正确的事件序列？ 　系统是否使用**投票**来检查复制的组件产生相同的结果？ 　复制的组件可能是相同的副本、功能冗余或分析冗余。 　系统是否使用**异常检测**来检测改变正常执行流程的原因（例如，系统异常、参数围栏、参数类型、超时）？ 　系统是否通过**自检**来测试自己是否正确运行				
故障恢复 （准备和 修复）	系统是否使用**冗余备份**？ 　组件作为活动组件或备用组件是固定的，还是在出现故障时发生变化？什么切换机制？切换的触发因素是什么？备份组件承担任务需要多长切换时间？ 　系统是否使用**异常处理**来应对故障？ 　通常包括报告、纠正或掩蔽故障。 　系统是否使用**回滚**，以便在发生故障时恢复到以前保存的良好状态（"回滚行"）？ 　系统能否以一种不影响服务的方式对可执行代码镜像进行**软件升级**？ 　系统是否在组件或连接暂时故障的情况下进行**重试**？ 　系统是否可以简单地忽略错误行为（例如，当确定这些消息是虚假的时忽略这些消息）？ 　当资源受到损害时，系统是否有降级战术，保持最关键系统功能，停用不太关键功能？ 　系统是否有一致的策略和机制在失效后**重新配置**，将职责重新分配给剩余的功能资源，同时保持尽可能多的功能				
故障恢复 （重入）	在将组件恢复到活动角色之前，系统能否在预定时间内，以**"影子模式"**操作先前失效或在线升级的组件？ 　如果系统使用主动或被动冗余，它是否使用**状态再同步**将状态信息从活动组件同步到备用组件？ 　系统是否通过**逐级重启**来改变重启组件的颗粒度和最小化服务影响级别来从故障中恢复？ 　系统的消息处理和路由部分是否可以采用**不间断转发**（对于功能分为监督平面和数据平面的情况）				

（续）

战术组	战术问题	是否支持 （是 / 否）	风险	设计决策和 实现位置	原因和假设
故障预防	系统是否可以**从服务中移除组件**并置于停止服务状态，以防止潜在的系统失效？ 　　系统是否使用**事务**绑定状态更新，以便在分布式组件之间交换的异步信息满足原子性、一致性、隔离性和持久性？ 　　系统是否使用**预测模型**来监视组件的健康状态，以确保系统在标称参数范围内运行？ 　　当检测到预示未来可能出现故障的条件时，模型启动纠正操作				

4.4 可用性模式

本节介绍一些最重要的可用性架构模式。

前三种模式都以冗余备份战术为中心，可以分为一组，主要区别在于备份组件状态与活动组件状态的一致程度。（存在一种特殊情况，当组件是无状态时，前两个模式是一样的。）

❑ 活动冗余（热备）。对于有状态组件，采用这种配置时，保护组[一]中的所有节点（活动的或冗余备份节点）并行接收和处理相同的输入，允许冗余备份节点与活动节点保持同步状态。因为冗余备份组件拥有与活动组件相同的状态，所以它可以在大约几毫秒的时间内接管故障组件。一个主节点和一个冗余备份节点的简单情况通常称为 1 + 1 冗余。活动冗余也可以用于基础设施保护，比如使用主、备用网络链路，以确保高可用的网络连接。

❑ 被动冗余（温备）。对于有状态组件，这种配置中只有保护组的活动节点处理输入。同时为冗余备份提供周期性的状态更新。由于冗余备份所维护的状态仅与保护组中的活动节点的状态松散耦合（耦合的松散程度与状态更新周期有关），所以冗余节点也被称为温备。被动冗余提供的解决方案，是在高可用性但计算密集（且昂贵）的主动冗余模式和低可用性但明显简单（也非常便宜）的冷备模式之间寻求平衡。

❑ 备份（冷备）。在冷备的配置中，冗余备份在故障转移发生之前一直处于停止服务状态，此时，在冗余备份投入服务之前，需要启动开机复位[二]过程。由于其恢复性较差，平均修复时间较长，因此这种模式不适合高可用性需求的系统。

好处：

● 冗余备份的好处是，在出现故障时，只需短暂延迟，系统就能继续正常运行。另

[一] 保护组是一组处理节点，其中一个或多个节点处于"活动"状态，其余节点作为冗余备份节点。

[二] 开机复位确保设备以确定的状态开始运行。

一种选择是系统停止正常运行，或者完全停止运行，直到故障组件被修复。这种修复可能需要数小时或数天。

权衡：

- 这些模式都需要增加额外的成本和复杂性。
- 三种选择要权衡故障恢复时间与保持备用设备更新所需的运行成本。例如，热备成本最高，但恢复时间最短。

可用性的其他模式还包括：

❑ 三模冗余（Triple Modular Redundancy，TMR）。这种广泛使用的投票战术采用了三个作用相同的组件，每个组件接收相同的输入，并将输出转发给投票逻辑，该逻辑检测三个输出的任何不一致。针对不一致情况报告故障，并决定使用哪个输出。此模式的不同实现是由所用决策规则决定的。典型的规则是采用多数原则或选择不同输出的平均值。

当然，该模式也可能使用 5 个、19 个或 53 个冗余组件。然而，在大多数情况下，3 个组件足以确保一个可靠的结果。

好处：

- TMR 易于理解和实施。它完全独立于可能导致不同结果的因素，只关心做出合理的选择，以便系统能够继续运行。

权衡：

- 在提高复制水平（这会增加成本）和结果可用性之间存在权衡。在使用 TMR 的系统中，两个或多个组件同时失效的可能性微乎其微，采用三个组件是可用性和成本之间的最佳平衡点。

❑ 断路器。一个常用的可用性战术是重试。如果在调用服务时出现超时或故障，调用者只需不断尝试。断路器可以防止调用者尝试无数次去等待一个永远不会出现的响应。通过这种方式，当认为系统正在处理故障时，就会中断无穷无尽的重试。这是系统开始处理故障的信号。在断路器被"重置"之前，后续调用将立即返回，而不会进行服务请求。

好处：

- 使用断路器模式就可以不再使用"重试多次后声明失效"的战术。
- 在最坏的情况下，无休止的无结果的重试将使调用组件与已失效的被调用组件一样无用。这个问题在分布式系统中尤其严重，在分布式系统中，你可能会有许多调用者调用一个没有响应的组件，引发调用者无法继续服务，从而导致整个系统的失效级联。断路器与监听并恢复服务的软件结合，可以防止这个问题。

权衡：

- 在选择超时（或重试）值时必须谨慎。如果超时时间过长，则会增加不必要的延迟。但如果超时时间过短，那么断路器将在不需要的时候断开（一种"误报"），这会降低服务的可用性和性能。

其他常用的可用性模式包括：

☐ 进程对。此模式使用检查点和回滚。如果出现故障，备份已检查点并（如有必要）回滚到安全状态，以便在发生故障时随时接管。

☐ 正向错误恢复。此模式提供了一种通过前进到理想状态来摆脱不理想状态的方法。通常依赖于内置的错误纠正功能，比如数据冗余，这样可以纠正错误，而不需要退回到以前的状态或重试。正向错误恢复找到一个安全的、可能降级的状态，以便操作继续前进。

4.5　进一步阅读

可用性模式：

☐ 你可以阅读文献 [Hanmer 13] 中的容错模式。

可用性的通用战术：

☐ 文献 [Scott 09] 给出了本章中一些可用性战术的更详细讨论。这是本章大部分材料的来源。

☐ 互联网工程任务组（Internet Engineering Task Force）发布了许多支持可用性战术的标准。这些标准包括 *Non-Stop Forwarding* [IETF 2004]、*Ping/Echo*（*ICMP* [IETF 1981] 或 *ICMPv6* [RFC 2006b] *Echo Request/Response*）和 MPLS（LSP Ping）网络 [IETF 2006a]。

可用性战术 – 故障检测：

☐ 三模冗余（TMR）是 Lyons 在 20 世纪 60 年代早期开发的 [Lyons 62]。

☐ 投票战术中的故障检测基于冯·诺伊曼对自动机理论的基本贡献，他证明了具有规定可靠性的系统是如何由不可靠的部件构建的 [Von Neumann 56]。

可用性战术 – 故障恢复：

☐ 在七层 OSI（开放系统互连）模型 [Bellcore 98，99；Telcordia 00] 的物理层和网络 / 链路层 [IETF 2005]，存在基于标准的主动冗余实现，用于保护网络链路（即设施）。

☐ 文献 [Nygard 18] 给出了一些系统如何实现降级的例子。

☐ 关于参数类型的论文已经堆积如山，但文献 [Utas 05] 是在可用性上下文中写了参数类型（与通常在 bug 预防上下文中不同）。文献 [Utas 05] 也写了关于逐级重启的内容。

☐ 硬件工程师经常使用准备和修复战术。比如错误检测和校正（Error Detection And Correction，EDAC）编码、正向错误校正（Forward Error Correction，FEC）和时间冗余。EDAC 编码通常用于保护高可用分布式实时嵌入式系统中的控制内存结构 [Hamming 80]。相反，FEC 编码通常用于从外部网络链路中发生的物理层错误中恢

复 [Morelos-Zaragoza 06]。时间冗余是指对空间冗余时钟或数据线进行采样时，采样时间间隔应超过可容忍的任何瞬态脉冲的脉冲宽度，然后投票排除检测到的任何缺陷 [Mavis 02]。

可用性战术 – 故障预防：

❑ Parnas 和 Madey 写过关于增加元素能力集的文章 [Parnas 95]。

❑ ACID 属性在事务战术中非常重要，由 Gray 于 20 世纪 70 年代提出，并在文献 [Gray 93] 中进行了深入讨论。

灾难恢复：

❑ 灾难是指地震、洪水或飓风等破坏整个数据中心的事件。美国国家标准与技术研究所（NIST）确定了在发生灾难时应考虑的八种不同类型的计划，参见 NIST 特别出版物 800-34——*Contingency Planning Guide for Federal Information Systems*（联邦信息系统应急计划指南）的 2.2 节，https：//nvlpubs.nist.gov/nistpubs/Legacy/SP/ nistspecialpublication800-34r1.pdf。

4.6　问题讨论

1. 使用通用场景中的每个可能响应来编写一组具体的可用性场景。

2. 为（假设的）无人驾驶汽车的软件编写一个具体的可用性场景。

3. 为 Microsoft Word 之类的软件编写一个具体的可用性场景。

4. 冗余是实现高可用性的关键策略。查看本章中介绍的模式和战术，确定其中有多少利用了某种形式的冗余，有多少没利用。

5. 可用性如何与可修改性和可部署性进行权衡？你将如何变更一个 7 × 24 可用性（即从来没有计划或计划外的停机时间）的系统？

6. 讨论使用故障检测战术（ping/echo、心跳、系统监视、投票和异常检测）对性能有什么影响？

7. 当负载均衡器检测到一个实例失效时，它会使用哪些战术（见第 17 章）？

8. 查阅恢复点目标（Recovery Point Objective，RPO）和恢复时间目标（Recovery Time Objective，RTO），并解释在使用回滚战术时如何使用这些目标来设置检查点间隔。

第5章 可部署性

像我们一样，总有一天，软件必须离开家，到外面的世界冒险，体验真实的生活。与我们不同的是，软件通常是以变更和升级来开启旅程。本章是关于如何有序、有效且尽可能**快**地完成这一旅程的。这是关乎连续性部署的领域，主要由质量属性中的可部署性支持。

为什么可部署性在质量属性的世界中占据了前排位置？

在"糟糕的过去"，发布并不频繁——大量的变更累积到一起捆绑发布。新版本包含了新特性和 bug 修复。每个月、每个季度甚至每年发布一次是很常见的。来自多个领域（主要是电子商务）的竞争压力，导致了对更短发布周期的需求。在这些领域中，发布可以随时发生，可能每天有数百个发布，每个发布都可以由组织中的不同团队发起。频繁发布意味着 bug 修复不必等到下一次预定的发布，而是可以在发现 bug 并修复后立即发布。这也意味着新特性不需要捆绑到发行版中，可以在任何时候投入生产。

如果你的软件存在于具有许多依赖项的复杂生态系统中，那么在不协调其他部分的情况下发布其中的一部分是不可能的。在所有领域中，这都是不可取的，甚至是不可能的。此外，许多嵌入式系统、难以接触到的系统以及未联网的系统都不适合采用持续部署的思维方式。

本章重点介绍大量且不断增长的系统，对于这些系统，即时发布特性是一个重要的竞争优势，而即时 bug 修复对于安全性、防御性或连续运营是必不可少的。这些系统通常是微服务和基于云的，当然并不局限于这些技术。

5.1 持续部署

部署是一个从编码开始，到实际用户在生产环境中与系统开始交互为止的过程。如果这个过程是完全自动化的（也就是说，没有人为干预），那么这就是持续部署。如果将系统（的一部分）放入生产中的过程是自动化的，只是在最后一步需要人工干预（可能是由于法规或政策的原因），则该过程称为持续交付。

为了加快发布，我们需要引入部署流水线的概念：从将代码签入版本控制系统时开始，到部署好应用程序以供用户发起请求时结束的一系列工具和活动。这其中，一系列工具用于集成并自动测试新提交的代码，测试集成后代码的功能，测试应用程序的性能、防护性和许可遵从性等关注点。

部署流水线中的每个阶段都发生在为支持阶段隔离并执行适合该阶段操作而建立的环

境中。主要的环境包括：

- □ 开发代码用的开发环境，用于单个模块的开发和单元测试。一旦代码通过了测试，并经过适当的审查，它就被提交给版本控制系统，并触发集成环境中的构建活动。

- □ 构建服务的可执行版本的集成环境。持续集成服务器编译[⊖]新的或变更的代码，并和其他最新版本的代码一起为你的服务[⊖]构建一个可执行镜像。集成环境中的测试包括来自各个模块的单元测试（针对构建的系统运行），以及专门为整个系统设计的集成测试。通过各种测试后，构建的服务将升级到模拟环境中。

- □ 在模拟环境中对整个系统进行各种质量测试。这些测试包括性能测试、防护性测试、许可一致性检查，可能还有用户测试。对于嵌入式系统，还需要用到物理环境模拟器（向系统提供合成输入）。通过所有模拟环境测试（可能包括现场测试）的应用程序将使用蓝/绿模型或滚动升级（参见 5.6 节）部署到生产环境中。在某些情况下，会部分部署可用于质量控制或测试市场对变更或产品的反应。

- □ 一旦进入生产环境，服务就会受到密切监视，直到各方对其质量有一定程度的信心。至此，部署的服务才被认为是系统的一个正常部分，并受到与系统其他部分相同的关注。

每个环境执行一组不同的测试，测试范围从开发环境中单一模块的单元测试扩展到集成环境中组成服务的所有组件的功能测试，最后在模拟环境中进行广泛的质量测试，最后在生产环境中监视使用情况。

但并不是每件事都能按计划进行。如果软件进入生产环境之后发现了问题，通常有必要在处理缺陷时回滚到以前的版本。

架构选择影响可部署性。例如，在微服务架构模式（参见 5.6 节）下，每个负责微服务的团队都可以自己决定技术选择，这就消除了以前在集成时发现的不兼容问题（例如，使用不同版本库的不兼容问题）。由于微服务是独立的服务，这样的选择不会造成问题。

类似地，持续部署的理念迫使你在开发过程中更早地考虑基础设施测试。这是必要的，因为持续部署需要持续的自动化测试。此外，能够回滚或禁用特性的需求需要尽早考虑如特性切换、接口向后兼容等机制上的架构决策。

虚拟化对不同环境的影响

在虚拟化技术广泛使用之前，这里描述的环境都是物理设施。在大多数组织中，开发、集成和模拟环境由不同的团队采购和使用的软硬件组成。开发环境可能包括一些桌面计算机，开发团队将其用作服务器。集成环境由测试或质量保证团队使用，可能包含一些机架，上架一些数据中心淘汰的设备。模拟环境由运营团队使用，其硬件可能与生产环境中使用

_⊖ 如果你正在使用解释性语言（如 Python 或 JavaScript）开发软件，则没有编译步骤。

_⊖ 在本章中，我们使用术语"服务"来表示任何独立部署的单元。

的硬件相似。

我们常常花费很多时间来查清楚为什么在一个环境中通过的测试在另一个环境中失效。使用虚拟化环境的一个好处是能够实现**环境一致性**，在这种情况下，环境可能在规模上有所不同，但硬件或基本结构没有差异。有不少工具支持环境一致性，它们允许每个团队轻松地构建一个公共环境，并确保这个公共环境尽可能地模拟生产环境。

衡量流水线质量的三个重要方面是：

- ❏ 循环时间用于衡量通过流水线的速度。许多组织每天在生产中的部署会达到几次甚至数百次。如果需要人为干预，快速部署是不可能的。如果一个团队在服务投产之前必须与其他团队进行协调，同样也不能进行快速部署。在本章的后面，我们将看到允许团队在不咨询其他团队的情况下执行持续部署的架构技术。
- ❏ 可追溯性是恢复导致问题的所有制品的能力。包括元素中的所有代码和依赖项、相关测试用例以及相关工具软件。在部署流水线中使用错误的工具也会导致生产问题的出现。通常，可追溯性信息保存在制品数据库中。这个数据库将包含代码版本号、系统所依赖的元素（比如库）的版本号、测试版本号和工具版本号。
- ❏ 可重复性是指用相同的制品执行相同的操作时，得到相同的结果。这并不像听起来那么容易。例如，构建过程使用了最新版本库，在下一次执行构建时，可能最新版本已经发生了变化。或者，一个测试修改了数据库中的值。如果未恢复原始值，则后续测试可能会产生不同的结果。

DevOps

DevOps 是"开发"和"运营"的合成词，是一个与持续部署密切相关的概念。它是一场运动（很像敏捷运动）、一组实践和工具的使用（同样很像敏捷运动），以及销售这些工具的厂商吹捧的营销口号。DevOps 的目标是缩短上市时间（或发布时间）。与传统的软件开发实践相比，其目标是显著缩短开发人员对现有系统进行变更（实现特性或修复 bug）和系统到达最终用户手中之间的时间。

DevOps 的正式定义包括发布频率和按需执行 bug 修复的能力：

DevOps 是一组实践，旨在减少向系统提交变更和将变更放入正常生产之间的时间，同时确保高质量 [Bass 15]。

实现 DevOps 是一项过程改进工作。DevOps 不仅包含任何过程改进工作的文化和组织元素，而且还强烈依赖于工具和架构设计。当然，每一个环境都是不同的，我们描述的是支持 DevOps 工具链中典型使用的工具和自动化。

这里描述的持续部署策略是 DevOps 概念的核心。自动化测试反过来又是持续部署的一个至关重要的组成部分，相关工具通常是 DevOps 面临的最高技术障碍。DevOps 的一些形式包括日志记录和部署后监控这些日志，以便在"总部"自动检测错误，甚至用于了解用户体验。当然，这需要系统具备反馈和日志传递功能，对于某些系统这可能无法实现或不被允许。

DevSecOps 是 DevOps 的一种风格，它将防护性方法（针对基础设施及其生成的应用程序）整合到整个流程中。DevSecOps 在航空航天和国防应用中越来越受欢迎，但也适用于任何可以使用 DevOps 且防护漏洞代价特别高的应用领域。许多 IT 应用程序都属于这种情况。

5.2　可部署性概述

可部署性是指软件的一种属性，表示可以在可预测、可接受的时间和工作量内完成部署——分配环境并执行。此外，如果新部署不符合规范，则可能回滚，并再次在可预测、可接受的时间和工作量内完成。随着世界越来越趋向于虚拟化和云基础设施，以及部署的软件密集型系统的规模不可避免地增加，架构师的职责之一就是确保以一种有效和可预测的方式完成部署，最大限度地降低整体系统风险[⊖]。

为了实现这些目标，架构师需要考虑如何在主机平台上更新可执行文件，以及随后如何调用、评价、监视和控制它。移动系统由于带宽，尤其在更新方面对可部署性提出了挑战。部署软件涉及以下一些问题：

- ❑ 它是如何到达其主机的（即推送——其中部署的更新是不经请求的，或拉取——其中用户或管理员必须明确地请求更新）？
- ❑ 它是如何整合到现有系统中的？能在现有系统仍在执行时完成吗？
- ❑ 介质是什么？通过光盘、U 盘还是互联网传输？
- ❑ 怎么打包的（可执行文件、App、插件）？
- ❑ 与现有系统的集成结果是什么？
- ❑ 执行过程的效率如何？
- ❑ 这个过程的可控性如何？

考虑到所有这些关注点，架构师必须能够评估相关的风险。架构师主要关注架构支持部署的以下程度：

- ❑ 颗粒度。部署的可以是整个系统，也可以是系统中的元素。如果架构能支持更细的部署颗粒度，那么可以降低某些风险。
- ❑ 可控性。架构应能支持以不同的颗粒度进行部署，监控已部署单元的操作，并回滚不成功的部署。

⊖ 可测试性的质量属性（参见第 12 章）当然在持续部署中扮演着关键的角色，架构可以通过确保系统是可测试的，以前面提到的所有方式，为持续部署提供关键的支持。然而，我们在这里关心的是与持续部署直接相关的质量属性——可部署性，这一点超越了可测试性。

❑ 有效性。架构应以合理的工作量支持快速部署（如果需要的话，还可以支持回滚）。这些特征将反映在可部署性通用场景的响应度中。

5.3　可部署性通用场景

表 5.1 列举了描述可部署性通用场景的要素。

表 5.1　可部署性通用场景

场景组成	描述	可能的值
来源	部署的触发者	最终用户、开发人员、系统管理员、运营人员、组件市场、产品所有者
刺激	触发部署的原因	元素准备好等待部署。这通常是用新版本替换软件元素的请求（例如，修复缺陷、应用安全补丁、升级到组件或框架的最新版本、升级到内部生成的最新版本） 批准新元素合并 一个现有元素／一组元素需要回滚
制品	要更新的内容	特定的组件或模块、系统平台、用户界面、环境或与之交互的另一个系统。因此，制品可能是单个软件元素、多个软件元素或者整个系统
环境	模拟或生产环境（或两者的特定子集）	全集部署 子集部署，为特定用户、虚拟机（VM）、容器、服务器、平台指定的部分部署
响应	会发生什么	整合新组件 部署新组件 监控新组件 回滚以前的部署
响应度	对完成一次部署的成本、时间或过程有效性的度量，或对一段时间内完成一系列部署的度量	成本因素： • 影响制品的数量、大小和复杂性 • 平均／最坏的工作量 • 使用的时间 • 资金（直接支出或机会成本） • 引入的新缺陷 此部署／回滚影响其他功能或质量属性的范围 部署失败次数 过程的可重复性 过程的可追溯性 过程的循环时间

图 5.1 说明了一个具体的可部署性场景："新版本（我们的产品使用的版本）的认证／授权服务在组件市场已可用，产品所有者决定将该版本合并进来。新服务将在 40 h 内测试并部署到生产环境中，使用不超过 120 人时的工作量。部署不能引入任何缺陷，也不能违反 SLA。"

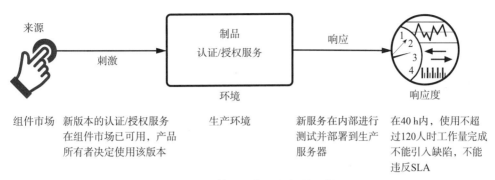

图 5.1　具体的可部署性场景示例

5.4　可部署性战术

发布新的软件或硬件元素会触发部署。如果在可接受的时间、成本和质量限制内完成新元素的部署，则部署是成功的。我们将在图 5.2 中说明这种关系，以及可部署战术的目标。

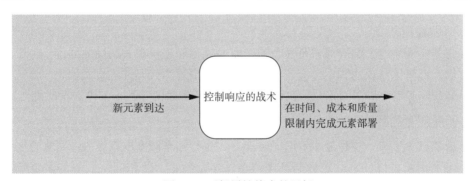

图 5.2　可部署性战术的目标

可部署性战术如图 5.3 所示。在许多情况下，这些战术将由你购买的而不是构建的 CI/CD（Continuous Integration / Continuous Deployment，持续集成 / 持续部署）基础设施提供，至少是部分提供。这种情况下，架构师的工作通常是选择和评估（而不是实现）正确的可部署战术和战术的正确组合。

接下来，我们将更详细地描述这六种可部署性战术。可部署性战术的第一类侧重于管理部署流水线，第二类侧重于系统在部署时和部署完成后的管理。

1. 管理部署流水线

❑ 规模递增（scale rollouts）。与其将服务部署到整个用户群中，不如将新版本的服务逐步部署到用户群的受控子集，通常不向这些用户发出明确的通知。（其余用户继续使用该服务的前一个版本。）通过逐步发布，可以监视和度量新部署的效果，并在必要时进行回滚。这种战术将部署有缺陷服务的潜在负面影响降到最低。它需要一个根据用户的身份将用户请求路由到新服务或旧服务的架构机制（不属于正在部署服务的一部分）。

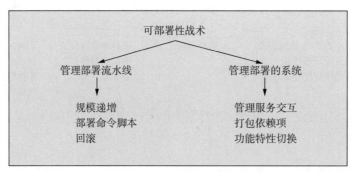

图 5.3　可部署性战术

❑ 回滚。如果发现部署有缺陷或者不满足用户的期望，那么可以将其"回滚"到以前的状态。由于部署可能涉及多个服务及其数据的多次协同更新，因此回滚机制必须能够跟踪所有更新，或者必须能够逆转部署所做任何更新的结果，最好采用完全自动化的方式。

❑ 部署命令脚本。部署通常是复杂的，需要执行许多步骤并精确地编排。由于这个原因，部署通常使用脚本。应该将这些部署脚本视为代码并进行文档化、评审、测试和版本控制。脚本引擎自动执行部署脚本，节省时间并减少人为错误的机会。

2. 管理部署的系统

❑ 管理服务交互。这种战术可以同时部署和执行多个版本的系统服务。来自客户端的多个请求可以任意被定向到其中一个版本。但是，使用同一服务的多个版本可能会导致版本不兼容。在这种情况下，需要协调服务之间的交互，主动避免版本不兼容。这种战术是一种资源管理战术，避免了完全复制资源的需要，以便分别部署旧版本和新版本。

❑ 打包依赖项。这种战术将元素与其依赖项打包在一起，这样它们就可以一起部署，并且当元素从开发阶段进入生产阶段时，依赖项的版本是一致的。依赖关系可能包括库、操作系统版本和实用工具容器（例如 sidecar、服务网格），我们将在第 9 章中讨论。封装依赖关系的三种方法是使用容器、pod 或虚拟机，这些将在第 16 章进行更详细的讨论。

❑ 功能特性切换。即使对代码进行了全面测试，在部署新特性之后也可能会遇到问题。出于这个原因，为新特性安装一个"终止开关"（或特性切换）是有备无患的。终止开关可以在运行时禁用系统的某个特性，而不是迫使你重新部署。这提供了对已部署特性的控制能力，从而避免了重新部署服务的成本和风险。

5.5　基于战术的可部署性调查问卷

基于 5.4 节中描述的战术，我们可以创建一组受可部署战术启发的问题，如表 5.2 所示。为了获得支持可部署性架构选择的概述，分析人员询问每个问题并在表中记录答案。这些问题的答案可以作为进一步活动（比如文档调阅、代码或其他制品分析、代码逆向工程等）的重点。

表 5.2　基于战术的可部署性调查问卷

战术组	战术问题	是否支持 （是 / 否）	风险	设计决策和 实现位置	原因和 假设
管理部署流水线	你是否支持**规模递增**部署（而不是以全有或全无的方式发布）？ 如果你确定部署的服务不能以令人满意的方式运行，你是否能够自动**回滚**它们？ 你是否编写**部署命令脚本**，以自动执行复杂的部署命令				
管理部署的系统	你是否**管理服务交互**，以便能够同时平稳地部署多个版本的服务？ 你是否**打包依赖项**，以便将服务与所依赖的库、操作系统和实用工具容器一起部署？ 如果发现某个新部署特性有问题，是否使用**功能特性切换**来自动禁用该特性（而不是回滚新部署的服务）				

5.6　可部署性模式

可部署性模式可以分为两类。第一类包含用于构建要部署服务的模式。第二类包含如何部署服务（可以将其分为两大类：全有 – 全无部署或部分部署）的模式。它们并不是完全独立的，因为某些部署模式依赖于服务的某些结构属性。

1. 构建服务的模式

微服务架构

微服务架构模式将系统构造为独立可部署服务的集合，这些服务仅通过服务接口的消息进行通信。不允许其他形式的进程间通信：不允许直接连接，不允许直接读取其他团队的数据存储，不允许共享内存模型，不允许任何后门。服务通常是无状态的，而且（因为它们是由一个相对较小的团队⊖开发的）相对较小，因此才有了微服务这个术语。服务依赖关系不能循环。此模式的一个组成部分是服务发现，以便对消息进行适当的路由。

好处：

❑ 缩短上市时间。由于每个服务都很小并且可以独立部署，因此可以在不与拥有其他

⊖　在 Amazon，服务团队的规模受到"两个比萨规则"的限制：团队的食量不能超过两个比萨。

服务的团队协调的情况下部署服务的更新。因此，一旦团队完成了新版本开发，并且测试了该版本，就可以立即部署它。

☐ 只要技术选择支持消息传递，每个团队都可以为其服务做出自己的技术选择。在库版本或编程语言方面不需要统一。这减少了集成过程中出现的不兼容导致的错误，而不兼容是集成错误的主要来源。

☐ 服务比粗粒度的应用更容易伸缩。由于每个服务都是独立的，因此动态添加服务实例非常简单。这样，服务的供应能更容易地与需求相匹配。

权衡：

☐ 与内存通信相比，增加了开销，因为服务之间的通信都是通过网络消息完成的。通过使用服务网格模式（参见第 9 章），可以在一定程度上缓解这一问题，该模式要求将服务部署到同一台主机上，以减少网络流量。此外，由于微服务动态部署特性，服务发现被大量使用，这同样增加了开销。如果处理不好，服务发现最终可能会成为性能瓶颈。

☐ 微服务不太适合复杂的事务，因为跨分布式系统的同步非常困难。

☐ 每个团队自由选择自己技术是有代价的——组织必须维持这些技术和所需的经验基础。

☐ 由于微服务数量巨大，对整个系统的知识管理可能会很困难。这就需要引入接口目录和数据库以帮助维护知识。此外，正确组合服务以实现预期结果的过程可能既复杂又微妙。

☐ 设计具有明确定位和适当粒度的服务是一项艰巨的设计任务。

☐ 为了实现独立部署版本的能力，服务的架构设计必须支持该部署策略。使用 5.4 节中描述的管理服务交互战术可以帮助实现这一目标。

大规模使用微服务架构模式的组织包括：谷歌、Netflix、PayPal、Twitter、Facebook 和 Amazon。许多其他组织也采用该模式；现有的书籍和会议主要关注组织如何根据自身需求采用微服务架构模式。

2. 完全替代服务的模式

假设服务 A 有 N 个实例，你希望用新版本 A 的 N 个实例替代它们，不再保留原版本实例。你希望在不降低客户端服务质量的情况下做到这一点，因此需要始终有 N 个服务实例在运行。

完全替代策略有两种不同的模式，它们都基于规模递增部署战术。我们将一起讨论它们：

1）蓝 / 绿部署。在蓝 / 绿部署中，将创建 N 个服务的新实例，每个实例都使用新版本 A（我们称之为绿色实例），创建完毕后，DNS 服务器或服务发现将指向这些新实例。一旦确定新实例正常工作，此时也仅在此时，旧版本实例才被删除。在此截止点之前，如果新版本发现问题，只需很少或不需中断时间，即可切回原服务（蓝色服务）。

2）滚动升级。滚动升级每次用服务 A 的新实例替换服务 A 的旧实例。实践中，一次可以替换多个实例，但每步只能替换一小部分。滚动升级的步骤如下：

a. 为服务 A 的新实例分配资源（例如，虚拟机）。

b. 安装和注册服务 A 的新版本。

c. 开始将请求指向服务 A 的新版本。

d. 选择服务 A 的一个旧实例，在它完成处理后删除它。

e. 重复执行上述步骤，直到所有旧版本实例被替代。

图 5.4 显示了 Netflix 的 Asgard 工具在 Amazon 的 EC2 云平台上实现的滚动升级过程。

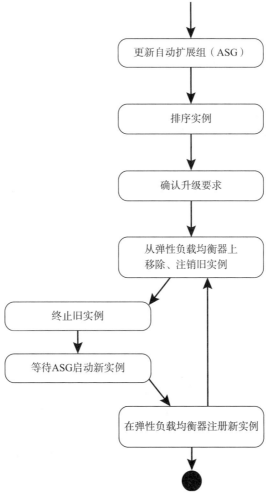

图 5.4　Netflix 的 Asgard 工具实现滚动升级模式的流程图

好处：

❏ 该模式能够完全替换已部署的服务版本，而不必让系统退出服务，从而提高系统的可用性。

权衡：

❏ 蓝/绿部署方法的峰值资源占用是 $2N$ 个实例，而滚动升级的峰值资源占用是 $N+1$ 个实例。在这两种情况下，都必须获取用于承载这些实例的资源。在云计算被广泛采用之前，获取资源意味着购买：组织必须购买物理计算机来执行升级。在大多数没有升级的时候，这些额外的计算机基本上处于空闲状态。显然财务上是不合算的。滚动升级是标准的方法。好在现在计算资源可以按需租用，而不用购买，财务上成本劣势虽然仍然存在，但已不那么引人注目了。

❏ 假设你在部署新服务 A 时检测到一个错误。尽管你在开发、集成和模拟环境中进行了所有的测试，但当服务部署到生产环境时，仍然可能存在潜在的错误。如果正在使用蓝/绿部署，那么当在新服务 A 中发现错误时，所有的原始实例可能已经被删除，回滚到旧版本可能需要相当长的时间。相比之下，滚动升级可能允许你在旧版本的实例仍然可用的情况下发现新版本中的错误。

❏ 从客户的角度来看，如果你使用蓝/绿部署模式，那么任何时候新版本或旧版本是激活的，但不能同时是激活的。如果你使用滚动升级模式，则两个版本同时处于活动状态。这可能会导致两类问题：时序不一致和接口不匹配。

- 时序不一致。在客户机 C 对服务 A 的请求序列中，有些请求可能由旧版本的服务提供服务，有些则可能由新版本的服务提供服务。如果两个版本的行为不同，则可能会导致客户机 C 产生错误的结果，或者至少是不一致的结果。（可以通过使用管理服务交互战术来解决。）

- 接口不匹配。如果服务 A 的新版本的接口与服务 A 的旧版本的接口不同，那么没有进行更新以反映新接口的客户机在调用时将产生不可预测的结果。这可以通过扩展接口但不修改现有接口来避免，并使用中介模式（参见第 7 章）将扩展的接口转换为产生正确行为的内部接口。详见第 15 章。

3. 部分替代服务的模式

有时，变更服务的所有实例是不可取的。部分部署模式旨在为不同的用户组同时提供服务的多个版本，它们被用于质量控制（金丝雀测试）和市场测试（A/B 测试）等目的。

（1）金丝雀测试

在推出一个新版本之前，在生产环境中使用有限的用户集对它进行测试是谨慎的。金丝雀测试是持续部署中的 beta 测试[⊖]，需要指定一小部分用户来测试新版本。有时，这些测

⊖ 金丝雀测试得名于 19 世纪将金丝雀带进煤矿的做法。煤矿开采释放出爆炸性和有毒的气体。由于金丝雀对这些气体比人类更敏感，煤矿工人把金丝雀带进矿井，观察它们对气体的反应。金丝雀是矿工的表明环境不安全的预警装置。

试人员是来自组织外部所谓的超级用户或"尝鲜"用户，他们更有可能执行内部测试较少触及的边缘情况。用户可能知道，也可能不知道他们被用作"金丝雀"。另一种方法是使用来自开发组织内部的测试人员。例如，谷歌员工几乎从不使用外部用户使用的版本，而是安装将发布的版本，这样可以进行内部测试。当测试的重点是确定新功能的接受程度时，就会使用一种名为"暗发射"的金丝雀测试。

在这两种情况下，用户都被指定为金丝雀，并通过 DNS 设置或服务发现配置来路由到相应版本的服务。测试完成后，所有用户都被导向新版本或旧版本，已弃用版本的实例将被删除。滚动升级或蓝 / 绿部署都可用于新版本部署。

好处：

❑ 金丝雀测试允许真实用户以模拟测试无法实现的方式"敲打"软件。帮助部署服务的组织以相对较低的风险收集"正在使用的"数据并执行受控实验。

❑ 金丝雀测试产生的额外开发成本很小，因为正在测试的系统迟早都将进入生产。

❑ 金丝雀测试最小化了暴露新系统严重缺陷的用户数量。

权衡：

❑ 金丝雀测试需要额外的前期规划和资源，需要制定评估检测结果的策略。

❑ 如果金丝雀测试针对的是高级用户，就必须识别这些用户，并将新版本推送给他们。

（2）A/B 测试

营销人员使用 A/B 测试对真实用户进行试验，以确定几种选择中哪一种能够产生最好的业务效果。少量但有意义的用户会使用与其余用户不同的处理。这种处理差异可能很小，比如不一样的字体大小或表单布局，也可能很大。例如，HomeAway（现在的 Vrbo）使用 A/B 测试来改变其全球网站的格式、内容和外观，跟踪哪些版本带来最多的租赁订单。"赢家"将被保留，"输家"将被抛弃，然后新竞争者再被设计和部署。另一个例子是一家银行提供不同的开户促销活动。一个经常被提及的故事是谷歌测试了 41 种不同深浅的蓝色，以便决定在搜索结果中使用哪一种。

在金丝雀测试中，DNS 服务器和服务发现配置被设置为向不同的版本发送客户端请求。在 A/B 测试中，要对不同的版本进行监视，以便从业务角度选出哪个版本提供了最佳响应。

好处：

❑ A/B 测试允许市场营销和产品开发团队对真实用户进行实验并收集数据。

❑ A/B 测试允许基于任意一组特征去区分用户。

权衡：

❑ A/B 测试需要实施备选方案，但其中一个将被弃用。

❑ 需要提前确定不同类别的用户及其特征。

5.7　进一步阅读

本章的大部分材料改编自 Len Bass 和 John Klein 的 *Deployment and Operations for Software Engineers* [Bass 19] 和文献 [Kazman 20b]。

关于 DevOps 环境下的可部署性和架构的一般性讨论可以在文献 [Bass 15] 中找到。

可部署性战术在很大程度上归功于 Martin Fowler 和他的同事的工作，可以在文献 [Fowler 10]、文献 [Lewis 14] 和文献 [Sato 14] 中找到。

部署流水线在文献 [Humble 10] 中有更详细的描述。

文献 [Newman 15] 中描述了微服务和迁移到微服务的过程。

5.8　问题讨论

1. 使用通用场景中每个可能的响应，编写一组具体的可部署性场景。
2. 为汽车（如特斯拉）编写一个具体的软件可部署性场景。
3. 为智能手机 App 编写一个具体的可部署性场景。同样为与该 App 通信的服务器端基础设施编写一个。
4. 如果你需要用颜色表示搜索结果，你是执行 A/B 测试还是简单地使用谷歌选择的颜色？为什么？
5. 参考第 1 章中描述的结构，哪些结构涉及了打包依赖项战术的实现？你会使用"使用结构"？为什么或为什么不？你还需要考虑其他的结构吗？
6. 参考第 1 章中描述的结构，哪些结构将涉及管理服务交互战术的实现？你会使用"使用结构"吗？为什么或为什么不？你还需要考虑其他的结构吗？
7. 在什么情况下，你宁愿前滚到服务的新版本，而不是回滚到以前的版本？什么时候向前滚动是一个糟糕的选择？

第6章　能源效率

由于计算机使用的能源过去是免费且无限的，因此架构师很少考虑软件的能耗。但随着移动设备成为大多数人的主要计算方式，随着物联网（Internet of Things，IoT）在工业和政府中的应用越来越多，随着无处不在的云服务成为计算基础设施的支柱，这样日子一去不返了，能源问题已经成为架构师必须考虑的问题。能源不再是"免费"且无限的。移动设备的能源效率影响着我们所有人。同样，云计算供应商也越来越关注其服务器集群的能源效率。据报道，2016年全球数据中心消耗的能源超过了整个英国（超出了40%），约占全球总能源消耗的3%。最近这一比例估计高达10%。大型数据中心的计算和冷却成本如此之高，促使人们计算将整个数据中心放入太空的成本，在太空中，冷却是免费的，太阳提供了无限的能源。以目前的发射成本来看，经济账实际上开始变得有利。值得注意的是，位于水下和北极的服务器集群已经成为现实。

无论是低端的还是高端的，计算设备的能耗都是我们应该考虑的问题。这意味着，作为架构师，我们现在需要将**能源效率**增加到在设计系统时考虑的一长串竞争品质中。而且，与所有其他质量属性一样，还要考虑一些重要的权衡：能源使用与性能、可用性、可修改性或上市时间之间的权衡。因此，将能源效率视为一级质量属性是很重要的，原因如下：

1）架构方法对于控制**任何**重要的系统质量属性是必要的，能源效率也不例外。如果缺乏监视和管理能源的全系统技术，那么开发人员就要自己发明了。在最好的情况下，找到一种临时方法，但产生一个难以维护、测量和发展的系统。在最坏的情况下，它将产生一种根本无法实现预期能源效率目标的方法。

2）大多数架构师和开发人员都没有意识到能源效率是一个值得关注的质量属性，因此不知道如何进行工程化和编码。究其原因，他们缺乏对能源效率需求的理解，不知道如何完整地收集和分析它们。在当今的教育课程中，很少向程序员讲授或提及能源效率问题。因此，学生在毕业时可能从未接触过这类问题，但却获得了工程学或计算机科学的学位。

3）大多数架构师和开发人员缺乏合适的设计概念、模型、模式、战术等，无法进行能源效率设计，也无法在运行时对其进行管理和监视。但是，由于能源效率是软件工程社区最近关注的一个问题，这些设计概念仍然处于婴儿期，目前还没有编目。

云平台通常不必担心能源耗尽（灾难场景除外），但移动设备和一些物联网设备用户每天都担心这个问题。在云环境中，可伸缩是核心竞争力，因此必须定期做出关于最优资源分配的决策。对于物联网设备，它们的尺寸、形状和散热都限制了它们的设计空间，从而导致笨重的电池无处安放。此外，预计未来10年要部署的物联网设备如此之多，它们的能耗将是无法回避的问题。

在所有这些情况下，能源效率必须与性能和可用性相平衡，这要求工程师有意识地进行权衡。在云环境中，更多的资源分配（更多的服务器、更大的存储等）可以提高性能，并提高针对单个设备故障的健壮性，但这是以能耗和资金支出为代价的。在移动和物联网环境中，更多资源分配通常不是一个选项（尽管将计算负担从移动设备转移到云后端是可能的），因此倾向于能源效率与性能和易用性的权衡。最后，在所有情况下，一方面是能源效率，另一方面是可构建性和可修改性，两者之间也需权衡。

6.1 能源效率通用场景

根据这些考虑，我们现在可以确定能源效率通用场景的各个部分，如表 6.1 所示。

表 6.1　能源效率通用场景

场景组成	描述	可能的值
来源	这指定谁或什么请求或发起请求，以节约或管理能源	最终用户、管理员、系统管理员、自动化代理
刺激	对节能的请求	总使用量、最大瞬时使用量、平均使用量等
制品	指定要管理什么	特定设备、服务器、虚拟机、集群等
环境	能源通常是在运行时管理，但基于系统特性，也存在许多有趣的特殊情况	运行时、通电时、电池供电、低电池模式、节能模式
响应	系统采取什么行动来节约或管理能源使用	下列一项或多项： • 禁用服务 • 释放运行时服务 • 改变服务器的服务分配 • 低电量模式运行 • 分配 / 释放服务器 • 改变服务水平 • 改变调度
响应度	主要围绕节省或消耗的能源量以及对其他功能或质量属性的影响	管理或节省的能源包括： • 系统最大 / 平均千瓦负荷 • 平均 / 总节能量 • 使用的总千瓦时 • 系统必须保持通电的时间 ……同时仍然保持必要的功能级别和可接受的其他质量属性级别

图 6.1 展示了一个具体的能源效率场景：管理者希望在运行的非高峰时段释放未使用的资源来节省能源。系统释放资源后，数据库查询的最坏延迟为 2s，所需总能源平均节省50%。

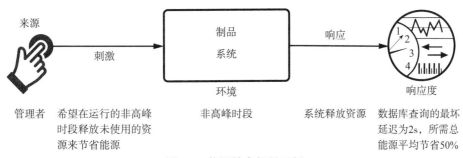

图 6.1　能源效率场景示例

6.2　能源效率战术

能源效率场景是由在节约或管理能源的同时提供所需（尽管不一定是全部的）功能的愿望推动的。如果在可接受的时间、费用和质量限制内实现相关能源响应，则该场景就是成功的。我们在图 6.2 中说明了这一简单关系以及能源效率战术的目标。

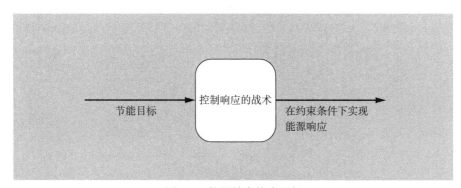

图 6.2　能源效率战术目标

能源效率的核心是有效利用资源。我们将战术分为三大类：监视资源、分配资源和减少资源需求（参见图 6.3）。所谓"资源"，我们指的是在提供功能的同时消耗能源的计算设备。这类似于第 9 章中对硬件资源的定义，硬件资源包括 CPU、数据存储、网络通信和内存。

1. 监视资源

你无法管理无法度量的东西，因此要从监视资源开始。监视资源的战术包括计量、静态分类和动态分类。

❑ 计量。计量战术通过传感器近乎实时地收集有关计算资源能耗的数据。在最粗略的层面上，整个数据中心的能耗可以从其电表中测量出来。单个服务器或硬盘驱动器可以使用外部工具（如安培表、电能表）或内置工具 [如机架计量 PDU（Power

Distribution Unit，电源分配单元）、ASIC（Application-Specific Integrated Circuit，特定应用集成电路）等] 进行计量。在电池操作的系统中，电池中剩余的能源可以通过电池管理系统（现代电池的一个组成部分）进行计量。

❑ 静态分类。有时实时数据收集是不可行的。例如，如果一个组织正在使用一个异地云，它可能无法直接访问实时能源数据。静态分类允许我们通过编目所使用的计算资源和已知的能源特征（例如，存储设备每次存取所耗能源）来估计能源消耗。这些数据可以以基准数据或制造商规格为准。

❑ 动态分类。在静态模型计算能耗不准确的情况下，可采用动态模型。与静态模型不同，动态模型基于工作负荷等暂态条件的数据积累来估算能耗。该模型可能是一个简单的表查询、一个基于收集数据的回归模型，或者一个模拟器。

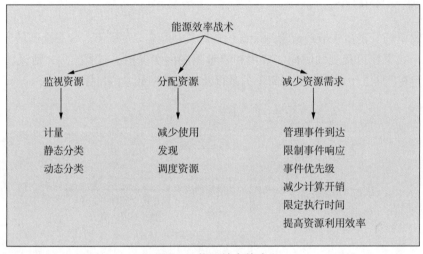

图 6.3　能源效率战术

2. 分配资源

分配资源是指在关注能耗的前提下指派资源来完成工作。分配资源战术包括减少使用、发现和调度资源。

❑ 减少使用。在设备级别上，可以通过减少特定设备的活动来降低能耗，例如降低显示的刷新率或使背景变暗。也可以删除或禁止不再使用的资源来减少能耗，如停止硬盘驱动器，关闭 CPU 或服务器，以较慢的时钟速率运行 CPU，关闭不用板卡的电源。还可以将虚拟机移动（合并）到最少数量的物理服务器上，关闭空闲的计算资源。在移动应用中，假设通信的能耗低于计算的能耗，则可以将部分计算任务发送到云端来实现节能。

❑ 发现。正如第 7 章所述，服务发现将服务请求（来自客户端）与服务提供者进行匹配，支持服务识别和远程调用。传统上，服务发现根据服务请求的描述（通常是

API）来进行匹配。在能源效率场景中，这个请求可以用能源信息注释，允许请求者根据它的（可能是动态的）能源特征来选择服务提供者（资源）。对于云，这种能源信息存储在"绿色服务目录"中，该目录由计量、静态分类或动态分类（监视资源战术）的信息生成。对于智能手机来说，这些信息可以从应用商店获得。目前，这样的信息充其量只是临时的，并且通常不存在于服务 API 中。

❑ 调度资源。调度是将任务分配给计算资源。正如第 9 章所述，调度资源战术可以提高性能。用在能源场景中，通过明确任务约束并遵守任务优先级，可以发挥有效管理能源的作用。调度可以基于一个或多个资源监视战术收集的数据。通过在云场景中使用能源发现服务，或在多核场景中使用控制器，计算任务可以在计算资源（如服务提供商）之间动态切换，选择提供更高能源效率或更低成本的资源。例如，一个提供者可能比另一个提供者负载更轻，通过调整它的能源使用（可能使用前面描述的一些战术），降低每个工作单元的平均能耗。

3. 减少资源需求

这类战术将在第 9 章详细介绍。此类战术包括管理事件到达、限制事件响应、事件优先级（可能取消低优先级事件的服务）、减少计算开销、限定执行时间和提高资源使用效率，这些战术都可以通过减少工作直接提高能源效率。这是和减少使用战术互补的战术，因为减少使用战术基于需求保持不变，而减少资源需求战术是一种明确管理（和减少）需求的手段。

6.3　基于战术的能源效率调查问卷

如第 3 章所述，这个调查问卷旨在快速理解架构师使用特定战术来管理能源效率的程度。

基于 6.2 节中描述的战术，我们可以创建一组受战术启发的问题，如表 6.2 所示。为了获得支持能源效率架构选择的概述，分析人员询问每个问题并在表中记录答案。这些问题的答案可以作为进一步活动（比如文档调阅、代码或其他制品分析、代码逆向工程等）的重点。

表 6.2　基于战术的能源效率调查问卷

战术组	战术问题	是否支持（是 / 否）	风险	设计决策和实现位置	原因和假设
监视资源	你的系统能**计量能耗**吗？ 　也就是说，该系统是否通过传感器以接近实时的方式收集计算设备的实际能耗数据？ 　系统是否对设备和计算资源进行**静态分类**？				

（续）

战术组	战术问题	是否支持（是/否）	风险	设计决策和实现位置	原因和假设
监视资源	也就是说，系统是否有参考值来估计设备或资源的能耗（在实时计量不可行或计算成本太高的情况下）？ 系统是否对设备和计算资源进行动态分类？ 在静态分类由于负载或环境条件变化而不准确的情况下，系统是否使用基于先前收集数据的动态模型来估计设备或资源在运行时的动态能耗				
分配资源	系统是否**减少使用**以减少资源消耗？ 也就是说，当需求不再需要资源时，系统是否可以停用资源来降低能耗？这可能包括停止硬盘驱动器、调暗显示器、关闭CPU或服务器、降低CPU钟速、关闭不使用的处理器内存块。 在给定任务约束和尊重任务优先级的情况下，系统是否为了节约能源而调度资源，将计算资源（如服务提供商）换为提供更高能源效率或更低成本的资源？ 调度是否基于收集的系统状态的数据（使用一个或多个资源监视战术）？ 系统是否使用服务发现来匹配服务请求和服务提供者？在能源效率场景中，服务请求可以用能源需求信息进行注释，允许请求者根据其（可能是动态的）能源特征选择服务提供者				
减少资源需求	你是否一直试图减少资源需求？在这里，你可以从第9章的基于战术的性能调查问卷中插入此类问题				

6.4 能源效率模式

这里介绍提高能源效率的一些模式示例，包括传感器融合、杀死异常任务和电源监视器。

1. 传感器融合

移动App和物联网系统通常使用多个传感器从环境中收集数据。在这个模式中，可以使用来自低功率传感器的数据，并推断是否需要从高功率传感器收集数据。在手机环境中，一个常见的例子是使用加速度计来评估用户是否移动了，如果移动了，再更新GPS位置。这种模式适用于访问低功率传感器比访问高功率传感器在能耗方面有明显优势的情况。

好处：

❑ 这种模式的显著好处是以一种智能方式最大限度地减少高能耗设备的使用，而不是仅仅减少访问高能耗传感器的频率。

权衡:

- ❑ 查询和比较多个传感器增加了事前复杂性。
- ❑ 更高能耗的传感器将提供更高质量的数据,尽管这是以增加能耗为代价的。它将更快地提供这些数据,因为直接使用高能耗传感器比先使用一次二级传感器花费更少的时间。
- ❑ 在需要经常访问更高功率传感器的情况下,这种模式可能会导致总体能源使用量增加。

2. 杀死异常任务

由于移动系统经常执行来历不明的 App,最终可能会在不知不觉中运行一些非常耗电的 App。"杀死异常任务"模式会监视此类 App 的能源使用情况,中断或终止其耗能操作。例如,对高能耗 App 发出声音警报并震动手机,如用户没有响应这些警报,那么在预先设定的时间后,任务将被杀死。

好处:

- ❑ 该模式提供了一个"故障安全"选项,用于管理能源属性不明的 App 的能耗。

权衡:

- ❑ 任何监视过程都会增加少量的系统开销,可能会影响性能,并在较小程度上影响能源使用。
- ❑ 需要考虑此模式的易用性。杀死消耗能源的任务可能与用户的意图背道而驰。

3. 电源监视器

电源监视器模式监视和管理系统设备,使它们处于活动状态的时间最短。此模式试图自动禁用不被应用程序积极使用的设备和接口。集成电路中很早就采用了这种设计,为节省能源,电路块在不使用时会关闭。

好处:

- ❑ 假设关闭的设备确实不用,这种模式可以在对最终用户几乎没有影响的情况下实现智能节能。

权衡:

- ❑ 与持续运行相比,一旦设备被关闭,重启可能会增加一些响应时间。而且在某些情况下,重启可能比稳定运行更耗能。
- ❑ 电源监视器需要了解每个设备及其能耗特性,这增加了系统设计的前期复杂性。

6.5　进一步阅读

第一套出版的能源战术出现在发表于 2014 年的论文 [Procaccianti 14]。该论文后来启发了文献 [Paradis 21]。本章介绍的许多战术都归功于这两篇论文。

关于软件开发中能源使用的一般介绍（以及开发人员所不知道的）可以阅读文献 [Pang 16]。

有几篇研究论文调查了设计选择对能耗的影响，如文献 [Kazman 18] 和文献 [Chowdhury 19]。

关于构建"能源感知"软件重要性的一般性讨论可以在文献 [Fonseca 19] 中找到。

文献 [Cruz 19] 和文献 [Schaarschmidt 20] 对移动设备的能源模式进行了分类。

6.6　问题讨论

1. 使用通用场景下的每个可能的响应，编写一组具体能源效率场景。
2. 为智能手机 App（例如，健康监测 App）创建具体的能源效率场景。
3. 为数据中心中的数据服务器集群创建具体的能源效率场景。这个场景和问题 2 设计的场景有什么重要区别？
4. 列举你的笔记本电脑或智能手机目前使用的节能技术。
5. 你的智能手机在使用 Wi-Fi 和蜂窝网络之间的能源权衡是什么？
6. 计算你一生平均呼出的二氧化碳温室气体量。这相当于多少次谷歌搜索？
7. 假设谷歌每次搜索的能源使用量减少了 1%。这样每年能节省多少能源？
8. 回答第 7 题时你用了多少能源？

第 7 章　可集成性

根据韦氏词典，形容词 integrable 意为**可集成的**。我们会给你一点时间来喘口气，吸收这个深刻的见解。但是对于实际的软件系统，软件架构师需要关注的不仅仅是单独开发的组件相互协作，他们还应关心预期的和（在不同程度上）没预期的未来集成任务的**成本**和**技术风险**。这些风险可能与计划、性能或技术有关。

集成问题常规的抽象表示是：一个项目需要将软件 C 的一个单元，或者一组单元 C_1，C_2···，C_n 集成进系统 S，S 可能是一个平台，整合了 $\{C_i\}$，也可能是包含 $\{C_1, C_2, \cdots, C_n\}$ 的现有系统，我们的任务是设计并分析集成 $\{C_{n+1}, \cdots, C_m\}$ 的成本和技术风险。

假设我们控制了 S，但是 $\{C_i\}$ 可能不在我们的控制范围之内，例如，由外部供应商提供，所以我们对每个 C_i 的理解程度可能会有所不同。我们对 C_i 理解越透彻，设计就越有把握，分析就越准确。

当然，S 不是静态的，它会演进，而这种演进可能需要重新分析。可集成性（就像其他质量属性，如可修改性一样）具有挑战性，因为它在我们拥有不完整信息时对未来做出规划。简单地说，一些集成会比较简单，因为它们已经在架构中被预期和容纳，而另一些集成则会很复杂，因为它们没在架构中提前考虑。

做一个简单的类比：要将北美插头（C_i 的一个例子）插入北美插座（电气系统 S 提供的接口），"集成"是易如反掌的。然而，将北美插头"集成"到英国插座则需要一个适配器。北美插头的设备可能只能在 110V 的电源下运行，要在英国 220V 的电源插座上工作，还需要变压。此外，如果组件的设计频率为 60Hz，而系统提供了 70Hz，那么即使插入正常，可能也无法正常工作。S 和 C_i 的创建者所做的架构决策（例如，提供插头适配器或电压适配器，或者适应不同频率）将影响集成的成本和风险。

7.1　评估架构的可集成性

集成难度（成本和技术风险）可以被认为是 $\{C_i\}$ 和 S 之间接口数量和"距离"的函数：
数量是 $\{C_i\}$ 和 S 之间潜在依赖关系的个数。
距离是解决每个依赖项差异的难度。
依赖关系通常是根据语法来判断的。例如，如果模块 A 调用组件 B 或继承 B 或使用 B，我们说模块 A 依赖组件 B。然而，尽管语法依赖很重要，而且在未来也将继续重要，但依赖可能以任何语法关系都无法察觉的形式出现。两个组件可能是临时耦合的或通过资源耦合的，比如它们在运行时共享和竞争有限的资源（内存、带宽、CPU），共享外部设备的控制，或具有时序依赖性。也可能在语义上耦合，比如它们共享相同的协议、文件格式、计量单位、元数据或其他方面的标准。这些区别之所以重要，是因为时序和语义依赖关系通常没有被很好地理解、明确地承认或适当地记录。对于一个大型的、长期存在的项目来说，缺少或隐含的标准总是有风险的，标准之间的差异将不可避免地增加集成和集成测试的成本和风险。

考虑一下当今服务和微服务的趋势。它们本质上是为了减少依赖关系的数量和距离而进行的组件解耦。服务只能通过其发布的接口"了解"彼此，如果该接口是适当的抽象，则对一个服务的更改对系统中其他服务的影响较小。组件的不断解耦是整个行业的趋势，已经持续了几十年。面向服务本身只处理（即减少）依赖关系的语法方面，它不涉及时序和语义方面。如果相互之间有详细标准和假设的解耦组件实际上是紧密耦合的，那么在未来更改它们可能会付出很高的代价。

出于可集成性的目的，必须更透彻地理解"接口"，它不仅仅是 API。接口必须具有元素之间所有相关依赖关系的特征。当试图理解组件之间的依赖关系时，"距离"的概念是有用的。当组件相互作用时，它们如何配合才能成功地进行交互？距离可能意味着：

- **语法距离**。协作元素必须在共享数据的数量和类型上达成一致。例如，如果一个元素发送一个整数，而另一个元素需要一个浮点数，或者数据字段中的位（bit）有不同的解释，这就意味着一个需要桥接的语法距离。数据类型的差异通常很容易观察和预测。例如，类型不匹配可能被编译器捕获。位的差异虽然本质上相似，但往往更难以检测，分析人员可能需要依赖文档或对代码的详细审查来识别它们。

- **数据语义距离**。协作元素必须在数据语义上达成一致。即使两个元素共享相同的数据类型，它们的值也会有不同的解释。例如，一个值表示海拔（米），另一个表示海拔（英尺），这就意味着一个需要桥接的数据语义距离。这种不匹配通常很难观察和预测，不过，如果所涉及的元素使用元数据，分析师的工作就会有所改善。数据语义中的不匹配可以通过比较接口文档或元数据描述（如果可用）来发现，或者通过检查代码（如果可用）来发现。

- **行为语义距离**。协作元素必须在行为上达成一致，特别是在系统的状态和模式方面。例如，在系统启动、关闭或恢复模式下，数据元素可能会有不同的解释。在某些情况下，这些状态和模式可以在协议中显式捕获。另一例子是，C_i 和 C_j 可能会对控制做出不同的假设，比如彼此都希望对方发起交互。

- **时序距离**。协作元素必须就有关时间的假设达成一致。时序距离的例子包括操作频率不同（例如，一个元素发出值的频率是 10 Hz，另一个元素以 60 Hz 的频率接收值）或时序假设不同（例如，一个元素希望事件 A 紧跟着事件 B 发生，另一个元素希望事件 A 以不超过 50 ms 的延迟跟着事件 B 发生）。虽然这可能被认为是行为语义距离的一个子情况，但它是如此重要（通常是微妙的），必须明确指出来。

- **资源距离**。协作元素必须就共享资源的前提达成一致。资源距离可能涉及设备（例如，一个元素需要独占访问设备，而另一个希望共享访问）或计算资源（例如，一个元素需要 12 GB 的内存来运行优化，其他元素需要 10 GB，但只有 16 GB 的内存可分配；或者三个元素同时以 3 Mbit/s 的速度产生数据，但信道提供的峰值容量只有 5Mbit/s）。同样，这种距离可能被视为与行为距离有关，但它应被单独拿出来分析。

这些细节在编程语言接口描述中通常没有提到。然而，在组织上下文中，这些未声明的隐式接口通常会增加集成（以及修改和调试）的时间和复杂性。这就是接口是架构问题的原因，我们将在第 15 章进一步讨论。

从本质上讲，可集成性关乎识别和弥合每个潜在依赖的元素之间的距离。这是一种可修改性计划。我们将在第 8 章再次讨论这个话题。

7.2　可集成性通用场景

表 7.1 给出了可集成性的通用场景。

表 7.1　可集成性通用场景

场景组成	描述	可能的值
来源	刺激从何而来	下列一项或多项： • 任务 / 系统利益相关者 • 组件市场 • 组件供应商
刺激	刺激是什么？也就是说，是什么样的集成要求	下列之一： • 添加新组件 • 集成现有组件的新版本 • 以新的方式将现有组件集成在一起
制品	要集成的内容	下列之一： • 整个系统 • 特定的一组组件 • 组件元数据 • 组件配置
环境	当刺激发生时，系统处于什么状态	下列之一： • 开发 • 集成 • 部署 • 运行
响应	一个"可集成的"系统将如何响应刺激	下列一项或多项： • 变更已 { 完成、集成、测试、部署 } • 新配置的组件成功且正确地（在语法和语义上）交换信息 • 新配置的组件成功融入系统 • 新配置的组件不违反任何资源限制

（续）

场景组成	描述	可能的值
响应度	如何度量响应	下列一项或多项： · 成本： 　◆ 变更的组件数量 　◆ 代码变更百分比 　◆ 代码变更行数 　◆ 付出的努力 　◆ 资金 　◆ 时间 · 对其他质量属性响应度量的影响（获取允许的权衡）

图 7.1 演示了一个由通用场景构建的可集成性场景示例：一个新的数据清洗组件已在组件市场上架。新组件要在 1 个月内，以不超过 1 个人月的工作量集成到系统中。

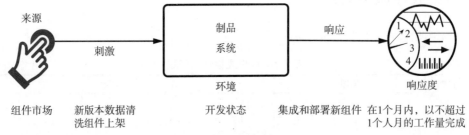

图 7.1　可集成性场景示例

7.3　可集成性战术

可集成性战术的目标是在满足不断演进的需求的同时，减少添加新组件、重新集成已变更组件、将组件组装在一起的成本和风险，如图 7.2 所示。

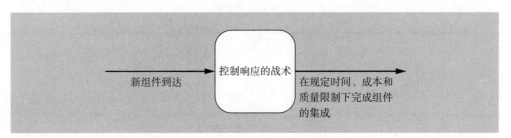

图 7.2　可集成性战术的目标

该战术通过减少组件之间的潜在依赖关系或依赖距离来实现这些目标。图 7.3 显示了可集成性战术的概述。

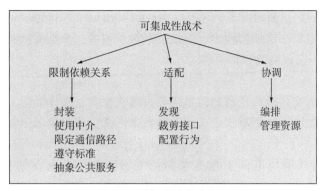

图 7.3　可集成性战术概述

1. 限制依赖关系

（1）封装

封装是建立所有其他可集成性战术的基础，因此，它很少单独出现，但它的使用隐含在这里描述的其他战术中。

封装为元素引入了一个显式接口，并确保对元素的所有访问都要通过该接口。因为所有的依赖都必须通过接口，所以对元素内部的依赖就被消除了。封装减少了依赖项的数量或距离，进而降低了元素变更传播到其他元素的可能性。然而，由于接口限制了外部职责与元素交互的方式（可能是通过包装器），这些优势被削弱了。因此，外部职责只能通过暴露的接口与元素直接交互（间接交互，如对服务质量的依赖很可能保持不变）。

封装还可以隐藏与特定集成任务无关的接口。例如，一个服务使用的库可以完全对所有使用者隐藏，其变量不会传播给使用者。

因此，封装可以减少 C 和 S 之间的依赖项数量，以及语法、数据和行为语义的距离。

（2）使用中介

中介用于打破一组组件 C_i 之间或 C_i 与系统 S 之间的依赖关系。中介可用于解决不同类型的依赖关系。例如，发布–订阅总线、共享数据存储库或动态服务发现等中介都通过消除任何一方了解另一方身份的需要来减少数据生产者和消费者之间的依赖关系。其他中介，如数据转换器和协议转换器，用于解决语法和数据语义的距离。

判断特定中介的具体利益需要知道中介实际做什么。分析人员需要确定中介是否减少了组件和系统之间的依赖关系，以及它解决了哪些维度的距离（如果有的话）。

中介通常在集成过程中为解决特定的依赖关系而引入，也可以包含在架构中，提高预定场景的可集成性。在架构中包括一个通信中介（如发布–订阅总线），然后限定从传感器到该总线的通信路径，这是一个使用中介以提高传感器可集成性的例子。

（3）限定通信路径

这个战术限定给定元素可以与之通信的元素集合。在实践中，这个战术是通过限制元素的可见性（当开发人员看不到接口时，他们就不能使用它）和授权（例如，限制只访问授权的元素）来实现的。在面向服务的架构（Service-Oriented Architecture，SOA）中可以看到限定通信路径战术，在这种架构中，不鼓励点对点请求，而是要求所有请求都经过企业服务总线，以便统一完成路由和预处理。

（4）遵守标准

系统实现中的标准化是跨平台和跨供应商可集成性和互操作性的主要使能者。标准在规定范围上差别很大。有些侧重于定义语法和数据语义。有些包括更丰富的行为和时序语义的协议描述。

标准在其适用或采用范围上也有类似的差异。例如，由电气和电子工程师协会（IEEE）、国际标准化组织（ISO）和对象管理组织（OMG）等广泛认可的标准化组织发布的标准应用得更广泛。对于组织来说标准是小范围内的约定，特别是如果有良好的文档记录和执行，可以起到"本地标准"的作用，当然在集成本地标准范围之外的组件时，作用就有限了。

采用标准是一种有效的可集成性战术，尽管其有效性仅限于基于标准中处理的差异维度以及未来组件供应商遵守该标准的可能性。通过使用标准来限定与系统 S 的通信通常会减少潜在依赖的数量。采用标准定义的内容，可以减少语法、数据语义、行为语义和时序等维度的距离。

（5）抽象公共服务

如果两个元素提供了相似但又不完全相同的服务，那么将这两个特定元素隐藏在一个通用抽象中以获得更通用的服务是个好的设计。这个抽象可能是由两者实现的公共接口，或者它引入一个中介，通过中介将对抽象服务的请求转换为对抽象后面具体元素的请求。由此产生的封装将对系统中其他组件隐藏元素的细节。就可集成性而言，这意味着未来的组件可以与单个抽象集成，而不是与每个特定元素分别集成。

当抽象公共服务战术与中介（如包装器或适配器）结合时，它还可以标准化特定元素之间的语法和语义变化。例如，当系统使用来自不同制造商的相同类型的传感器时，我们会看到这种情况，每个传感器都有自己的设备驱动程序、准确性或时序属性，但架构上可以定义一个公共接口。在另一个例子中，浏览器可容纳各种各样的广告拦截插件，但是由于插件接口，浏览器可以不用关心你安装了多少个插件。

抽象公共服务可以在处理基础设施问题（例如，转换、防护机制和日志记录）时保持一致性。当这些特性发生变化时，或者当实现这些特性的组件的新版本发生变化时，不用大面积更改程序。抽象公共服务通常与中介配对使用，利用中介隐藏特定元素之间的语法和数据语义上的差异。

2. 适配

（1）发现

服务发现是一个相关地址的目录，每当需要从一种地址形式转换到另一种地址形式时，或者需要对目标地址进行动态绑定时，又或者有多个目标时，服务发现就能发挥很大作用。

它是应用程序和服务相互定位的机制。服务发现还可用于枚举特定元素在不同产品中使用的变体。

服务发现中的条目是通过注册添加的。这种注册可以静态完成，也可以在服务实例化时动态完成。当条目不再有意义时应注销该条目。同样，注销可以静态完成，例如使用DNS 服务器，也可以动态完成。动态注销可以由服务发现在执行健康自检时进行处理，也可以由发现条目失去意义的外部软件来执行。

服务发现可能包括指向自身的条目。同样，服务发现中的条目可能具有其他属性，以便在查询时引用。例如，天气服务可能具有"价格"属性，以便以此来查找免费的预报服务。

发现战术通过减少协作服务之间的依赖关系而发挥作用，这些服务应该在彼此不了解的情况下编写。这使得服务之间的绑定和进行绑定的时间同样具有灵活性。

（2）裁剪接口

裁剪接口是在不改变 API 或实现的情况下向接口增加或隐藏功能的一种战术。例如，在不改变接口的情况下增加转换、缓冲和数据平滑等功能，向不受信任的用户隐藏特定的函数或参数。这种战术的一个常见动态应用是拦截过滤器，它能增加类似防止 SQL 注入或其他攻击的数据验证等功能，或者在数据格式之间进行转换。另一个例子是使用面向方面编程（aspect-oriented programming）技术，在编译时将预处理和后处理功能编排在一起。

裁剪接口战术允许基于上下文来增加或隐藏许多服务所需的功能，并对其进行独立管理。它还允许具有语法差异的服务进行互操作，而不需要修改任何一个服务。

这一战术通常在集成过程中应用，然而，设计一个架构以便裁剪接口可以支持可集成性。裁剪接口通常用于解决集成过程中的语法和数据语义距离问题。它也可以用于解决某些形式的行为语义距离问题，它可能会更复杂（例如，维护复杂的状态以适应协议差异），并且可能更准确地归类为引入中介。

（3）配置行为

配置行为战术由软件组件使用，这些组件以规定的方式实现可配置性，从而使它们能够更轻松地与一系列组件交互。组件的行为可以在构建阶段（使用不同的标志重新编译）、系统初始化期间（读取配置文件或从数据库获取数据）或运行时（指定协议版本作为请求的一部分）进行配置。一个简单的例子是配置组件接口以支持不同版本的标准，确保支持多种选项，增加 S 和未来 C 假设相匹配的可能性。

将可配置行为构建到 S 的各个部分是一种可集成性战术，它允许 S 支持更广泛的潜在 C。这种战术为解决语法、数据语义、行为语义和时序维度的距离提供了潜在能力。

3. 协调

（1）编排

编排战术使用控制机制来协调和管理特定服务的调用，同时保持彼此状态独立。

组件编排能将一组松散耦合的可重用服务集成在一起来满足新需求。当架构能够通过编排支持将来可能集成的服务时，集成成本就会降低。针对集成需求，该战术将重点放在了集成所需的编排机制，而不是多个组件的点对点集成。

工作流引擎通常使用编排战术。工作流是一组有组织的活动，它们对软件组件进行排序和协调以完成业务流程。工作流可能由其他工作流组成，每个工作流本身也可能由聚合的服务组成。工作流模型鼓励重用和敏捷性，从而使业务流程更加灵活。你可以用业务流程管理（Business Process Management，BPM）的理念将流程视为一组要管理的竞争性资产来管理。复杂的流程编排可以用如业务流程执行语言（Business Process Execution Language，BPEL）一样的语言进行编程。

组件编排通过减少系统 S 和新组件 $\{C_i\}$ 之间的依赖数量，并通过将这些依赖集中在编排机制中，消除组件 $\{C_i\}$ 之间的显式依赖。如果将编排机制与遵循标准等战术结合使用，还可以减少语法和数据语义距离。

（2）管理资源

资源管理器是一种特定形式的中介，用于统辖对计算资源的访问，有点类似于限定通信路径战术。使用这种战术，软件组件不允许直接访问某些计算资源（例如，线程或内存块），而是由资源管理器代为请求这些资源。资源管理器通常负责分配跨多个组件的资源访问，方法是保留某些不变式（例如，避免资源耗尽或并发使用），强制执行某些公平访问战术，或两者兼有。资源管理器的例子包括操作系统、数据库中的事务机制、企业系统中的线程池，以及在安全关键性系统中使用 ARINC 653 标准进行空间和时间分区。

管理资源战术通过明确地公开资源需求并管理它们的共同用途来减少系统 S 和组件 C 之间的资源距离。

7.4 基于战术的可集成性调查问卷

基于 7.3 节中描述的战术，我们可以创建一组受可集成性战术启发的问题，如表 7.2 所示。为了获得支持可集成性架构选择的概述，分析人员询问每个问题并在表中记录答案。这些问题的答案可以作为进一步活动（比如文档调阅、代码或其他制品分析、代码逆向工程等）的重点。

表 7.2　基于战术的可集成性调查问卷

战术组	战术问题	是否支持（是 / 否）	风险	设计决策和实现位置	原因和假设
限制依赖关系	系统是否通过引入显式接口来**封装**每个元素的**功能**，并要求对元素的所有访问都要通过这些接口 系统是否广泛地**使用中介**来打破组件之间的依赖关系，例如，数据生产者无须了解消费者的特性 系统是否**抽象了公共服务**，为类似的服务提供了通用的抽象接口				

（续）

战术组	战术问题	是否支持（是／否）	风险	设计决策和实现位置	原因和假设
限制依赖关系	系统是否提供了一种方法来限定组件之间的通信路径 系统是否遵守组件之间交互和共享信息的标准				
适配	系统是否提供静态（即在编译时）裁剪接口的能力——增加或隐藏组件接口而不改变 API 或实现的能力 系统是否提供服务发现、编目和传播有关服务的信息 系统是否提供了在构建、初始化或运行时配置组件行为的方法				
协调	系统是否包含协调和管理组件调用的编排机制，以便它们能够保持彼此独立 系统是否提供一个资源管理器来管理对计算资源的访问				

7.5　可集成性模式

前三种模式都以裁剪接口战术为中心，在这里作为一组进行描述：

- ❑ 包装器。包装器是一种封装形式，通过它，某组件被封装在一个可选的抽象中。包装器是唯一允许使用该组件的元素；软件的其他部分通过包装器使用该组件的服务。包装器转换所包装组件的数据或控制信息。例如，一个组件可能使用英制单位输入，而所在系统中的所有其他组件都使用米制单位。包装器可以：
  - 将组件接口的一个元素转换为另一个元素
  - 隐藏组件接口的一个元素
  - 保持一个组件的基本接口元素不变
- ❑ 桥接器。桥接器将一个组件的某些"需求"假设转换为另一个组件的某些"供给"假设。桥接器和包装器之间的关键区别是桥接器独立于任何特定的组件。另外，桥接器必须由某个外部代理显式调用——可能（但不必）由桥接的某个组件调用。最后一点，桥接通常是暂时的，具体转换是在桥接器建立时（例如，桥接编译时）定义的。它们之间的显著区别将在关于中介的讨论中阐明。
- ❑ 与包装器相比，桥接器通常只关注较窄范围的接口转换，因为桥接器处理特定的假设。桥接器尝试解决的假设越多，它应用到的组件就越少。
- ❑ 中介。中介拥有桥接器和包装器的特点。桥接器和中介之间的主要区别是，中介包含了计划功能，所以转换发生在运行时，而桥接器在创建时完成这种转换。

  在成为系统架构中的显式组件方面，中介类似于包装器。也就是说，在原始语义上，暂时的桥接器通常可以被认为是偶然的修复机制，其在设计中的作用可能是隐式的。相反，中介具有足够的语义复杂性和运行时自主性（持久性），可以在软件架构中扮演一流的角色。

好处：

❑ 这三种模式都允许在不强制改变元素或其接口的情况下访问元素。

权衡：

❑ 创建任何模式都需要预先的开发工作。

❑ 所有模式都将在访问时引入一些性能开销，尽管这种开销通常很小。

1. 面向服务的架构模式

面向服务的架构（Service-Oriented Architecture，SOA）模式描述了提供和使用服务的分布式组件的集合。在 SOA 中，服务提供者组件和服务消费者组件可以使用不同的实现语言和平台。服务在很大程度上是独立的实体：服务提供者和服务消费者通常是独立部署的，通常属于不同的系统甚至不同的组织。组件具有描述它们请求服务和提供服务的接口。服务质量属性可以通过服务水平协议（SLA）指定和保证，而 SLA 有时可能具有法律约束力。组件通过彼此请求服务来执行它们的计算。服务之间的通信通常使用如 Web 服务描述语言（Web Services Description Language，WSDL）或简单对象访问协议（Simple Object Access Protocol，SOAP）等 Web 服务协议来执行。

SOA 模式与微服务架构模式相关（参见第 5 章）。微服务架构被假定为组成单个系统并由单个组织管理，然而，SOA 提供可重用组件，这些组件被假定为异构的，并由不同的组织管理。

好处：

❑ 服务被设计成供各种客户使用，因此更加通用。许多商业组织以广泛被调用为目的来提供和营销其服务。

❑ 服务是独立的。访问服务的唯一方法是通过它的接口和网络上的消息。因此，服务和系统的其他部分不交互，除非通过它们的接口。

❑ 服务可以使用任何最合适的语言和技术分别实现。

权衡：

❑ SOA 由于其异构性和独特的所有权而具有许多互操作性特性（如 WSDL 和 SOAP），相应增加了 SOA 的复杂性和开销。

2. 动态发现

动态发现使用发现战术在运行时发现服务提供者。因此，服务消费者可以在运行时与具体服务绑定。

使用动态发现功能表明系统的服务可以与未来的组件进行集成并且只需获得最小限度的信息。这些特定信息会有所不同，但通常包含可以在发现和运行时集成期间进行机械搜索的数据（例如，通过字符串匹配来确定接口标准的特定版本）。

好处：

❑ 这种模式允许灵活地将服务绑定到一个协作整体中。例如，可以在启动或运行时根据服务的价格或可用性来选择服务。

权衡：

❑ 动态发现的注册和注销必须是自动化的，因此要开发相应的工具。

7.6　进一步阅读

本章的很多材料都受到文献 [Kazman 20a] 的启发并从中借鉴。

文献 [MacCormack 06] 和文献 [Mo 16] 定义并提供了架构级耦合度量的经验证据，这些度量可用于测量可集成性设计。

《设计模式：可复用面向对象软件的基础》（*Design Patterns: Elements of Reusable Object-Oriented Software*）⊖ [Gamma 94] 一书定义并区分了桥接模式、包装器模式和适配器模式。

7.7　问题讨论

1. 考虑一下你做过的集成，比如将库或框架集成到代码中。确定你必须处理的各种"距离"，如 7.1 节所讨论的那样。哪一个问题需要付出最大的努力才能解决？

2. 为你正在处理的系统编写一个具体的可集成性场景（比如，你正在考虑集成某个组件的探索性场景）。

3. 你认为哪一个可集成性战术在实践中最容易实现，为什么？哪一个最困难，为什么？

4. 许多可集成性战术与可修改性战术相似。如果让系统具有高度可修改性，这是否意味着它将自动地容易集成到另一个环境中？

5. SOA 的标准用法是向电子商务网站添加购物车功能。哪些商业 SOA 平台提供了购物车服务？购物车的属性是什么？可以在运行时发现这些属性吗？

6. 编写一个程序，通过谷歌 Play Store 的 API 访问谷歌 Play Store，并返回一个天气预报应用程序及其属性列表。

7. 描述动态发现服务的设计。这项服务有助于减少哪些类型的距离？

⊖ 此书的中文版和英文版已由机械工业出版社出版，ISBN：978-7-111-618331-1、978-7-111-67954-7。——编辑注

第8章 可修改性

变化一直发生。

一项又一项的研究表明，典型的软件系统的大部分成本发生在它最初发布之后。如果变化是宇宙中唯一不变的，那么软件的变更不仅是不变的，而且是无处不在的。变更是为了增加新特性，改变甚至废除旧特性；变更是为了修复缺陷、加强防护性或提高性能；变更是为了增强用户体验；变更是为了应用新技术、新平台、新协议、新标准；变更是为了让系统协同工作，即使它们从未被设计成这样。

可修改性是关于变更的，我们关注的是降低进行变更的成本和风险。要规划好可修改性，架构师必须考虑四个问题：

❑ **什么能变更？**系统的任何方面都可能发生变更：系统的功能，平台（硬件、操作系统、中间件），系统所处环境（必须互操作的系统、与外部世界交流所使用的协议），系统展示的品质（它的性能、可靠性、甚至未来的可修改性）和它的能力（支持的用户数量，同步操作的数量）。

❑ **变更的可能性有多大？**不可能规划出一个系统来应对所有潜在的变更——这是永远不会完成的任务，或者即使完成了，也会非常昂贵，并可能导致在其他方面出现问题。尽管任何事情都可能发生变更，但架构师必须做出艰难的决定，决定哪些变更可能发生，从而决定哪些变更将得到支持，哪些不会。

❑ **什么时候变更？由谁变更？**过去最常见的情况是开发人员对源代码进行变更，也就是说，完成代码变更和测试，然后将其部署到新版本中。然而现在，什么时候变更的问题与由谁变更的问题交织在一起。最终用户变更了屏幕保护程序显然是对系统的一个方面做出了变更。显然，这与变更数据库管理系统不同。变更可以发生在实现期间（通过修改源代码）、编译期间（使用编译时开关）、构建期间（通过选择库）、系统配置期间（通过一系列技术，包括设置参数）或执行期间（通过设置参数、插件、分配给硬件等）。开发人员、最终用户或系统管理员也可以进行变更。而能够自学习和自适应的系统对这两个问题提供了一个完全不同的答案——系统本身就是变更的动因。

❑ **变更的成本是什么？**使系统更具可修改性涉及两类成本：
  • 引入机制使系统更具可修改性的成本
  • 使用该机制进行修改的成本

例如，最简单的变更机制是等待变更请求进来，然后变更源代码以适应该请求。在这种情况下，引入机制的成本为零（因为没有特殊机制），执行它的成本是变更源代码和重新验证系统的成本。

与之对应的是应用程序生成器，例如用户界面生成工具，通过直接操作技术生成设计 UI 的描述作为输入，然后生成源代码。引入该机制的成本是购买相关工具的成本，这可能相当大。使用成本是利用工具完成输入的成本（可能很大，也可能可忽略不计）、运行工具的成本（接近于零）以及最后在结果上执行测试的成本（通常远远低于手工编码）。

沿着这个方向走得更远的是能够感知所处环境、学习和修改自己以适应任何变化的软件系统。对于这些系统，进行修改的成本为零，但这种能力是通过购买以及实现和测试学习机制获得的，可能非常昂贵。

对于 N 个类似的修改，一个简化的变更机制判断公式是：

$$N \times \text{不采用该机制的变更成本} \leqslant$$
$$\text{创建机制的成本} + (N \times \text{使用机制进行变更的成本})$$

这里，N 是使用可修改性机制进行修改的预期数量——但它也是一个预测。如果出现的变更比预期的少，可能不会引入昂贵的修改机制。此外，创建可修改性机制的成本可以应用到其他地方（机会成本）——添加新功能，改进性能，甚至是非软件投资，如招聘或培训。而且，这个公式没有考虑到时间。从长期来看，构建复杂的变更处理机制可能更合算，但你可能没时间等待其完成。然而，如果你的代码经常被修改，不引入一些架构机制，而只是在变更之上叠加变更，通常会导致大量的技术债。我们将在第 23 章讨论架构债主题。

在软件系统的生命周期中，变更是如此普遍，以至于为特定的可修改性赋予了特殊的名称。以下是一些常见的名称：

- ❑ 可扩展性用于容纳更多内容。就性能而言，可扩展性意味着添加更多的资源。有两种性能可扩展性：水平可扩展性和垂直可扩展性。水平可扩展性（向外扩展）指的是向逻辑单元添加更多资源，例如向服务器集群添加新服务器。垂直可扩展性（向上扩展）是指向物理单元添加更多资源，例如向单个计算机添加更多内存。这两种类型都存在如何有效利用额外资源的问题。有效意味着额外的资源对系统质量有可测量的改进，不能撑肠拄腹，也不能饥肠辘辘。在基于云的环境中，水平可伸缩性称为弹性。弹性是一个允许客户在资源池中添加或删除虚拟机的属性（有关此类环境的进一步讨论，请参阅第 17 章）。

- ❑ 可变性是指系统及其支撑制品（如代码、需求、测试计划和文档）以预先计划的方式生成一组彼此不同的变体的能力。在产品线中，可变性是一个特别重要的质量属性，产品线是一系列相似但特性和功能不同的系统。如果与这些系统相关的工程资产可以在家族成员之间共享，那么产品线的总体成本会直线下降。这需要引入相关机制，允许制品在产品线范围内被不同产品选择和适用。软件产品线中的可变性目标是在一段时间内让构建和维护系列产品变得容易。

- ❑ 可移植性是指在一个平台上运行的软件可以改为在另一个平台上运行的难易程度。可移植性是通过最小化软件中的平台依赖、隔离对明确位置的依赖以及在封装所有平台依赖的"虚拟机"（例如，Java 虚拟机）上编写软件来实现的。可移植性场景应对的是将软件移动到一个新的平台，所花费的努力不超过某个水平，或者软件中必须变更的代码行数能被接受。处理可移植性的架构方法与处理可部署性的架构方法是交织在一起的，这是第 5 章中讨论的主题。

□ 位置独立性是指两个分布式软件进行交互并且运行前不知道其中一个或两个的位置的情况，或者运行时可以变更位置的情况。在分布式系统中，服务经常被部署到任意位置，这些服务的客户端必须动态地发现它们的位置。此外，分布式系统中的服务一旦部署到位，就必须保证位置能被发现。位置独立性设计意味着易于修改位置，且对系统其余部分的影响最小。

8.1 可修改性通用场景

据这些考虑，我们可以构建可修改性的通用场景。表 8.1 总结了这个场景。

表 8.1 可修改性通用场景

场景组成	描述	可能的值
来源	导致变更的动因。大多数是人类参与者，也可能是一个学习或自我修改的系统，在这种情况下，来源是系统本身	最终用户、开发人员、系统管理员、产品线负责人、系统本身
刺激	系统需要适应的变更。（对于该分类，我们将修复缺陷视为对不能正确工作的制品的变更）	增加/删除/修改功能或改变质量属性、容量、平台或技术的指令；向产品线中添加新产品的指令；将服务的位置更改为另一个位置的指令
制品	被修改的制品。特定的组件或模块、系统平台、用户界面、环境或与之交互的另一个系统	代码、数据、接口、组件、资源、测试用例、配置、文档
环境	变更发生的时间或阶段	运行时、编译时、构建时、启动时、设计时
响应	做出变更并将其合并到系统中	下列一项或多项： • 做变更 • 测试变更 • 部署变更 • 自我变更
响应度	用于变更的资源	成本因素： • 受影响制品的数量、大小和复杂性 • 精力 • 时间 • 资金（直接支出或机会成本） • 该修改对其他功能或质量属性的影响程度 • 引入的新缺陷 • 系统适应需要的时间

图 8.1 演示了一个具体的可修改性场景：开发人员希望变更用户界面。此变更将在设计阶段完成修改代码，变更和测试将花费不到 3h，并且不引入副作用。

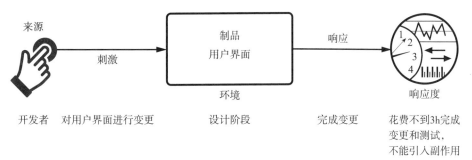

图 8.1　具体可修改性场景示例

8.2　可修改性战术

可修改性战术的控制目标是控制变更的复杂性以及进行变更的时间和成本。图 8.2 显示了这种关系。

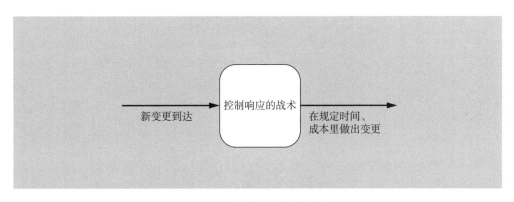

图 8.2　可修改性战术的目标

为了理解可修改性，我们从一些最早和最基本的软件设计复杂性度量（耦合和内聚）开始，这是在 20 世纪 60 年代首次提出的。

通常，影响一个模块的变更比影响多个模块的变更更容易，成本更低。然而，如果两个模块的职责以某种方式重叠，那么对其中一个进行变更可能会影响到另一个。我们可以通过测量一个模块的变更传播到另一个模块的概率来量化这种重叠。这种关系称为耦合，而紧耦合是可修改性的敌人。减少两个模块之间的耦合能降低对任何一个模块的任何修改的预期成本。减少耦合性的战术是在两个紧耦合的模块之间放置各种中介。

内聚用于度量一个模块的职责之间的关系有多紧密。非正式地，它衡量模块的"目标一致性"。目标一致性可以通过影响模块的变更场景来衡量。模块的内聚性是指对某职责的变更影响其他（不同的）职责的可能性。内聚性越高，给定变更影响多个模块的可能性就越低。高内聚有利于可修改性，低内聚与之相反。如果模块 A 的内聚性较低，那么可以通过消除不受预期变更影响的职责来提高内聚性。

影响变更成本和复杂性的第三个特征是模块的大小。在其他条件相同的情况下，较大的模块变更起来更困难，成本也更高，也更容易出现 bug。

最后，我们需要关注软件开发生命周期中会实际发生变更的点。如果我们忽略了为可修改性准备架构的成本，我们最好乞求变更别来。只有当架构适当地准备好应对变更时，变更才能在后期成功地（即，快速且低成本地）执行。因此，可修改性模型的第四个也是最后一个参数就是变更绑定时间。平均而言，适应在生命周期后期进行修改的架构，其成本将低于强制在早期进行相同修改的架构。为系统提前做的准备工作意味着，对于生命周期后期发生的修改，某些成本将为零或非常低。

现在我们可以将可修改性战术及结果理解为影响一个或多个参数：减小模块体量、增加内聚性、减少耦合性和延迟绑定时间。这些战术如图 8.3 所示。

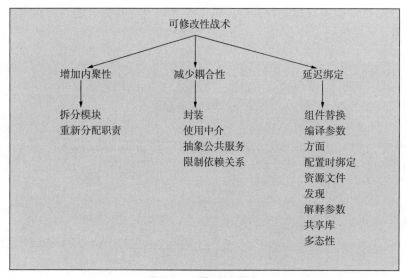

图 8.3　可修改性战术

1. 增加内聚性

有几个战术涉及在模块之间重新分配职责以减少单个模块变更影响多个模块的可能性。

❑ 拆分模块。如果模块包含的职责不是内聚的，那么修改的成本就可能很高。将模块重构为几个内聚性更强的模块会降低未来变更的平均成本。拆分一个模块不是简单地将一半的代码行放入每个子模块，相反，它应该明智且适当地产生一系列独立内聚的子模块。

❑ 重新分配职责。如果职责 A、A'、和 A"（所有类似的职责）分散在几个不同的模块上，最好将它们放在一起。这种重构可能涉及创建一个新模块，也可能涉及将职责转移到现有模块。这里有一种方法是先假设一组可能发生的变更作为场景。如果该场景始终只影响模块的一部分，那么其他部分可能有单独的职责，可以移走。或者，如果修改涉及多个模块，那么应该考虑将受影响的职责集中到一个新模块中。

2. 减少耦合性

现在我们转向降低模块之间耦合性的战术。这些战术与第 7 章中描述的可集成性战术重叠，因为减少独立组件之间的依赖（对于可集成性）类似于降低模块之间的耦合性（对于可修改性）。

- ❏ 封装。参见第 7 章的讨论 .
- ❏ 使用中介。参见第 7 章的讨论。
- ❏ 抽象公共服务。参见第 7 章的讨论。
- ❏ 限制依赖关系。这个战术限制了给定模块与哪些模块交互或依赖于哪些模块。在实践中，这种战术是通过限制模块的可见性（当开发人员看不到接口时，就不能使用它）和授权（限制只访问授权的模块）来实现的。限制依赖关系战术会在分层架构中出现，每层只允许通过使用包装器来访问较低的层（有时只能是下一层），这样外部实体只能看到（因此只能依赖于）包装器，而不是包装的内部功能。

3. 延迟绑定

人的工作总是比计算机的工作更昂贵、更容易出错，因此，让计算机尽可能多地处理变更几乎总能降低成本。如果我们的设计内置了灵活性，那么使用这种灵活性通常比手工编写特定变更代码要便宜。

参数化可能是引入灵活性的最著名的机制，它们的使用让人想起抽象公共服务战术。参数化函数 $f(a, b)$ 比假定 $b = 0$ 的类似函数 $f(a)$ 更通用。当我们定义了参数，并在软件生命周期的后续不同阶段为这些参数设置具体的值，我们就是在延迟绑定。

一般来说，在软件生命周期中这种绑定越晚越好。然而，为后期绑定提供便利的机制往往成本更高——这是一个众所周知的权衡。这时，本章前面给出的公式就可以发挥作用了。我们希望尽可能晚地绑定，只要引入绑定机制是划算的。

以下战术可用于在编译或构建时绑定值：

- ❏ 组件替换（例如，在构建脚本或 makefile 中）
- ❏ 编译参数
- ❏ 方面（aspect）

以下战术可用于在部署、启动或初始化时绑定值：

- ❏ 配置时绑定
- ❏ 资源文件

在运行时绑定值的战术包括：

- ❏ 发现（见第 7 章）
- ❏ 解释参数

❑ 共享库
❑ 多态性

将构建可修改性机制与使用可修改性机制分开，可以让不同的利益相关者参与进来——一个利益相关者（通常是开发人员）提供该机制，另一利益相关者（管理员或安装人员）稍后执行该机制，他们可能处于完全不同的软件生命周期阶段。引入一种机制，以便其他人在不变更任何代码的情况下对系统进行变更，这有时被称为变更外化。

8.3 基于战术的可修改性调查问卷

基于 8.2 节中描述的战术，我们可以创建一组受可修改性战术启发的问题，如表 8.2 所示。为了获得支持可修改性架构选择的概述，分析人员询问每个问题并在表中记录答案。这些问题的答案可以作为进一步活动（比如文档调阅、代码或其他制品分析、代码逆向工程等）的重点。

表 8.2　基于战术的可修改性调查问卷

战术组	战术问题	是否支持（是 / 否）	风险	设计决策和实现位置	原因和假设
增加内聚性	是否通过拆分模块来提高模块的内聚性？例如，对于一个大的、复杂的模块，能把它分成两个（或更多）内聚性更强的模块吗？ 是否通过重新分配职责使模块更内聚？例如，如果一个模块中的职责不具有相同的目标，则应该将它们放在其他模块中				
减少耦合性	是否始终如一地封装功能？这通常涉及隔离正在审查的功能，并向其引入显式接口。 是否一直使用中介来防止模块耦合过于紧密？例如，如果 A 调用具体的功能 C，你可能会引入一个在 A 和 C 之间进行中介的抽象 B。 是否以系统的方式限制模块之间的依赖关系？或者任何系统模块是否可以自由与任何其他模块交互？ 在提供多个类似服务的情况下，是否抽象公共服务？例如，当希望系统能够跨操作系统、硬件或其他环境变体进行移植时，通常会使用这种技术				
延迟绑定	系统是否有规律地对重要功能推迟绑定，以便在生命周期的后期进行替换？例如，是否存在可以扩展系统功能的插件、附加组件、资源文件或配置文件				

8.4 可修改性模式

可修改性模式将系统划分为模块，模块之间关系简洁，每个模块可以单独开发和发展，从而支持可移植性、可修改性和重用。与其他质量属性相比，支持可修改性的模式可能更多。我们这里介绍一些最常用的模式。

1. 客户机 – 服务器模式

客户机 – 服务器模式包含一个服务器，该服务器同时向多个分布式客户机提供服务。最常见的例子是 Web 服务器，它可以向多个用户同时提供 Web 服务。

服务器和客户机之间按下面顺序进行交互：

❏ 发现：

- 客户机初始化通信连接，使用发现服务来确定服务器的位置。
- 服务器使用双方约定的协议响应客户机。

❏ 交互：

- 客户机向服务器发送请求。
- 服务器处理请求并做出响应。

关于这个顺序有几点值得注意：

❏ 如果客户机数量超过单个服务器容量，则服务器可有多个实例。

❏ 如果服务器相对于客户机是无状态的，那么来自客户机的每个请求都会被独立处理。

❏ 如果服务器保持与客户机的状态，那么：

- 每个请求必须以某种方式标识客户机。
- 客户机应该发送一个"会话结束"消息，以便服务器释放与该客户机相关的资源。
- 如果客户机在指定的时间内没有发送请求，服务器可能会通过超时释放与客户机相关的资源。

好处：

❏ 服务器和客户机之间的连接是动态建立的。服务器没有客户机的先验知识，也就是说，服务器和客户机之间的耦合很低。

❏ 客户机之间没有耦合。

❏ 客户机数量可以很容易地扩展，并且只受服务器容量的限制。如果超过了服务器的容量，服务器也可以扩展。

❏ 客户机和服务器可以独立发展。

❏ 公共服务可以在多个客户机之间共享。

❏ 同用户的交互与客户机是隔离的。这一设计促进了管理用户界面的专门语言和工具的发展。

权衡：

❑ 这种模式需要通过网络甚至 Internet 上进行的通信来实现。因此，消息可能会因网络拥塞而延迟，从而导致性能下降（或至少是不可预测的）。

❑ 对于通过同其他程序共享的网络与服务器进行通信的客户机，必须做出特殊规定，以实现防护性（特别是机密性）并保持完整性。

2. 插件（微核）模式

插件模式包含两种类型的元素——提供核心功能集的元素和通过一组固定接口添加功能的专门变体（称为插件）。它们通常在构建时或构建之后绑定在一起。

插件模式的用法示例包括以下情况：

❑ 核心功能可能是一个简化的操作系统（微内核），提供实现操作系统服务所需的机制，如低层地址空间管理、线程管理和进程间通信（Inter Process Communication, IPC）。插件提供实际的操作系统功能，如设备驱动程序、任务管理和 I/O 请求管理。

❑ 核心功能是向用户提供服务的产品。插件提供可移植性，例如兼容操作系统或兼容支持库。插件还可以提供核心产品中没有包含的附加功能。此外，它们还可以充当适配器，以支持与外部系统的集成（参见第 7 章）。

好处：

❑ 插件模式提供了一种可控机制来扩展核心产品，并在各种上下文中发挥作用。

❑ 插件可以由不同的团队或组织开发，而不是由微内核的开发人员开发。这允许发展两个不同的市场：核心产品和插件。

❑ 插件可以独立于微内核发展。由于它们通过固定的接口进行交互，只要接口不改变，这两种类型的元素就不会以其他方式耦合。

权衡：

❑ 由于插件可以由不同的组织开发，因此更容易引入安全漏洞和隐私威胁。

3. 分层模式

分层模式以这样一种方式对系统进行划分，即模块可以在各部分之间很少交互的情况下单独开发和发展，支持可移植性、可修改性和重用。为了实现关注点的分离，分层模式将软件划分为被称为"层"的单元。每层都是一组模块，提供一组内聚的服务。层之间的允许使用关系有一个关键约束：关系必须是单向的。

层对一组软件进行完全分区，每个分区通过一个公共接口公开。层之间根据严格的顺序关系进行交互。如果 (A，B) 在这个关系中，我们说分配给 A 层的软件被允许使用 B 层提供的任何公共设施（在垂直排列的层表示中，A 的位置高于 B 的位置是通常画法）。尽管一层中的模块通常只允许使用下一层，在某些情况下，需要直接使用不相邻的较低层中的模块。这种上层软件使用非相邻下层模块的情况称为层桥接。在此模式中不允许向上使用。

好处：

❑ 因为一个层被限制为只能使用较低的层，所以较低层中的软件可以变更（只要接口不变）而不影响较高层。

❑ 低层可以跨不同的应用程序重用。例如，假设某一层支持跨操作系统的可移植性。这一层对于需要在多个操作系统上运行的系统都是有用的。最低层通常由商业软件（例如，操作系统或网络通信软件）提供。

❑ 因为允许使用关系受到了限制，任何团队必须理解的接口数量减少了。

权衡：

❑ 如果分层设计不正确，它可能会成为障碍，因为低层不能提供上层开发所需要的抽象。

❑ 分层通常会给系统增加性能损失。如果一个调用是从顶层的函数发出的，那么在硬件执行之前，它可能必须通过许多较低的层。

❑ 如果出现许多层桥接情况，系统可能无法满足其可移植性和可修改性目标，而严格的分层有助于实现这些目标。

4. 发布 – 订阅模式

发布 – 订阅是一种架构模式，其中组件主要通过异步消息（有时称为"事件"或"主题"）进行通信。发布者不知道订阅者，订阅者只知道消息类型。使用发布 – 订阅模式的系统依赖于隐式调用，也就是说，发布消息的组件不会直接调用任何其他组件。组件发布一个或多个事件或主题的消息，而其他组件注册感兴趣的发布内容。在运行时，一旦消息产生，发布 – 订阅（或事件）总线将通知注册了该事件或主题的所有组件。通过这种方式，消息发布支持对其他组件（方法）的隐式调用。其结果是发布者和订阅者之间的松散耦合。

发布 – 订阅模式有三种类型的元素：

❑ 发布者组件。发送（发布）消息。

❑ 订阅者组件。订阅并接收消息。

❑ 事件总线。作为运行时基础设施的一部分管理订阅和消息分发。

好处：

❑ 发布者和订阅者是独立的，因此是松散耦合的。添加或改变订阅者只需要注册事件，不会导致发布者发生更改。

❑ 通过改变所发布消息的事件或主题，或订阅者接受消息后进行的操作，可以很容易地改变系统行为。这个看起来很小的变化会产生很大的影响，因为新特性可以通过添加或抑制消息来打开或关闭。

❑ 事件可以很容易地保存下来，允许记录和回放，方便重现错误，如果用手动方式则要困难得多。

权衡：

❑ 发布 – 订阅模式的某些实现可能会对性能产生负面影响（延迟）。使用分布式协调机制将改善性能下降。

❑ 在某些情况下，组件无法确定多长时间才能接收到已发布的消息。一般来说，发布 – 订阅系统中的性能和资源管理是比较困难的。

❑ 使用这种模式会对同步系统产生的确定性响应产生负面影响。在某些实现中，由于事件发送的原因，调用方法的顺序可能会发生变化。

❑ 使用发布 – 订阅模式会对可测试性产生负面影响。事件总线中看似很小的变化（例如改变组件与事件关联）可能会对系统行为和服务质量产生广泛的影响。

❑ 一些发布 – 订阅实现限制了灵活实现防护性（完整性）的机制。由于发布者不知道其订阅者的身份，反之亦然，端到端加密是有限的。从发布者到事件总线的消息可以唯一加密，从事件总线到订阅者的消息也可以唯一加密，然而，任何端到端加密通信都要求所有涉及的发布者和订阅者共享相同的密钥。

8.5　进一步阅读

认真学习软件工程及其历史的学生应该阅读两篇关于可修改性设计的早期论文。第一篇是 Edsger Dijkstra 在 1968 年发表的关于 T.H.E. 操作系统的论文，这是第一篇讨论使用层来设计系统以及这种方法带来的可修改性好处的论文 [Dijkstra 68]。第二篇是大卫·帕纳斯（David Parnas）在 1972 年发表的论文，该论文引入了信息隐藏的概念。文献 [Parnas 72] 建议，不是根据功能，而是根据内化变化影响的能力来定义模块。

在《软件系统体系结构：使用视点和视角与利益相关者合作》（*Software Systems Architecture: Working With Stakeholders Using Viewpoints and Perspectives*）⊖中给出了更多的可修改性模式 [Woods 11]。

解耦级别度量 [Mo 16] 是一个架构级别的耦合度量，它可以深入了解架构是如何全局耦合的。该信息可用于跟踪随时间变化的耦合度，并可以作为技术债的早期预警指标。

在文献 [Mo 19] 中描述了一种全自动检测违反模块性和其他设计缺陷的方法。检测到的违规可以作为重构的指导，以增加内聚并减少耦合。

用于软件产品线的模块通常具有应变机制，允许它们快速修改以服务于不同的应用，也就是说产品线中不同成员。在 Bachmann 和 Clements [Bachmann 05]、Jacobson 及其同事 [Jacobson 97] 和 Anastasopoulos 及其同事 [Anastasopoulos 00] 的著作中可以找到产品线中组件的应变机制列表。

层模式有多种形式和变体，例如"带边车的层"。文献 [DSA2] 的 2.4 节对软件层次图

⊖　此书的中文版已由机械工业出版社出版，ISBN：978-7-111-42186-3。——编辑注

进行了分类，并讨论了为什么你所见过的大多数软件层图都是模棱两可的（对于一个半个多世纪前发明的架构模式来说，这是令人惊讶的）。如果你不想买这本书，那文献 [Bachmann 00a] 是一个很好的替代品。

8.6　问题讨论

1. 可修改性有很多种形式，也有很多名字；我们在本章的开头部分讨论了一些，但这些讨论只触及到表面。找一个处理质量属性的 IEEE 或 ISO 标准，并编制一个有关可修改性的质量属性列表。讨论其中的差异。

2. 在针对问题 1 编写的质量属性列表中，哪些战术和模式对每个都特别有帮助？

3. 对于你在问题 2 中发现的每个质量属性，编写一个表达它的可修改性场景。

4. 在许多自助洗衣店，洗衣机和烘干机接受硬币，但不找零，相反，需要在一台独立的机器上分配零钱。一般自助洗衣店里，每一台找零机对应 6 到 8 台洗衣机和烘干机。在这种安排中，你看到了什么可修改性的战术？关于可用性你能说些什么？

5. 对于问题 4 中的自助洗衣店，描述可修改性的具体形式（使用可修改性场景），这似乎是按所述那样安排机器的目的。

6. 在第 7 章中介绍的包装器是有助于可修改性的通用架构模式。包装器包含哪些可修改性战术？

7. 其他可以增加系统可修改性的常见架构模式包括黑板、代理、点对点、模型 - 视图 - 控制器和反射。就其包装的可修改性战术进行讨论。

8. 一旦中介被引入架构中，一些模块可能会试图规避它，可能是无意的（因为没有意识到中介），也可能是有意的（为了性能、方便或出于习惯）。讨论一些防止规避中介的架构方法。讨论一些非架构方法。

9. 抽象公共服务战术旨在减少耦合，但也可能减少内聚。讨论。

10. 讨论命题：客户机 - 服务器模式是带有运行时绑定的微内核模式。

第9章　性能

性能与时间有关。

性能与时间以及软件系统满足时间要求的能力有关。然而令人沮丧的事实是计算机工作需要时间。计算需要数千纳秒的时间，磁盘访问（无论是固态还是机械的）需要数十毫秒的时间，网络访问所需的时间从同一数据中心的数百 μs 到洲际的 100 ms 不等。在设计系统的性能时，必须考虑时间。

当一个事件发生时（中断、消息、来自用户或其他系统的请求，或标志时间流逝的时钟事件），系统或系统的某些元素必须及时响应它们。当讨论性能时，本质上我们是在描述可能发生的事件（以及它们何时发生）以及系统或元素对这些事件做出的基于时间的响应。

在 Web 系统中，事件以用户请求（数量在几十或数千万）的形式通过客户机（如 Web 浏览器）产生。后端服务从 Web 服务器获取事件。在内燃机的控制系统中，事件来自操作者的控制和时间的流逝；该系统必须控制气缸在正确的位置时点火装置的点火和燃料的混合，最大限度地提高动力和效率，最大限度地减少污染。

对于基于 Web 的系统、以数据库为中心的系统或处理环境输入信号的系统，其响应可能表示为单位时间内处理的请求数量。对于发动机控制系统，响应可能是点火时间允许的误差。综合起来，事件到达的模式和响应的模式形成了构建性能场景的语言。

在软件工程的大部分历史中，计算机运行缓慢且价格昂贵，相对于任务要求，计算机的执行能力相形见绌。性能是驱动架构前进的主要因素。就其本身，它经常损害所有其他软件质量属性的实现。不过，随着硬件性价比持续提高，软件开发的成本不断上升，其他质量属性已经成为性能的重要竞争者。

但性能仍然至关重要。仍然有一些重要的问题，我们知道**如何**用计算机解决，但由于算得不够快而无法解决。

所有系统都有性能需求，即便没有明示出来。例如，一个字处理工具可能没有任何明确的性能要求，但毫无疑问你会同意，在看到输入的字符出现在屏幕上之前等待一个小时（或一分钟或一秒）是不可接受的。对于所有软件来说，性能仍是一个根本重要的质量属性。

性能通常与可伸缩性联系在一起，也就是说，在保持良好性能的同时增加系统的容量。它们当然是相互关联的，如第 8 章所述，技术上的可伸缩性可以让系统以某种特定的方式易于变更，这也是一种可修改性。此外，在第 17 章将详细讨论云服务的可伸缩性。

通常，在系统构建完成后，一旦发现性能不足，就要进行性能改进。如果在系统设计时已经提前考虑了性能。例如，如果设计的系统具有可伸缩资源池，当确定资源池不够（基于检测到的数据）的时候，简单扩大资源池的大小就可以了。反之，你的选择就很有限了，而且大部分选择都是糟糕的，甚至需要大量的返工。

花费大量时间进行优化只获得一点性能回报是不合算的。系统的计时日志可以帮助你确定时间浪费在了哪里，方便你集中精力改进系统关键部分的性能。

9.1　性能通用场景

性能场景从事件到达系统开始。正确响应事件需要消耗资源（包括时间）。需要注意这种场景下，系统可能同时为其他事件提供服务。

并发性

并发性是架构师必须理解的重要概念之一，也是计算机科学课程中讲得最少的章节。并发性是指平行发生的操作。假设有一个包含如下执行语句的线程：

x = 1;

x++;

和另一个执行相同语句的线程。两个线程都执行完后，x 的值是多少？可以是 2 或 3。什么情况下会出现 3，或者应该说语句是如何交叉运行的。

当系统创建一个新线程时，并发就会发生，因为根据定义，线程是独立的控制序列。系统上的多任务能力是由独立线程支持的。通过使用线程，系统可以同时支持多个用户。当系统在多个处理器上执行时，也会产生并发性，无论这些处理器是单独打包的还是多核处理器。此外，在使用并行算法、并行基础设施（如 map-reduce 或 NoSQL 数据库）或使用任何并发调度算法时，必须考虑并发性。换句话说，并发是一种以多种方式使用的工具。

当你有多个 CPU 或可以利用它的等待状态时，并发是一件好事。允许操作并行执行可以提高性能，因为一个线程延迟并不影响处理器运行另一个线程。但是由于刚才描述的交叉现象（称为**竞态条件**），必须小心地管理并发性。

正如例子所示，当出现两个控制线程且存在共享状态时，就会发生竞态条件。并发性的管理常常归结为如何管理共享状态。防止竞态条件的一种技术是使用锁来强制对状态的顺序访问。另一种技术是基于执行代码的线程划分状态。也就是说，如果我们有两个 x 的实例，x 不能被两个线程共享，这样就不会发生竞态条件。

竞态条件是最难发现的 bug 之一，这种 bug 的发生是零星的，并且取决于（可能很小）时间上的差异。我曾经在一个操作系统中遇到一个无法跟踪的竞态条件。我在代码中添加了一个测试，以便在下一次出现竞态条件时触发调试过程。经过一年多的时间，bug 才再次出现，从而确定了原因。

不要因为并发性存在难点而放弃使用这一非常重要的技术。在使用它时，你必须小心地识别代码中的关键部分，并确保（或采取措施确保）这些部分不会发生竞态条件。

——Len Bass

表 9.1 总结了性能通用场景。

表 9.1 性能通用场景

场景组成	描述	可能的值
来源	刺激可以来自一个用户（或多个用户）、外部系统或相关系统的某个部分	外部： • 用户请求 • 外部系统的请求 • 来自传感器或其他系统的数据 内部： • 一个组件向另一个组件发出的请求 • 一个定时器产生的一个通知
刺激	收到的事件。事件可以是来自相关系统或外部系统的服务请求或某个状态通知	周期性、零星或随机到来的事件： • 周期性事件以可预测的时间间隔到达 • 随机事件按照某种概率分布到达 • 零星事件的发生既不是周期性的，也不是随机的
制品	可能是整个系统，也可能只是系统的一部分。例如，一个开机事件可能会刺激整个系统。用户请求可能只到达（刺激）用户界面	• 整个系统 • 系统中的组件
环境	刺激到达时的系统或组件的状态。异常模式（错误模式、过载模式）将影响响应。例如，在设备被锁定之前，允许三次不成功的登录尝试	运行时。系统或组件可能的状态： • 正常模式 • 紧急模式 • 误差校正方式 • 峰值负载 • 过载模式 • 降级运行模式 • 其他系统定义的模式
响应	系统将处理刺激。处理这些刺激需要时间。可能是计算所需的时间，也可能是对共享资源的争抢而所需的阻塞时间。请求可能因为系统负载过重或处理链中的某个地方发生了故障而无法得到满足	• 系统返回响应 • 系统返回错误 • 系统无响应 • 如果过载，系统将忽略请求 • 系统改变服务模式或服务级别 • 系统服务优先级更高的事件 • 系统消耗资源
响应度	时间度量可以包括延迟或吞吐量。具有时限的系统还可以测量响应的抖动和满足时限的能力。可以度量有多少请求没有得到满足，也可以度量使用了多少计算资源（例如，CPU、内存、线程池、缓冲区）	• 响应所需的（最大、最小、平均、中值）时间（延迟） • 在某个时间间隔满足的请求（吞吐量）或接收事件的数量或百分比 • 未满足请求的数量或百分比 • 响应时间的变化（抖动） • 计算资源的使用级别

图 9.1 给出了一个具体的性能场景示例：在正常操作下，500 个用户在 30s 的时间间隔内发起 2000 个请求。系统处理所有请求的平均延迟时间为 2s。

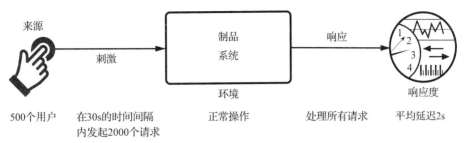

来源	刺激	制品 系统	响应	响应度
500个用户	在30s的时间间隔 内发起2000个请求	正常操作	处理所有请求	平均延迟2s

环境

图 9.1　性能场景示例

9.2　性能战术

　　性能战术的目标是在时间或资源的约束下完成对到达系统的事件的响应。事件可以是单个事件或事件流，是执行计算的触发器。性能战术控制用于完成响应的时间或资源，如图 9.2 所示。

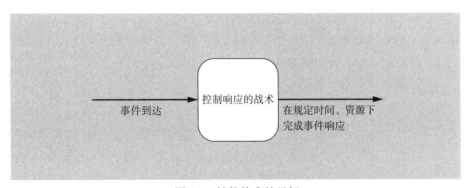

事件到达 → 控制响应的战术 → 在规定时间、资源下完成事件响应

图 9.2　性能战术的目标

　　系统在事件到达到响应结束之间的任何时刻，要么正在处理事件，要么由于某种原因处理被阻塞。这产生了响应时间和资源使用的两个基本组成部分：处理时间（当系统正在积极地响应并消耗资源时）和阻塞时间（当系统无法响应时）。

- ❑ 处理时间和资源使用。处理会消耗资源，这需要时间。事件由一个或多个组件的执行来处理，这些组件花费的时间是一种资源。硬件资源包括 CPU、数据存储、网络通信带宽和内存。软件资源包括由设计中系统定义的实体。例如，必须管理的线程池和缓冲区，并且其关键部分必须按顺序访问。

  - 假设一个组件生成一条消息，并送到网络上，之后到达另一个组件，将其存入缓冲区，以某种方式转变，根据某些算法进行处理，转换为输出，放置在输出缓冲区中，最后返回到某个组件、另一个系统或某个参与者。这些步骤中的每一步都会影响事件处理的整体延迟和资源消耗。

- 当资源利用率接近其容量时，也就是说趋于饱和时，不同资源的行为是不同的。例如，当 CPU 负载越来越重时，性能通常会相当稳定地下降。相反，当内存开始耗尽时，某种情况下页面交换变得非常困难，性能会突然崩溃。

- ❑ 阻塞时间和资源争用。计算可能因为所需资源的争用、资源不可用或所依赖的其他计算不可用而发生阻塞：

  - 资源争用。许多资源一次只能由单个用户使用。因此，其他用户必须等待。图 9.2 显示了到达系统的事件。这些事件可以在单个流中，也可以在多个流中。多个流争用同一资源或同一流中的不同事件争用同一资源将导致延迟。资源的争用越多，延迟就越大。

  - 资源可用性。即使在没有竞争的情况下，如果资源不可用，计算也无法进行。不可用可能是由于资源离线或由于任何原因造成的组件故障。

  - 依赖其他计算。一个计算可能必须等待，因为它必须与另一个计算的结果同步，或者它正在等待调用的计算返回结果。如果一个组件调用另一个组件，并且必须等待该组件的响应，那么当被调用的组件位于网络的另一端（而不是位于同一处理器上），或者当被调用的组件负载很重时，响应时间可能会很长。

无论什么原因，你必须确定架构中哪些地方的资源限制会对总体延迟造成重大影响。

了解这些知识后，我们转向性能战术。我们既可以减少对资源的需求（控制资源需求），也可以使现有资源更有效地处理需求（管理资源）。

1. 控制资源需求

提高性能的一种方法是仔细管理资源需求。可以通过减少事件的数量或限制系统响应事件的速率来实现。此外，可以应用一些技巧来确保拥有的资源被明智地使用：

- ❑ 管理工作请求。减少工作的一种方法是减少进入系统的请求数量。方法包括：

  - 管理事件到达。管理外部系统事件到达的常见方法是设置服务水平协议（SLA），该协议规定你愿意支持的最大事件到达率。SLA 的形式如"系统或组件将处理在单位时间内到达的 X 个事件，响应时间为 Y。"这个协议约束了系统（它必须提供响应）和客户机（如果它在单位时间内发出超过 X 个请求，则不能保证响应）。因此，从客户机的角度来看，如果单位时间内需要处理超过 X 个请求，则必须有更多实例来处理请求。SLA 也是管理基于 Internet 系统可伸缩性的一种方法。

  - 管理采样率。如果系统不能保持足够的响应水平，你可以降低事件的采样频率（例如，从传感器接收数据的速率或每秒处理的视频帧数）。当然，这里所付出的代价是视频流保真度或传感器数据精度下降。然而，如果结果"足够好"，这就是一个可行的策略。这种方法通常用于信号处理系统，例如，不同的编码器可以选择不同的采样率和数据格式。这种设计具有可预测的延迟水平；你必须决定，使用低保真度但一致的数据流是否优于不稳定的延迟。一些系统通过动态管理采样率来平衡延迟和精度需求。

❑ 限制事件响应。当离散事件过快地到达系统（或组件）以至于无法处理时，必须将事件排队，直到它们可以处理为止，或者干脆丢弃它们。你可以选择仅以设置的最大速率处理事件，从而确保对事件的预期处理被实际执行。也可以在队列大小或处理器利用率超过某个警告级别时触发该战术。或者，由违反 SLA 的事件率触发。如果采用该战术，但丢弃任何事件是不可接受的，那么你必须确保你的队列足够大以处理最坏的情况。相反，如果选择删除事件，则需要选择：记录删除的事件还是简单地忽略它们，是否通知其他系统、用户或管理员。

❑ 事件优先级。如果不是所有的事件都是同等重要的，你可以设置一个优先级方案，根据服务事件的重要程度对事件进行排序。如果出现这些事件时没有足够的资源提供服务，那么低优先级事件可能会被忽略。忽略事件会消耗最少的资源（包括时间），因此与一直为所有事件服务的系统相比，这样可以提高性能。例如，一个建筑物管理系统可能会发出各种警报。火灾这类威胁生命的警报应该比房间太冷这类信息警报得到更高的优先级。

❑ 减少计算开销。对于已经进入系统的事件，可以采用以下方法来减少处理每个事件的开销：

- 降低间接。使用中介（我们在第 8 章中看到，中介对可修改性非常重要）会增加处理事件流的计算开销，减少中介会减低延迟。这是一个经典的可修改性/性能权衡。采用关注点分离（可修改性的另一个关键）会导致事件由组件链而不是单个组件来处理，也会增加处理开销。但是，你或许能鱼和熊掌兼得：精巧的代码优化可以让你使用支持封装（从而保持可修改性）的中介和接口进行编程，但在运行时减少（或者在某些情况下消除）代价高昂的间接操作。类似地，一些代理允许客户机和服务器之间直接通信（在最初通过代理建立关系之后），从而消除后续请求的间接步骤。

- 共置通信资源。上下文信息交换和组件间通信的成本会增加，尤其当组件位于网络上的不同节点时。减少计算开销的一种策略是共置资源。共置可能意味着将协作的组件放到同一个处理器上运行，以避免网络通信的时延；也可能意味着将资源放在相同的组件中，以避免甚至是子程序间调用的开销；抑或，意味着将多层架构的各个层放在数据中心的同一个机架上。

- 定期清理。减少计算开销的一种特殊情况是定期地清理效率低下的资源。例如，哈希表和虚拟内存映射可能需要重新计算和重新初始化。正是因为这个原因，许多系统管理员甚至普通计算机用户都会定期重启系统。

❑ 限定执行时间。你可以设置响应事件的执行时间上限。对于迭代、数据相关的算法，限制迭代次数是限制执行时间的一种方法。然而，该战术的成本评估通常不那么精确。如果采用了这种战术，需要评估它对准确性的影响，看看结果是否"足够好"。这种资源管理战术经常与管理采样率战术配对。

❑ 提高资源利用效率。提高关键领域算法效率可以减少延迟、提高吞吐量和资源效率。对于一些程序员来说，这是他们主要的性能战术。如果系统不能充分执行，他们就会尝试"调优"相关处理逻辑。正如你所看到的，这种方法实际上是许多可用战术之一。

2. 管理资源

即使对资源的需求是不可控制的，对资源的管理也是可行的。有时一种资源可以交换另一种资源。例如，中间数据可以保存在缓存中，也可以重新生成，取决于哪个资源更关键：时间、空间或网络带宽。以下是一些资源管理战术：

❑ 增加资源。更快的处理器、更多的处理器、更大的内存和更快的网络都会提高性能。在选择资源时，成本通常是一个考虑因素，但在许多情况下，增加资源是性能立即得到改善的最便宜的方法。

❑ 引入并发。如果请求可以并行处理，则阻塞时间可以减少。通过在不同线程上处理不同的事件或创建额外的线程来处理不同的活动集来引入并发。（引入并发后，使用资源调度战术选择调度策略来实现想要的目标。）

❑ 保持多个计算副本。这种战术减少了将对服务的所有请求分配给单个实例时可能发生的争用。微服务架构中的复制服务或服务器池中的 Web 服务器都是计算副本的例子。负载均衡器是一种软件，可以将新的工作分配给一个可用的复制服务器；分配的算法有多种，可以是简单的轮询方案或将下一个请求分配给最不忙的服务器。负载均衡器模式将在第 9.4 节中详细讨论。

❑ 保持多个数据副本。保持多个数据副本的两个常见做法是数据复制和数据缓存。数据复制保留数据的独立副本，以减少来自多个同时访问的争用。由于被复制的数据通常是现有数据的副本，因此保持副本一致性和同步就成为系统必须解决的问题。数据缓存也有保存数据副本（可以是数据子集）的能力，区别在于缓存考虑的是访问速度的不同。不同访问速度可能意味着内存和辅助存储或者本地通信和远程通信的差别和选择。缓存的另一个问题是如何选择要缓存的数据。有些缓存的操作方式仅仅是保存最近请求的数据，也有根据用户的行为模式预测用户未来的请求，并在用户发出请求之前开始计算或提前获取所需数据。

❑ 限定队列大小。这种战术控制请求到达的最大数量，从而控制所需资源。如果采用这种战术，需要为队列溢出建立一个策略，并决定如何处理丢失的事件。这个战术经常与极限事件响应战术配对使用。

❑ 调度资源。无论何时发生资源争用，都必须进行调度。处理器、缓冲区、网络等都存在调度问题。作为架构师，你所关心的是了解每个资源使用的特征，并选择与之匹配的调度策略。（请参阅"调度策略"侧栏。）

图 9.3 总结了性能战术。

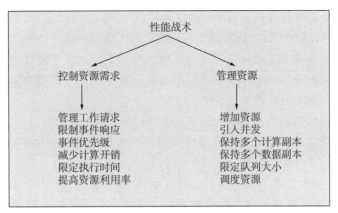

图 9.3　性能战术

调度策略

调度策略在概念上有两部分：优先级分配和分派。所有调度策略都要分配优先级。在某些情况下，优先级分配可以像先进先出（First-In/First-Out，FIFO）一样简单。在其他情况下，可能与请求的截止日期或其语义重要性有关。调度的竞争标准包括优化资源使用、请求重要性、最小化使用的资源数量、最小化延迟、最大化吞吐量、防止饥饿以确保公平性等。你需要了解这些可能存在冲突的标准，以及所选择的调度策略对系统满足这些标准的能力的影响。

高优先级的事件流可以被分派，但只有资源可用时才获得资源。有时这取决于抢占资源的当前用户。可能的抢占选项有：可以随时抢占，仅在特定的抢占点抢占，不能抢占正在执行的进程。一些常见的调度策略如下：

❑ **先进先出**。FIFO 队列将所有资源请求同等对待，并依次满足它们。FIFO 队列可能会发生一个请求将被卡在另一个请求之后且需要很长时间才能响应的情况。只要所有请求都是真正平等的，这就不是问题，但如果一些请求的优先级高于其他请求，就会产生挑战。

❑ **固定优先级调度**。固定优先级调度为每个资源请求分配一个特定的优先级，并按该优先级顺序分配资源。此策略确保为高优先级请求提供更好的服务。然而，也得承认，因为被困在一系列高优先级请求之后，一个低优先级但仍然重要的请求可能需要很长时间才能得到服务。以下是三种常见的优先级策略：

  ● **语义重要性**。语义的重要性根据生成事件的任务的某些领域特征静态地分配一个优先级。

  ● **截止时间单调**。是一种静态的优先级分配方法，它为截止时间短的数据流分配较高的优先级。当调度具有实时截止日期的不同优先级流时，可使用此调度策略。

  ● **速率单调**。速率单调是对周期性数据流的静态优先级分配算法，周期越短的流，分配的优先级越高。这种调度策略是截止时间单调的一种特殊情况，但它更广为人知，也更可能得到操作系统的支持。

❑ **动态优先级调度**。策略包括：

● **轮询**。轮询调度策略对请求进行排序，然后在每一种可能的分配情况下，按照该顺序将资源分配给下一个请求。轮询的一种特殊形式是循环执行，其中可能的分配时间以固定的时间间隔指定。

● **最早截止优先**。越快到期的请求优先级越高。

● **最少空闲优先**。该策略将最高优先级分配给拥有最少"空闲时间"的作业，"空闲时间"是作业剩余执行时间和截止时间的差。

对于可抢占的单个处理器和进程，最早截止优先和最少空闲优先调度策略都是最优选择。也就是说，如果可以对一组进程进行安排，以便满足所有的最后期限，那么这些策略将能够成功地对该组进程进行安排。

静态调度。循环执行调度是一种调度策略，其中抢占点和分配资源顺序是离线确定的。这样就避免了调度程序的运行时开销。

公路上的性能战术

战术是通用的设计原则。为了实践这一点，研究一下你居住地的道路和高速公路系统的设计。交通工程师用了一组设计"技巧"来优化这一复杂系统的性能，这一系统有许多性能度量如：吞吐量（从郊区到足球场每小时多少辆车），平均延迟（从你家到市中心平均需要多长时间），最坏情况下的延迟（急救车把你送到医院需要多长时间）。这些技巧是什么？不是别人，是我们的老朋友，战术。

让我们来看一些例子：

❑ **管理事件率**。高速公路入口坡道上的灯只允许车辆以设定的间隔进入高速公路，车辆必须在匝道上排队等候。

❑ **优先事件**。救护车和警车的灯在闪、警笛在响，它们比普通市民享有更高的优先权；一些高速公路有高占有率车辆（HOV）车道，载有多名乘客的车辆优先。

❑ **保持多份副本**。在现有道路上增加交通车道或建立平行路线。

此外，该系统的用户可以使用自己的技巧：

❑ **增加资源**。比如买辆法拉利。在其他条件相同的情况下，在开阔的道路上驾驶速度快的汽车将更快到达目的地。

❑ **提高效率**。找一条更快或更短的新路线。

❑ **减少计算开销**。开得离你前面的车更近，或者同一辆车里坐更多的人（即拼车）。

我们讨论的重点是什么？几个世纪以来，工程师们一直在分析和优化复杂的系统，试图提高它们的性能，他们一直采用相同的设计策略来做到这一点。因此，当你尝试改进计算机系统的性能时，你所采用的战术已经经过了彻底的"道路测试"，你应该感到些许安慰。

——Rick Kazman

9.3 基于战术的性能调查问卷

基于 9.2 节中描述的战术，我们可以创建一组受战术启发的问题，如表 9.2 所示。为了获得支持性能架构选择的概述，分析人员询问每个问题并在表中记录答案。这些问题的答案可以作为进一步活动（比如文档调查、代码或其他工件分析、代码逆向工程等）的重点。

表 9.2 基于战术的性能调查问卷

战术组	战术问题	是否支持（是 / 否）	风险	设计决策和实现位置	原因和假设
控制资源需求	是否为通过**服务水平协议**（SLA）明确要支持的最大事件到达率？ 是否能对进入系统的事件管理采样率？ 系统如何限制事件响应（处理量）？ 是否定义了不同类别的请求并为每类请求设置了优先级？ 是否可以通过共同位置、清理资源或减少间接的方法来减少计算开销？ 是否能能对算法限定执行时间？ 是否通过选择算法来提高计算效率？				
管理资源	是否能分配更多资源给系统或组件？ 是否支持**并发性**？如果请求可以并行处理，则阻塞时间随之减少。 可以在不同的处理器上复制计算吗？ 是否进行数据缓存（保存本地副本以利快速访问）或复制数据副本（以减少争用）？ 队列大小是否可限定为处理请求所需资源的上限？ 是否确保了使用的调度策略满足性能要求？				

9.4 性能模式

几十年来，性能问题一直困扰着软件工程师，因此为管理性能的各种情况开发一套丰富的模式就不足为奇了。在本节中，我们只对其中一些模式进行介绍。注意，有些模式有多种用途。例如，我们在第 4 章看到了断路器模式，因为减少了无响应服务的等待时间，它既可用在可用性模式，也在性能上发挥作用。

这里我们将介绍的模式有服务网格、负载均衡器、限流和 map-reduce。

1. 服务网格

网格模式已在微服务架构中采用。网格的主要特征是 sidecar——一种伴随每个微服务的代理，用于处理与应用功能无关的大量公共功能，如服务间通信、监视和防护性。sidecar

与每个微服务一起执行，处理所有服务间的通信和协作。（我们将在第 16 章中描述，这些元素通常被打包成 pod。）应用功能和 sidecar 会部署在一起，这减少了网络通信导致的延迟，从而提高了性能。

这种方法允许开发人员将微服务的功能（核心业务逻辑）与横切关注点（如身份验证和授权、服务发现、负载均衡、加密和可观察性）的实现、管理和维护分离开来。

好处：

- ❑ 管理横切关注点的软件可以购买现成的，也可以由专业团队实施和维护，从而让业务逻辑的开发人员只关注业务问题。
- ❑ 服务网格强制将公共功能与使用公共功能的服务部署到相同的处理器上。因为不再有网络通信，因此减少了服务和公共功能之间的通信时间。
- ❑ 服务网格可以配置为根据上下文进行通信，从而简化了第 3 章中描述的金丝雀测试和 A/B 测试等功能。

权衡：

- ❑ sidecar 引入了更多的执行进程，每个进程都会消耗一些处理能力，增加系统开销。
- ❑ sidecar 通常包含多个功能，并不是每个服务或服务的每次调用都需要这些功能。

2. 负载均衡器

负载均衡器是一种中介，它处理来自某一组客户机的消息，并确定哪个实例应该响应这些消息。这种模式的关键是，负载均衡器充当传入消息的单个接触点（例如，单个 IP 地址），但是它随后将请求分派给能够响应请求的供给者池（服务器或服务）。通过这种方式，负载可以跨供给者池进行均衡。负载均衡器实现了某种形式的资源调度战术。调度算法可能非常简单，比如轮询，也可能考虑每个供给者上的负载或等待服务的请求数量。

好处：

- ❑ 服务器的任何故障对客户机是不可见的（假设仍然有一些剩余的处理资源）。
- ❑ 通过在多个供给者之间共享负载，客户机可以保持较低和更可预测的延迟。
- ❑ 向负载均衡器可用的池中添加更多的资源（更多的服务器、更快的服务器）是相对简单的，客户机对此是无感的。

权衡：

- ❑ 负载均衡算法必须非常快，否则，它本身可能会成为瓶颈。
- ❑ 负载均衡器是一个潜在的瓶颈或单点故障，因此常常需要副本（甚至是负载均衡）。
- ❑ 负载均衡器将在第 17 章中进行更详细的讨论。

3. 限流

限流模式是对管理工作请求战术的一种打包。它用于限制对某些重要资源或服务的访问。在此模式中，通常有一个中介（也叫限流器）监视对服务的请求并确定是否为其提供服务。

好处：

❑ 通过调节传入的请求，你可以优雅地处理需求的变化。这样做，服务永远不会超载，它们可以保持在一个性能"最佳点"，从而有效地处理请求。

权衡：

❑ 限流逻辑必须非常快，否则，它本身可能成为瓶颈。

❑ 如果客户机需求经常超过容量，缓冲区需要足够大，否则有丢失请求的风险。

❑ 这种模式很难添加到客户机和服务器紧密耦合的系统中。

4. map-reduce

map-reduce 模式对大数据集进行分布式并行排序，并为程序员提供了一种简单的方法来做数据分析。与其他独立于任何应用程序的性能模式不同，map-reduce 模式是专门为特定类型的重复问题（对大数据集进行排序和分析）提供高性能的。任何处理海量数据的组织（比如谷歌、Facebook、Yahoo 和 Netflix）都会遇到这个问题，所有这些组织实际上也都使用了 map-reduce。

map-reduce 模式由三部分组成：

❑ 第一部分是一个专门的基础设施，负责在大规模并行计算环境中将软件分配给硬件节点，并根据需要处理数据排序。节点可以是虚拟机、独立处理器或多核芯片中的一个核心。

❑ 第二和第三部分是两个程序员编写的函数，显而易见，这两个函数分别叫作 map 和 reduce。

  ● map 函数以一个键和一个数据集作为输入。它使用该键将数据散列到一组 bucket 中。假设我们的数据集由扑克牌组成，那么键值就可能是花色。map 函数用于过滤数据，即确定数据是要进一步处理还是丢弃。继续我们的扑克牌示例，我们可能选择丢弃小丑或字母牌（A、K、Q、J），只保留数字牌，然后我们可以根据牌的花色将每张牌映射到一个 bucket 中。map-reduce 模式的 map 阶段的性能通过拥有多个 map 实例而得到增强，每个 map 实例处理数据集的不同部分。输入文件被划分为多个部分，并且创建了许多 map 实例来处理每个部分。继续我们的例子，让我们考虑我们有 10 亿张纸牌，而不仅仅是一副牌。由于每张牌都可以单独检查，map 过程可以由数万或数十万个实例并行执行，而不需要在它们之间进行通信。一旦所有输入数据都被映射，这些 bucket 将由 map-reduce 基础设施进行洗选，然后分配给新的处理节点（可重用 map 阶段中使用的节点），用于reduce 阶段的处理。例如，可以将所有梅花分配给一个实例集群，将所有方块分配给另一个集群，以此类推。

  ● 所有繁重的分析都在 reduce 函数中进行。reduce 实例的数量对应于 map 函数输出的 bucket 的数量。reduce 阶段执行一些程序员指定的分析，然后发出分析的结果。例如，我们可以计算梅花、方块、红桃和黑桃的数量，或者可以对每个 bucket 中所有纸牌的数值求和。输出集几乎总是比输入集小得多，因此得名"reduce"。

map 实例是无状态的，彼此之间不通信。map 实例和 reduce 实例之间的唯一通信是 map 实例以 <key，value> 对格式发出的数据。

好处：

❑ 通过利用并行性，可以有效地分析巨量的、未排序的数据集。

❑ 任何实例的故障对处理的影响都很小，因为 map-reduce 通常将大的输入数据集分解成许多更小的数据集进行处理，并为每个数据集分配对应的实例。

权衡：

❑ 如果没有足够大的数据集，map-reduce 模式的开销是不合理的。

❑ 如果不能将数据集划分成大小相近的子集，并行的优势就会丧失。

❑ 对于需要多个 reduce 函数才能完成分析的情况，编排将变得很复杂。

9.5　进一步阅读

性能是大量文献的主题。以下是我们推荐的一些关于性能的书籍：

❑ *Foundations of Software and System Performance Engineering：Process，Performance Modeling，Requirements，Testing，Scalability，and Practic* [Bondi 14]。这本书提供了性能工程的全面概述，从技术实践到组织实践。

❑ *Software Performance and Scalability：A Quantitative Approach* [Liu 09]。这本书涵盖了面向企业应用程序的性能，重点介绍了队列理论和度量。

❑《软件性能工程》(*Performance Solutions：A Practical Guide to Creating Responsive，Scalable Software*) ⊖ [Smith 01]。这本书涵盖了性能设计，重点是构建实用的预测性能模型（并使用真实数据）。

了解性能方面的一些模式，请参阅 *Real-Time Design Patterns：Robust Scalable Architecture for Real-Time Systems* [Douglass 99] 和《面向模式的软件体系结构，卷 3》(*Pattern- Oriented Software Architecture Volume 3：Patterns for Resource Management*) ⊖ [Kircher 03]。此外，微软还发布了基于云的应用程序的性能和可伸缩性模式目录：https://docs.microsoft.com/en-us/azure/architecture/patterns/category/performance-scalability。

⊖ 此书中文版已由机械工业出版社出版，ISBN 是 978-7-111-12147-3。——编辑注

⊖ 此书中文版已由机械工业出版社出版，ISBN 是 978-7-111-16983-2。——编辑注

9.6　问题讨论

1. "每个系统都有实时性能限制。"讨论。你能举个反例吗？

2. 编写一个具体的性能场景，描述航空公司平均航班准点到达的性能。

3. 为在线拍卖网站编写几个性能场景。无论你主要关心的是最坏延迟、平均延迟、吞吐量还是其他一些响应度量。你会使用哪些战术来满足要求？

4. 基于 Web 的系统经常使用代理服务器，这是系统接收来自客户机（比如浏览器）请求的第一个元素。代理服务器能够为经常被请求的网页（比如公司的主页）提供服务，而不会干扰实际执行交易的应用服务器。一个系统可能包括许多代理服务器，它们通常靠近大型用户区部署，以减少例行请求的响应时间。你认为这场景使用了什么战术？

5. 交互机制之间的根本区别在于交互是同步的还是异步的。讨论它们性能响应的优缺点：延迟、截止时间、吞吐量、抖动、缺失率、数据丢失或你关心的其他与性能有关的点。

6. 找到现实世界（即非软件）使用资源管理战术的示例。例如，假设你正在管理一家实体商店，你如何使用这些战术让人们更快地结账。

7. 用户界面框架通常是单线程的。这是为什么呢？性能影响是什么？（提示：考虑竞态条件。）

第 10 章　安全性

"不杀死任何人"应该成为每个软件架构师的使命宣言的一部分。

软件可以致人死亡或者造成伤害、损害的想法过去只在关于邪恶计算机的科幻小说中出现；想想电影 2001: *A Space Odyssey* 中，HAL 礼貌地拒绝打开舱门，让 Dave 困在太空。

遗憾的是，它没有留在那里。随着软件在我们生活中控制越来越多的设备，软件安全性已成为一个关键问题。

认为软件（一串 0 和 1）可以致死、致残或毁灭的想法仍然是一种不自然的观念。公平地说，造成破坏的不是 0 和 1——至少不是直接造成的，而是它们连接的东西。软件以及运行它的计算机必须以某种方式与外部世界相连，才能造成破坏，这是好消息。坏消息是好消息并不都是那么好，软件**总是**与外部世界相连。如果你的程序在它自身之外没有任何可观察到的效果，那么它可能就没有任何作用。

2009 年，Shushenskaya 水电站的一名员工使用网络远程工作，但意外地通过几个错误的按键激活了一个未使用的涡轮机。脱机的涡轮机制造了一个"水锤"，淹没并摧毁了电站，造成数十名工人死亡。

还有许多其他同样臭名昭著的例子。Therac 25 致命的辐射过量、阿丽亚娜 5 号爆炸，以及一百多个不太知名的事故都造成了伤害，正如刚才提到的例子，计算机与环境相连：涡轮机、X 射线发射器和火箭的转向控制。邪恶的 Stuxnet 病毒是故意造成损伤和破坏的。在这些情形中，软件命令其环境中的一些硬件采取灾难性的行动，硬件服从了。执行器是连接硬件和软件的设备，它们是连接 0、1 世界与动作和控制世界的桥梁。向执行器发送一个数字（或在与执行器相对应的硬件寄存器中写入一个位串），该值将被转换为某些机械动作，无论好坏。

连接到外部世界并不一定是连接到机械臂、铀离心机或导弹发射器，连接到一个简单的显示屏就足够了。有时候，计算机所要做的就是把错误的信息发送给人类操作员。1983 年 9 月，一颗苏联卫星向其地面系统的计算机发送了数据，该计算机将这些数据解释为来自美国的导弹瞄准了莫斯科。几秒钟后，电脑报告第二枚导弹正在飞行。很快，第三枚，第四枚，第五枚出现了。苏联战略火箭部队中校 Stanislav Yevgrafovich Petrov 做出了一个令人震惊的决定，无视电脑，认为它们是错误的。他认为，美国发射几枚导弹，从而招致大规模报复性破坏的可能性微乎其微。他决定等一等，看看导弹是不是真的，也就是说，看看他国家的首都是否会被烧成灰烬。正如我们所知，苏联系统错误地将一种罕见的阳光条件误认为飞行中的导弹。你和你的父母很可能都是由 Petrov 中校拯救的。

当然，当计算机出错时，人类并不总是正确的。2009 年 6 月 1 日，在一个风雨交加的夜晚，从里约热内卢飞往巴黎的法航 447 航班坠入大西洋，机上 228 人全部遇难，尽管飞机的发动机和飞行控制系统运转良好。这架空客 A-330 的飞行记录仪直到 2011 年 5 月才被找到。它显示，飞行员根本不知道飞机在高空陷入了失速。测量空速的传感器被冰堵塞，因此变得不再可靠，结果，自动驾驶仪脱离了控制。人类飞行员认为飞机飞得太快（有结构失效的危险），而实际上它飞得太慢（而且还在坠落）。在从 35 000 英尺的高度俯冲的整个 3min 多的时间里，飞行员一直试图将机头向上拉，然后减速，而他们应该做的只是降低机头以增加速度并恢复正常飞行。A-330 失速警告系统的工作方式很可能加剧了混乱。当系统检测到失速时，它会发出响亮的声音报警。当软件"认为"攻角测量无效时，就会停止失速警告。这可能发生在空速读数非常低的时候。这就是法航 447 的情况：它的前进速度下降到 60 节以下，攻角非常高。由于这个飞行控制软件规则，失速警告停止和开启了多次。更糟糕的是，每当飞行员向前推操纵杆（增加空速并将读数调整到"有效"范围，但仍处于失速状态），然后向后拉时，警告就会停下来。也就是说，做正确的事情会得到错误的反馈，反之亦然。这是一个不安全的系统，还是一个操作不安全的安全系统？这类问题最终要由法院裁决了。

在本书即将出版之际，波音公司仍在为其 737 MAX 飞机停飞而头疼。此前，波音 737 MAX 飞机发生了两起坠机事故，至少部分原因是一款名为 MCAS 的软件在错误的时间将机头向下推造成的。故障传感器似乎也与此有关，还有一个令人困惑的设计决定：软件只依赖一个传感器而不是飞机上可用的两个传感器来确定其行为。此外，波音公司似乎从未在传感器失效的情况下测试过该软件。公司确实提供了在飞行中禁用该系统的方法，然而当飞机正在尽其所能杀人时，记住如何禁用系统可能对机组人员提出很多要求，尤其是当他们一开始就不知道 MCAS 的存在时。总共有 346 人在 737 MAX 的两次坠毁中丧生。

好了，恐怖故事讲够了。让我们来谈谈背后的原理，因为它们影响软件和架构。

安全性是指系统避免陷入造成或导致环境中参与者损害、伤害或死亡状态的能力。这些不安全状态可能是由多种因素造成：

- ❏ 当为不为（事件未能发生）。
- ❏ 胡作乱为（虚假发生的不受欢迎事件）。该事件可能在某些系统状态下是可接受的，但在其他状态下是不可取的。
- ❏ 时序。提前（事件发生在所需时序之前）或延迟（事件发生在所需时序之后）的时序安排都可能存在潜在问题。
- ❏ 系统数值问题。这些错误分为两类：粗略的不正确的值，虽不正确但可以检测到，而细微的不正确值通常无法检测到。
- ❏ 顺序遗漏和乱为。在事件序列中，要么缺少一个事件（遗漏），要么插入一个意外事件（乱为）。
- ❏ 顺序错乱。一系列事件到达，但不是按照规定的顺序。

安全性还涉及检测和从这些不安全状态中恢复，以防止或尽量减少由此造成的危害。

系统的任何部分都可能导致不安全状态：软件、硬件或环境都可能以一种无法预料的、不安全的方式运行。一旦检测到不安全状态，可能的系统响应类似于可用性的几种情况（参见第 4 章）。应识别不安全状态，并使系统通过：

- 从不安全状态恢复后继续操作，或将系统置于安全模式。
- 或者关闭（失效安全）。
- 或者切换到需要手动操作的状态（例如，当汽车的动力转向失灵时，手动转向）。

此外，应该立即报告和记录不安全状态。

安全架构师首先要识别系统的安全性关键功能（那些刚才概述的可能造成危害的功能），可以使用失效模式和影响分析（Failure Mode and Effects Analysis，FMEA；也称为危害分析）、故障树分析（Failure Tree Analysis，FTA）等技术。FTA 是一种自顶向下的演绎方法，用于识别可能导致系统进入不安全状态的失效。一旦确定了失效，架构师需要设计机制来检测和缓解故障（以及最终的危险）。

本章描述的技术旨在发现系统运行可能导致的潜在危害，并帮助创建应对这些危害的策略。

10.1 安全性通用场景

基于这些信息，我们可以构建安全性通用场景，如表 10.1 所示。

表 10.1 安全性通用场景

场景组成	描述	可能的值
来源	一种数据源（传感器、计算数据的软件组件、通信信道），一个时间源（时钟）或用户动作	如下的具体实例： • 传感器 • 软件组件 • 通信信道 • 设备（如时钟）
刺激	当为不为、胡作乱为或发生不正确的数据或时序	当为不为实例： • 一个永远不会到来值 • 永远不会被执行的函数 胡作乱为实例： • 函数执行错误 • 设备产生虚假事件 • 设备产生错误数据 错误数据实例： • 传感器上报错误数据 • 软件组件产生错误结果 时序失效： • 数据到达得太晚或太早 • 生成的事件发生得太晚或太早或者速度错误 • 事件以错误的顺序发生
制品	制品是系统的一部分	系统的安全性关键部分

（续）

场景组成	描述	可能的值
环境	系统操作状态	• 正常操作 • 降级运行 • 手动操作 • 恢复模式
响应	系统不离开安全状态空间，或返回安全状态空间，或继续以降级模式运行，以防止（进一步）伤害或损坏，或使伤害或损坏最小化。提示用户进入了不安全状态或防止进入不安全状态。记录该事件	识别不安全状态和下列一个或多个： • 避免不安全状态 • 恢复 • 继续处于降级或安全模式 • 关闭 • 切换到手动操作 • 切换到备份系统 • 通知适当的实体（人员或系统） • 记录不安全状态（以及对它的响应）
响应度	回到安全状态空间所需时间；造成的损失或伤害	下列一项或多项： • 避免进入不安全状态的的入口的数量或百分比 • 系统可以（自动）恢复的不安全状态的数量或百分比 • 风险敞口变化：(损失)规模 × (损失)可能性 • 系统可恢复时间的百分比 • 系统处于降级或安全模式的时间 • 系统关闭的时间或百分比 •（从手动操作、从安全或降级模式）进入和恢复所需的时间

一个安全性场景示例：患者监测系统中的传感器在 100 ms 后报告关键体征失效。然后失效被记录，控制台上的警告灯被点亮，一个备份（低保真度）传感器被激活。系统在不超过 300 ms 的时间内使用备用传感器对患者进行监测。该场景如图 10.1 所示。

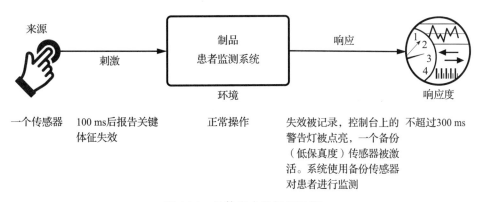

图 10.1　具体安全性场景示例

10.2　安全性战术

安全性战术可以大致分为不安全状态规避、不安全状态检测或不安全状态补救。图 10.2 显示了一套安全性战术的目标。

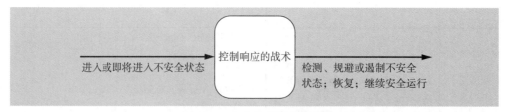

图 10.2　安全性战术的目标

检测或规避进入不安全状态的一个逻辑前提是具有识别构成不安全状态的能力。下面的战术承担了这种能力，这意味着一旦你拥有了自己的架构，就应该执行自己的危险分析或 FTA。设计决策本身也可能引入在需求分析期间没有考虑到的新安全漏洞。

你会注意到这里的战术和第 4 章中关于可用性的战术有很大的重叠。出现这种重叠是因为可用性问题往往会导致安全性问题，而且修复这些问题的许多设计方案也是可以共享的。

图 10.3 总结了实现安全性的架构战术。

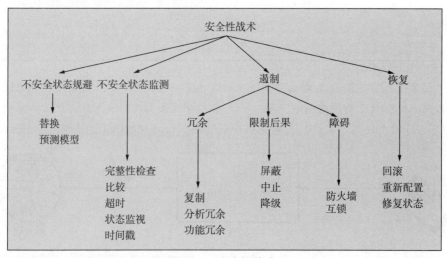

图 10.3　安全性战术

1. 不安全状态规避

（1）替换

这种战术为存在潜在危险的软件设计特性引入保护机制（通常是基于硬件的）。例如，利用如看门狗、监视器和互锁等硬件保护设备代替软件版本的机制。这些机制的软件版本可能缺乏资源，而独立的硬件设备能提供并控制自己的资源。通常这种机制在被替换的功能相对简单时才有用。

（2）预测模型

在第 4 章中介绍的预测模型战术，可以预测系统进程、资源或其他属性的健康状态（基于对状态的监视），不仅可以确保系统在其标称运行参数内运行，还可以提供潜在问题的早期预警。例如，一些汽车巡航控制系统计算车辆与前方障碍物（或另一辆车）之间的接近速度，并在距离变小且将发生碰撞之前警告司机。预测模型通常与状态监视结合在一起，我们将在后面讨论。

2. 不安全状态检测

（1）超时

超时战术用于确定组件的操作是否超出了时间限制。通常情况下，当组件超出了时间限制时，可以通过抛异常来表明组件失效。因此，这种战术可以检测延迟和遗漏失效。超时是实时或嵌入式系统和分布式系统中特别常见的战术。它与系统监视、心跳和 ping/echo 的可用性战术有关。

（2）时间戳

如第 4 章所述，时间戳战术用于检测不正确的事件序列，主要用在分布式消息传递系统中。事件时间戳是在事件发生后立即将本地时钟附加到事件上来建立的。为避免分布式系统时间戳不一致现象，也可以用序列号代替时间戳。

（3）状态监视

这种战术包括检查流程或设备中的状态，或者通过断言验证设计过程中的假设。状态监视识别潜在的导致危险行为的系统状态。当然，监视器应该是简单的（并且，在理想的情况下，是可证明的），并确保不会引入新的软件错误或对系统负载造成重大影响。状态监视为预测模型和完整性检查提供输入。

（4）完整性检查

完整性检查战术检查特定操作结果或者组件的输入或输出的有效性或合理性。这种战术通常需要对内部设计、系统状态或所审查信息有充分的了解。该战术最常见于接口信息流检查。

（5）比较

比较战术允许系统通过比较大量同步或复制元素的输出来检测不安全状态。比较战术与常冗余战术（典型的如讨论可用性时提出的主动冗余战术）一起工作。当副本的数量为 3 个或更多时，比较战术不仅可以检测到不安全状态，还可以指出是哪个组件导致了不安全状态。比较与可用性使用的投票战术有关。然而，比较并不总是需要投票，另一种选项是当发现输出不同则直接关闭输出。

3. 遏制

遏制战术寻求减少已进入的不安全状态引起的危害。这一战术类别包括三个子类：冗余、限制后果和屏蔽。

（1）冗余

乍一看，冗余战术似乎与讨论可用性时提出的各种备份／冗余战术相似。显然，这些战术是重叠的，但是由于安全性和可用性的目标不同，备份组件的使用也不同。在安全性领域，冗余使系统能够在不希望完全关闭或进一步降级的情况下继续运行。

复制是最简单的冗余战术，因为它只涉及一个组件的克隆。拥有相同组件的多个副本可以有效地防止硬件的随机失效，但它不能防止硬件或软件的设计或实现错误，因为这种战术中没有任何形式的多样性。

相比之下，功能冗余旨在通过实现设计多样性来解决硬件或软件组件中的共模失效（由于副本共享相同的实现，因此它们在同一时间发生相同的故障）问题。这种战术试图通过在冗余中增加多样性来处理系统性的设计缺陷。对于相同的输入，功能冗余组件的输出应该是相同的。然而，功能冗余战术仍然容易受到规范错误的影响，当然，功能副本的开发和验证将更加昂贵。

最后，分析冗余战术不仅允许组件的多样性，而且允许在输入和输出水平可见的更高层次的多样性。因此，它可以通过使用单独的需求规范来容忍特定错误。分析冗余通常涉及将系统划分为高可信和高性能（低可信）部分。高可信部分的设计是简单和可靠的，而高性能部分的设计通常更复杂和更准确，但不太稳定，变化更快，可能不如高可信部分可靠。（因此，我们这里不是指延迟或吞吐量的高性能，而是说这部分比高可信部分更好地"执行"其任务。）

（2）限制后果

遏制战术的第二个子类称为限制后果。这些战术都是为了限制系统进入不安全状态可能导致的不良影响。

中止战术在概念上是最简单的。如果一个操作被确定为不安全的，在它造成损害之前就会被中止。这种技术被广泛应用于确保系统安全地失效。

降级战术在出现组件失效时，以受控的方式降低或替换功能，确保最关键的系统功能正常。这种方法在单独的组件失效后以一种有计划的、慎重的和安全的方式优雅地减少系统功能，而不是导致整个系统崩溃。例如，汽车导航系统可能在失去 GPS 卫星信号的长隧道中继续使用（不太精确的）轨迹推算算法。

屏蔽战术通过比较多个冗余组件的结果，并在一个或多个组件结果不同的情况下使用投票程序来屏蔽错误。要使这一战术发挥作用，表决者必须简单且高度可靠。

（3）障碍

障碍战术通过阻止问题来遏制其传播。

防火墙战术是限制访问战术的具体实现，将在第 11 章进行描述。防火墙限制对指定资源（通常是处理器、内存和网络连接）的访问。

互锁战术可以防止由于错误的事件顺序而导致的失效。该战术通过控制对受保护组件的所有访问，包括控制影响这些组件的事件的正确顺序，来提供详细的保护方案。

4. 恢复

最后一类安全性战术是恢复，它能将系统置于安全状态。包括三种战术：回滚、修复状态和重新配置。

回滚战术允许系统在检测到失效时恢复到先前保存的已知良好状态副本（回滚行）。这种战术通常与检查点和事务相结合，以确保回滚是完整和一致的。一旦达到良好状态，则可以继续执行，并可能使用其他战术，如重试或降级，以确保不会再次失效。

修复状态战术修复错误状态（让组件保持有效状态），然后继续执行。例如，车辆的车道保持辅助功能将监测驾驶员是否停留在车道内，并在车辆偏离车道时主动将其恢复到两车道之间的位置（安全状态）。这种战术不适合作为意料之外故障的恢复手段。

重新配置战术试图通过将逻辑架构重新映射到（可能有限的）剩余可用资源上来恢复组件。理想情况下，这种重新映射允许维持完整的功能。当不可能做到这一点时，系统可以结合降级战术来维持部分功能。

10.3　基于战术的安全性调查问卷

基于 10.2 节中描述的战术，我们可以创建一组受战术启发的问题，如表 10.2 所示。为了获得支持安全性架构选择的概述，分析人员询问每个问题并在表中记录答案。这些问题的答案可以作为进一步活动（比如文档调阅、代码或其他制品分析、代码逆向工程等）的重点。

在开始基于战术的安全性调查问卷之前，你应该评估正在审查的项目是否执行了危险分析或 FTA，以确定你的系统中什么构成了（要检测、避免、控制或恢复的）不安全状态。如果没有这样的分析，为安全性而做的设计很可能是无效的。

表 10.2　基于战术的安全性调查问卷

战术组	战术问题	是否支持 (是 / 否)	风险	设计决策和实现位置	原因和假设
不安全 状态规避	是否对潜在危险的软件设计采用了替换——更安全、通常基于硬件的保护机制？ 是否使用**预测模型**来预测基于监视信息的系统进程、资源或其他属性的健康状态——不仅是为了确保系统在其标称运行参数内运行，而且还为了提供潜在问题的早期预警				

（续）

战术组	战术问题	是否支持（是／否）	风险	设计决策和实现位置	原因和假设
不安全状态监测	是否使用超时来确定组件的操作是否满足其时间限制？ 是否使用时间戳来检测不正确的事件序列？ 是否使用状态监视来检查流程或设备的状态，特别是为了验证设计过程中做出的假设？ 是否使用完整性检查来检查特定操作结果或者组件的输入或输出的有效性或合理性？ 系统是否基于同步或复制元素的数量，通过比较输出来检测不安全状态				
遏制：冗余	是否使用复制（组件的克隆）来防止硬件的随机失效？ 是否通过实现不同设计的组件，使用功能冗余来解决共模失效？ 是否使用分析冗余（功能"副本"），包括高可信／高性能和低可信／低性能的替代方案，以便能够容忍特定错误				
遏制：限制后果	系统能否在被确定为不安全的操作造成损害之前中止该操作？ 系统是否提供受控的降级，即在部件失效的情况下，维持最关键的系统功能，而停止或降级较不关键的功能？ 系统是否通过比较几个冗余组件的结果来屏蔽故障，并在一个或多个组件输出不同的情况下采用投票程序				
遏制：障碍	系统是否支持通过防火墙来限制对关键资源（如处理器、内存和网络连接）的访问？ 系统是否控制对受保护组件的访问，并通过互锁防止由于错误的事件顺序而引起的失效				
恢复	系统是否能够在检测到故障后回滚，即恢复到以前已知的良好状态？ 系统是否可以修复一个确定为错误的状态，而不出现失效，然后继续执行？ 在发生故障时，系统是否可以通过重新配置资源将逻辑结构重新映射到剩余的可用资源上				

10.4　安全性模式

系统意外停止运行，或开始不正确地运行，或进入降级运行模式，如果不是灾难性的，都可能对安全性产生负面影响。因此，寻找安全性模式的第一个地方是可用性模式，如第4章所述。它们都适用于这里。

- ❏ 冗余传感器。如果传感器产生的数据对于确定一个状态是否安全十分重要，那么应该对传感器进行冗余。这可以防止任何单个传感器的失效。此外，独立软件应对每个传感器进行监视——本质上，第 4 章中冗余备份战术适用于安全性关键硬件。

好处：

- 这种形式的冗余，适用于传感器，可防止单个传感器的失效。

权衡：

- 冗余传感器增加了系统的成本，处理来自多个传感器的输入比处理单个传感器输入更复杂。

❑ 监视器 – 执行器。这个模式聚焦在两个软件元素——监视器和执行控制器，在向物理执行器发送命令之前使用。执行控制器执行必要的计算以确定要发送到物理执行器的值。监视器在发送这些值之前检查它们的合理性。该模式将值的计算与值的检查分开。

好处：

- 这种形式的冗余用于控制执行器，监视器作为执行控制器的冗余计算检查。

权衡：

- 由于这种模式实现了执行控制器和监视器之间的分离，根据需要可以将监视器设置为简单模式（容易但可能遗漏错误）或复杂模式（更复杂但能捕获更多错误），以便根据情况进行权衡。

❑ 安全性分离。安全性关键系统必须得到权威机构的安全认证。对大型系统进行认证是非常昂贵的，但是将系统划分为安全性关键部分和非安全性关键部分可以降低认证成本。安全性关键部分仍然必须经过认证。同样，安全性关键部分和非安全性关键部分的划分必须经过认证，以确保非安全性关键部分不会对安全性关键部分产生影响。

好处：

- 降低了认证系统的成本，因为只需要认证整个系统的一小部分（通常很小）。
- 增加了安全性效益，因为我们只关注系统中与安全性相关的部分。

权衡：

- 执行分离所涉及的工作可能是昂贵的，比如在一个系统中设置两个不同的网络来处理安全性关键和非安全性关键的消息。然而，这种方法阻止了非安全性关键部分的 bug 影响到安全性关键部分。
- 向认证机构说明非安全性关键部分和安全性关键部分的分离是正确的且没有相互影响是困难的，但远比向相同的机构证明一切都合格要容易得多。

设计保证水平

安全性分离模式强调将系统划分为安全性关键部分和非安全性关键部分。在航空电子技术中，这种划分更为细致。DO-178C "机载系统和设备认证中的软件关注点"，是由美国联邦航空管理局（FAA）、欧盟航空安全局（EASA）和加拿大运输局等认证机构批准的主要文件，适用所有商用航空软件。它为每个软件功能定义了一个称为设计保证级别（Design Assurance Level，DAL）的等级。DAL 是通过评估系统中失效情况的影响面，并进行安全性评估和危险分析来确定的。失效情况根据对飞机、机组人员和乘客的影响分为：

- **A：灾难性的**。失效可能导致死亡，通常是飞机失事。
- **B：危险**。失效会对安全性或性能产生很大的负面影响，或由于身体上的痛苦或更高的工作量，降低机组人员操作飞机的能力，或造成乘客严重或致命的伤害。
- **C：高**。失效显著降低了安全系数或显著增加了机组人员的工作量，并可能导致乘客不适（甚至轻微受伤）。
- **D：小**。失效会略微降低安全系数或小幅增加机组人员的工作负荷。例如给乘客造成不便或改变常规飞行计划。
- **E：无影响**。失效对安全性、飞机操作或机组人员工作量没有影响。

软件验证和测试是一项非常昂贵的任务，在非常有限的预算下进行。DAL 帮助你决定将有限的测试资源放在哪里。下次乘坐商业航班时，如果看到娱乐系统失效，或者阅读灯一直在闪烁，应该想到所有的验证费用都花在了确保飞行控制系统正常工作上了。

——Paul Clements

10.5　进一步阅读

为了理解软件安全性的重要性，我们建议阅读一些软件失效造成灾难的故事。一个珍贵的来源是 ACM 风险论坛，可在 risks.org 上获得。它由彼得·诺伊曼（Peter Neumann）在 1985 年创建，并发展得越来越有影响力。

由 SAE International 开发的 ARP-4761 "Guidelines and Methods for Conducting the Safety Assessment Process on Civil Airborne Systems and Equipment" 和美国国防部开发的 MIL STD 882E "Standard Practice：System Safety" 描述了两项重要的安全性流程标准。

Wu 和 Kelly [Wu 04] 基于对现有架构方法的调研，在 2004 年发表了一套安全性战术，这激发了本章的许多思考。

Nancy Leveson 是软件和安全性领域的思想领袖。如果你从事安全性关键系统工作，你应该熟悉她的工作。你可以从一篇小论文开始，比如文献 [Leveson 04]，它讨论了一些导致宇宙飞船事故的相关软件因素。或者你可以从文献 [Leveson 11] 开始，这本书在当今复杂的、社会－技术的、软件密集型系统的背景下讨论安全性问题。

美国联邦航空管理局是负责监督美国航空系统的政府机构，它非常关注安全性问题。它发布的 *2019 System Safety Handbook* 是对该主题的一个很好的实用概述。这本手册的第 10 章是关于软件安全性的。你可以从 faa.gov/regulations_policies/handbooks_manuals/aviation/risk_management/ss_handbook/ 下载。

Phil Koopman 是汽车安全性领域的知名人士。他在网上提供了一些处理安全性关键模式的教程。例如，参见 youtube.com/watch？v= JA5wdyOjoXg 和 youtube.com/watch？v=4Tdh3jq6W4Y。Koopman 的书 *Better Embedded System Software* 给出了更多关于安全性模式的细节 [Koopman 10]。

故障树分析可以追溯到 20 世纪 60 年代早期，但其资源的鼻祖是美国核管理委员会于 1981 年出版的 *Fault Tree Handbook*。美国国家航空航天局的 *2002 Fault Tree Handbook with Aerospace Applications* 是 NRC 最新的全面入门手册。这两份文件都可以在网上下载 PDF 文件。

与设计保证级别类似，安全完整性级别（Safety Integrity Level，SIL）提供了各种安全性关键功能定义。这些定义在参与系统设计的架构师之间建立了共识，也有助于安全评估。IEC 61508 标准标题为 "Functional Safety of Electrical/Electronic/Programmable Electronic Safety-related Systems"，定义了四个 SIL，其中 SIL 4 是最可靠的，SIL 1 是最不可靠的。该标准针对特定领域可以进一步实例化，如用于铁路行业的 IEC 62279，其标题为 "Railway Applications：Communication，Signaling and Processing Systems：Software for Railway Control and Protection Systems"。

当今世界，半自动和自动驾驶汽车成为大量研究和开发的对象，功能安全性正变得越来越突出。ISO 26026 长期以来一直是道路车辆功能安全性的标准。此外，ANSI/UL 4600 "Standard for Safety for the Evaluation of Autonomous Vehicles and Other Products" 等新标准也掀起了一股新浪潮，这些标准针对软件控制方向盘所带来的挑战。

10.6 问题讨论

1. 列出 10 个计算机控制的设备，可能是你日常生活的一部分，并假设恶意软件或系统失效可能对你带来的伤害。

2. 编写一个旨在防止固定机器人设备（如生产线上的机械臂）伤害人的安全性场景，并讨论实现它的战术。

3. 美国海军的 F/A-18 大黄蜂战斗机是线控飞行技术的早期应用之一，机载计算机根据飞行员对控制杆和方向舵踏板的输入，向操纵面（副翼、方向舵等）发送数字命令。飞行控制软件的设定是防止飞行员执行某些可能让飞机进入不安全飞行状态的猛烈动作。在早期的飞行测试中，通常将飞机操作杆推到（或超越）极限，让飞机进入不安全状态，而"猛烈动作"正是拯救它所需要的，但计算机却尽职尽责地阻止了它们。飞机坠入大海的原因竟然是设计了一套保证其安全的软件。写一个安全性场景来处理这种情况，并讨论可以防止这种后果的战术。

4. 根据 slate.com 和其他消息来源，德国一名十几岁的女孩"因为忘记把脸书的生日邀请设置为私密，不小心邀请了整个互联网。在 15 000 人确认他们会来之后，女孩的父母取消了派对，通知了警方，并雇了私人保安来保护他们的家。"不管怎样，还是有 1500 人来了，结果造成了几起轻伤和难以形容的混乱。Facebook 不安全吗？讨论。

5. 写一个安全性场景来保护这个不幸的德国女孩不受 Facebook 的伤害。

6. 1991 年 2 月 25 日，海湾战争期间，美国爱国者导弹未能拦截来袭的飞毛腿导弹，导弹击中了一个兵营，造成 28 名士兵死亡，数十人受伤。失败的原因是软件中的计算错误导致启动后的时间计算不准确。写一个解决爱国者导弹失败的安全性场景，并讨论可能阻止它的战术。

7. 作者詹姆斯·格莱克（James Gleick）（《漏洞与崩溃》，around.com/ariane.html）写道："欧洲航天局花了 10 年时间和 70 亿美元制造了阿丽亚娜 5 号，这是一枚巨大的火箭，每次发射都能将一对三吨重的卫星送入轨道……火箭首次发射时，不到一分钟就爆炸了……原因只是一个小计算机程序试图将一个 64 位数字塞进 16 位的空间。一个错误，一次崩溃。在计算机科学的编年史上记录的所有粗心的代码行中，这可能是最具毁灭性的。"写一个解决阿丽亚娜 5 号灾难的安全场景，并讨论可以防止灾难发生的策略。

8. 讨论你认为安全性如何与性能、可用性和互操作性的质量属性进行"权衡"。

9. 讨论安全性和可测试性之间的关系。

10. 安全性和可修改性之间的关系是什么？

11. 以法航 447 航班的故事为例，讨论安全性和易用性之间的关系。

12. 为自动柜员机创建故障列表或故障树。包括处理硬件故障、通信故障、软件故障、供应不足、用户错误和防护攻击。你将如何使用战术来处理这些故障？

第11章 防护性

防护性（security）是系统保护数据和信息不受未经授权的访问，同时向已授权人员和系统提供访问的能力。攻击（即以伤害为目对计算机系统采取的行动）有多种形式。既可能是未经授权地访问数据或服务，或者尝试修改数据，也可能是为了拒绝向合法用户提供服务。

描述防护性最简单的方法集中于 CIA（CIA-Confidentiality，Integrity，Availability）特征上，即机密性、完整性和可用性：

- ❑ 机密性是指保护数据或服务不受未经授权访问的属性。例如，防止黑客在政府系统上访问你的纳税申报表。
- ❑ 完整性是指保护数据或服务不受未经授权篡改的属性。例如，你的成绩在老师判定后是不能被篡改的。
- ❑ 可用性是指系统被合法使用的属性。例如，拒绝服务攻击不会阻止你从在线书店订购这本书。

我们将在通用场景中使用这些特征描述防护性。

威胁建模是在防护性领域中使用一种技术。"攻击树"类似于第 10 章讨论的故障树，被防护工程师用来阻止可能的威胁。树的根是成功的攻击，节点是成功攻击的可能直接原因，子节点是直接原因的分解，以此类推。攻击是指试图损害 CIA 的行为，攻击树的叶节点代表防护性场景中的刺激。对攻击的响应是通过监视攻击者的活动来保护 CIA 或阻止攻击者。

隐私

隐私的质量与防护性密切相关。近年来，隐私问题变得越来越重要，欧盟通过了"通用数据保护条例"（GDPR），隐私保护写入了法律。其他司法管辖区也采取了类似的行动。

隐私保护就是限制对信息的访问，而这反过来又关乎哪些信息应该被限制访问，哪些人应该被允许访问。通常应该保护的信息是个人身份信息（Personally Identifiable Information，PII）。美国国家标准与技术研究院(NIST)将 PII 定义为："由一个组织维护的与个人相关的任何信息，包括可以用来区分或跟踪一个人的任何信息，比如姓名、身份证号码、出生日期和地点或生物记录；与个人相关的任何其他信息，如医疗、教育、财务和就业信息。"

谁被允许访问这些数据的问题更加复杂。用户通常被要求浏览并同意相关组织的隐私协议。对于收集数据的组织，隐私协议详细说明了组织之外谁有权查看 PII。组织本身也应该有政策来管理内部谁可以访问这些数据。比如软件系统的测试人员执行测试，应该使用真实的数据。这些数据包括PII吗？一般来说，为了测试的目的，PII是模糊的。

架构师，也许是代表项目经理，经常被要求确认是否对不需要访问PII的开发团队成员隐藏了PII。

11.1 防护性通用场景

根据这些考虑，我们现在可以描述防护性通用场景的各个部分，如表11.1所示。

表 11.1 防护通用场景

场景组成	描述	可能的值
来源	攻击可能来自组织外部，也可能来自组织内部。攻击的源头可能是人，也可能是另一个系统。它可能之前已经被识别（不管正确还是不正确），也可能是当前未知的。	• 人类 • 另一个系统 他们来自： • 组织内部 • 组织外部 • 之前知道 • 未知
刺激	一个攻击	未经授权的尝试： • 显示数据 • 捕获数据 • 更改或删除数据 • 接入系统服务 • 改变系统行为 • 降低可用性
制品	攻击的目标是什么	• 系统服务 • 系统中的数据 • 系统的组成部分或资源 • 系统产生或使用的数据
环境	当攻击发生时，系统的状态是什么	系统状态： • 在线或离线 • 连接或断开网络 • 在防火墙后或对网络开放 • 全面运行 • 部分运行 • 不运行
响应	保证系统的机密性、完整性和可用性	以下列某种方式执行交易： • 数据或服务不受未经授权的访问 • 数据或服务不会在未经授权的情况下被操作 • 交易各方均有保证 • 交易各方不能否认自己的参与 • 数据、资源和系统服务可合法使用

（续）

场景组成	描述	可能的值
响应	保证系统的机密性、完整性和可用性	系统跟踪其中的活动，通过： • 记录访问或修改 • 记录对数据、资源或服务的访问尝试 • 当发生明显攻击时，通知适当的实体（人或系统）
响应度	系统响应度与成功攻击的频率、抵抗和修复攻击的时间和成本以及这些攻击所造成的后果有关	下列一项或多项： • 有多少资源受到损害或保护 • 检测攻击的准确性 • 检测到攻击需要多长时间 • 抵抗攻击的次数 • 从一次成功的攻击中恢复需要多长时间 • 有多少数据容易受到特定攻击

图 11.1 显示了一个从通用场景衍生出来的具体场景示例：远程端一名心怀不满的员工试图在正常操作期间篡改工资表。当发现非法访问时，系统将保持审计跟踪，并在一天内恢复正确的数据。

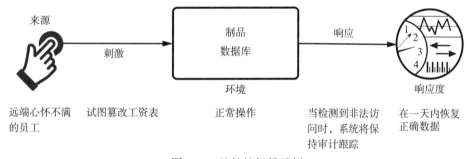

图 11.1 防护性场景示例

11.2 防护性战术

考虑如何在系统中实现防护性的一种方法是关注物理性防护。防护设施只允许有限的人员进入（例如，通过使用围栏和安全检查站），具有检测入侵者的手段（例如，要求合法访客佩戴访客卡），具有威慑机制（例如，通过配备武装警卫），具有反应机制（例如，自动锁门），并具有恢复机制（例如，异地备份）。这就引出了我们的四种战术：检测、抵抗、应对和恢复。防护性战术的目标如图 11.2 所示，图 11.3 概述了这些战术的类别。

1. 检测攻击

检测攻击包括四种战术：检测入侵、检测拒绝服务、验证消息完整性和检测消息传递异常。

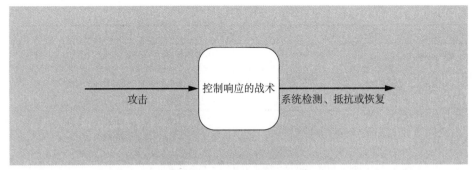

图 11.2　防护性战术的目标

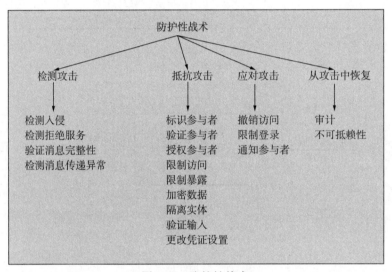

图 11.3　防护性战术

- 检测入侵。这种战术将系统内的网络流量或服务请求模式与数据库中存储的一组签名或已知的恶意行为模式进行比较。签名可以基于协议特征、请求特征、负载大小、应用程序、源或目的地址或端口号。
- 检测拒绝服务。这种战术将进入系统的网络流量模式或签名与已知的 DoS 攻击历史特征文件进行比较。
- 验证信息完整性。这种战术使用校验和或哈希值等技术来验证消息、资源文件、部署文件和配置文件的完整性。校验和是一种验证机制，该机制分别维护文件和消息的冗余信息，并使用这些冗余信息来验证文件或消息。哈希值是由哈希函数生成的唯一字符串，其输入可以是文件或消息。即使对原文件或消息进行微小的更改，也会导致哈希值发生显著变化。
- 检测消息传递异常。这种战术旨在检测潜在的中间人攻击，在这种攻击中，恶意方拦截并可能修改消息。如果消息传递时间是稳定的，那么通过检查传递或接收消息所花费的时间，就有可能检测可疑时序行为。类似地，连接和断开的异常数量也可能表明这种攻击。

2. 抵抗攻击

有一些众所周知的抵抗攻击的方法：

☐ 标识参与者。标识参与者（用户或远程计算机）的重点是标识系统的任何外部输入来源。用户通常通过用户 ID 进行标识。其他系统可以通过访问代码、IP 地址、协议、端口或其他方法来"标识"。

☐ 验证参与者。身份验证意味着确保参与者实际上是所声称的人或事物。密码、一次性密码、数字证书、双因素身份验证和生物特征识别为身份验证提供了手段。另一个例子是 CAPTCHA（Completely Automated Public Turing test to tell Computers and Humans Apart，区分计算机和人类的完全自动化公共图灵测试），这是一种用来确定用户是否是人类的挑战 - 响应测试。系统可能需要定期重新验证，例如当你的智能手机在一段时间不活动后自动锁定。

☐ 授权参与者。授权意味着确保经过身份验证的参与者有权访问和修改数据或服务。这种机制通常通过在系统中提供一些访问控制机制来启用。可以为每个参与者、每个参与者组或每个角色分配访问控制。

☐ 限制访问。这种战术涉及限制对计算机资源的访问。限制访问可能意味着限制资源访问点的数量，或者限制通过访问点的流量类型。这两种限制都能使系统的攻击面最小化。例如，当组织希望允许外部用户访问某些服务而不访问其他服务时，就会使用非军事区（DeMilitarized Zone，DMZ）。DMZ 位于互联网和内联网之间，由两侧的一对防火墙保护。内部防火墙是对内联网的单一访问点；它的作用是限制访问点的数量，以及控制允许通过内联网的流量类型。

☐ 限制暴露。这一战术的重点是将敌对行为造成的伤害最小化。这是一种被动防御，因为它不能主动阻止攻击者造成伤害。限制暴露通常是通过减少单个接入点访问的数据或服务的数量来实现的，从而在减少单个攻击受到的损害。

☐ 加密数据。机密性通常通过对数据和通信使用某种形式的加密来实现。加密为持久维护的超出了授权可用的数据，提供了额外的保护。相比之下，通信连接可能没有授权控制。在这种情况下，加密是在公开通信链路上传递数据的唯一保护措施。加密可以是对称的（发送方和接收方使用相同的密钥）或非对称的（发送方和接收方使用配对的公钥和私钥）。

☐ 隔离实体。隔离不同的实体来限制攻击的范围。系统内部的隔离可以通过连接到不同网络的不同服务器上的物理隔离、使用虚拟机或"气隙"（即系统不同部分之间不存在电子连接）来实现。最后，敏感数据经常与非敏感数据分离，以减少访问非敏感数据的用户发起攻击的可能性。

- 验证输入。当输入被系统或系统的一部分接收时，清洗和检查输入是抵御攻击的重要早期防线。这通常是通过防护框架或验证类执行输入的过滤、规范化和清洗等来实现的。数据验证是防范 SQL 注入（恶意代码被插入 SQL 语句中）和跨站脚本（XSS）等攻击的主要形式，XSS 是指来自服务器的恶意代码在客户机上运行。
- 更改凭证设置。许多系统在出厂时都有默认的防护设置。强制用户更改这些设置将阻止攻击者通过可能公开的设置访问系统。类似地，许多系统要求用户在某段时间后重置密码。

3. 应对攻击

有几种战术是为了应对潜在的攻击。

- 撤销访问。如果系统或系统管理员认为正在遭受攻击，那么对敏感资源的访问会被严格限制，即使是正常合法的用户和使用。例如，如果你的桌面已被病毒破坏，你对某些资源的访问可能会受到限制，直到病毒从你的系统中删除为止。
- 限制登录。重复失败的登录尝试可能表明潜在的攻击。如果从某台计算机上多次尝试访问某个账户失败，许多系统会限制来自该计算机的访问。当然，合法用户在尝试登录时也可能会出错，因此限制访问只能持续一段时间。有些设计是在每次登录失败后，将锁定时间延长一倍。
- 通知参与者。持续的攻击可能需要操作人员、其他人员或协作系统采取行动。当系统检测到攻击时，这些人员或系统（相关参与者的集合）必须得到通知。

4. 从攻击中恢复

一旦系统检测到并试图抵抗攻击，它就需要恢复。其中一部分工作是修复服务。例如，为此目的保留额外的服务器或网络连接。由于一次成功的攻击可以视为系统的一次失效，从失效中恢复的一套可用性战术（来自第 4 章）也可以用于防护性方面。

除了可用性战术用于恢复之外，审计和不可否认战术也可以使用：

- 审计。我们审计系统（即保存用户和系统的活动及其影响的记录）以帮助跟踪攻击者的行为并识别攻击者。我们可能会分析审计记录，用于在未来起诉攻击者或创建更好的防护。
- 不可抵赖性。这种战术保证了消息的发送者以后不能否认发送过消息，而接收者也不能否认收到过消息。例如，你不能否认从互联网上订购了某些东西，而商家也不能否认收到了你的订单。这可以通过数字签名和可信第三方身份验证的某种组合来实现。

11.3　基于战术的防护性调查问卷

基于 11.2 节中描述的战术，我们可以创建一组受防护性战术启发的问题，如表 11.2 所示。为了得到支持防护性架构选择的概述，分析人员询问每个问题并将答案记录在表中。这些问题的答案可以作为进一步活动（比如文档调阅、代码或其他工件分析、代码逆向工程等）的重点。

表 11.2　基于战术的防护性调查问卷

战术组	战术问题	是否支持（是 / 否）	风险	设计决策和实现位置	原因和假设
检测攻击	系统是否支持检测攻击？例如，将系统内的网络流量或服务请求模式与数据库中存储的一组签名或已知恶意行为模式进行比较。 系统是否支持检测拒绝服务攻击，例如，将进入系统的网络流量的模式或特征与已知 DoS 攻击的历史特征文件进行比较？ 系统是否支持通过校验和或哈希值等技术来验证消息完整性？ 系统是否支持检测消息**传递异常**，例如通过检查传递消息所花费的时间				
抵抗攻击	系统是否支持通过用户 ID、访问代码、IP 地址、协议、端口等来标识参与者？ 系统是否支持通过密码、数字证书、双因素身份验证或生物识别等方式验证参与者身份？ 系统是否支持授权参与者，确保经过身份验证的参与者有权访问和修改数据或服务？ 系统是否支持通过限制资源接入点的数量或限制通过接入点的流量类型来**限制**对计算机资源的**访问**？ 系统是否支持通过减少单个访问点的访问数据或服务数量来限制暴露？ 系统是否支持对传输中的数据或静态数据进行数据加密？ 系统设计是否考虑隔离实体，通过连接到不同网络、虚拟机或"气隙"上物理隔离服务器？ 系统是否支持更改凭证设置，强制用户定期或在关键事件时更改这些设置？ 系统是否以一致的、系统范围内的方式验证输入，例如，使用安全框架或验证类来执行外部输入的过滤、规范化和清洗等操作				
应对攻击	如果系统正遭受攻击，是否限制对敏感资源的访问来撤销访问，即使是正常的合法用户和使用？ 在多次登录失败的情况下，系统是否支持限制登录？ 当系统检测到攻击时，是否支持通知参与者，比如操作人员、其他人员或协作系统				

（续）

战术组	战术问题	是否支持 （是/否）	风险	设计决策和实现位置	原因和假设
从攻击中恢复	系统是否支持审计跟踪，以帮助跟踪攻击者的行为并识别攻击者？ 系统是否保证不可抵赖性？不可抵赖性保证消息的发送方不能否认已经发送了消息，接收方也不能否认已经接收了消息。 是否对第4章中"从故障中恢复"战术类别做过检查				

11.4 防护性模式

两种比较知名的防护性模式是拦截验证器和入侵预防系统。

1. 拦截验证器

此模式在消息的源和目的地之间插入一个软件元素（包装器）。当消息的源位于系统之外时，这种方法假定其重要性更大。此模式最常见的作用是实现验证消息完整性战术，但也可以包含诸如检测入侵和检测拒绝服务（通过将消息与已知的入侵模式进行比较）或检测消息传递异常等战术。

好处：

❑ 根据创建和部署的特定验证器，该模式可以覆盖"检测攻击"类别的大部分战术并全部集中在一个包中。

权衡：

❑ 一如既往，引入中介需要付出性能代价。

❑ 入侵模式随着时间的推移而变化和发展，因此该组件必须持续更新，以保持有效性。这增加了系统的维护量。

2. 入侵预防系统

入侵预防系统（Intrusion Prevention System，IPS）是一个独立的元素，其主要目的是识别和分析任何可疑活动。如果活动被认为是可接受的，那么它就是被允许的。相反，如果它是可疑的，活动将被阻止和报告。该系统查找的是总体使用上的可疑模式，而不仅仅是异常消息。

好处：

❑ 这些系统可以包含大多数"检测攻击"和"应对攻击"战术。

权衡：

❑ IPS所寻找的活动模式会随着时间的推移而变化和发展，因此模式数据库必须不断更新。

❑ 使用 IPS 的系统会产生性能成本。

❑ IPS 作为现成的商用组件，无须各自开发，但可能并不完全适合特定的应用。

其他值得注意的防护模式包括象限分割和分布责任。这两种战术结合了"限制访问"和"限制暴露"战术——前者针对信息，后者针对活动。

正如我们在防护性战术列表中包含了（通过引用）可用性战术，可用性模式也适用于防护性，因为它可以抵抗试图阻止系统运行的攻击。参考第 4 章中讨论的可用性模式。

11.5 进一步阅读

我们在本章中描述的架构战术只是确保系统防护的一个方面。其他方面包括：

❑ 编码。《C 和 C++ 中的安全编码》（*Secure Coding in C and C++*）[⊖] [Seacord 13] 描述了如何安全地编码。

❑ 组织流程。组织必须有负责防护各个方面的流程，包括确保系统保持更新以实施最新的保护。NIST 800-53 列举了所需的组织流程 [NIST 09]。组织流程必须考虑到内部威胁，这占攻击的 15% ～ 20%。文献 [Cappelli 12] 讨论了内部威胁。

❑ 技术流程。"微软的防护性开发生命周期"包括了威胁建模：microsoft.com/download/en/details.aspx？id=16420。

常见弱点枚举（The Common Weakness Enumeration）列出了在系统中发现的最常见的弱点类别，包括 SQL 注入和 XSS：https：//cwe.mitre.org/。

NIST 已经出版了几卷书，给出了防护性术语的定义 [NIST 04]、防护性控制的类别 [NIST 06]，以及一个组织可以采用的防护性控制列表 [NIST 09]。防护性控制可以是一种战术，也可以是组织性的、编码性的或技术性的。

关于防护性系统工程的好书包括 Ross Anderson 的 *Security Engineering*：*A Guide to Building Dependable Distributed Systems* 第三版 [Anderson 20]，以及 Bruce Schneier 的系列书籍。

不同领域具有不同的防护实践。例如，支付卡行业（PCI）已经为涉及信用卡的处理建立了一套标准（pcisecuritystandards.org）。

维基百科的"防护性模式"（Security Patterns）页面包含了大量防护模式的简要定义。

访问控制通常使用一个称为 OAuth 的标准来执行。可以在 https：//en.wikipedia.org/wiki/OAuth 上了解 OAuth。

⊖ 此书的中文版和英文版已由机械工业出版社出版，ISBN 分别是 978-7-111-44279-0、978-7-111-42804-6。
　　——编辑注

11.6　问题讨论

1. 为汽车的防护性编写一组具体场景。特别要考虑如何指定关于车辆控制的场景。

2. 有记录以来最复杂的攻击之一是由震网病毒（Stuxnet）实施的。震网病毒于 2009 年首次出现，但在 2011 年被披露严重损坏伊朗铀浓缩项目中的高速离心机后，震网病毒才广为人知。阅读关于震网病毒的文章，看看你能否基于本章所描述的战术，设计出一种防护策略。

3. 防护性和易用性经常被认为是相互矛盾的。防护性需要加强过程和流程，这些过程和流程对普通用户来说似乎是不必要的开销。然而，一些人认为防护性和易用性是（应该是）齐头并进的，并且认为系统易于安全使用是提升用户防护性的最好方法。讨论。

4. 列出一些服务于防护性的关键资源，这些资源可能是 DoS 攻击的目标并试图将其耗尽。可以使用哪些架构机制来防止这种攻击？

5. 在本章中详述的战术中，哪一种可以抵御内部威胁？你能想到要增加什么吗？

6. 在美国，Netflix 通常占所有互联网流量的 10% 以上。如何识别 Netflix.com 上的 DoS 攻击？你能创造一个场景来描述这种情况吗？

7. 公开披露有关组织的生产系统漏洞是一个有争议的问题。讨论为什么会这样，并确定公开漏洞的优缺点。这个问题将如何影响你作为架构师的角色？

8. 同样，公开披露一个组织的防护措施以及实现这些措施的软件（例如，通过开源软件）也是一个有争议的问题。讨论为什么会这样，列出防护措施公开披露的利弊，并描述这将如何影响你作为架构师的角色。

第12章 可测试性

开发一个精心设计的系统的很大一部分成本是花在测试上的。如果一个经过深思熟虑的软件架构能够降低这一成本，那么回报将是巨大的。

软件的可测试性是指软件通过测试（通常是基于执行的）发现其故障的方便性。具体来说，假设软件至少有一个故障，可测试性是指在下一次测试执行中失效的概率。直觉上，如果一个系统很容易"揭示"它的故障，那么它就是可测试的。如果系统中存在故障，那么我们希望系统在测试期间尽可能快地失效。当然，计算这个概率并不容易，当我们讨论可测试性的响应度量时，你将看到，我们使用了其他度量。此外，架构师应努力让复现Bug以及缩小Bug的可能根本原因范围变得更容易，以此来增强可测试性。最终，仅仅揭示一个Bug是不够的，你还需要找到并修复Bug！通常这些活动不被认为是可测试性本身的一部分。

图12.1显示了一个简单的测试模型，其中程序处理输入并产生输出。测试预言是一个代理（人工或与计算机相关的），它通过将输出与预期结果进行比较来决定输出是否正确。输出不只是功能生成的值，还包括质量属性的衍生度量，如产生输出所需的时间。图12.1还表明，程序的内部状态可以显示给测试预言，用于判断状态是否正确，也就是说，检测程序是否进入了不正确状态，并给出程序是否正确的判断。设置和检查程序的内部状态是测试的一个方面，它将在可测试性战术中占据显著地位。

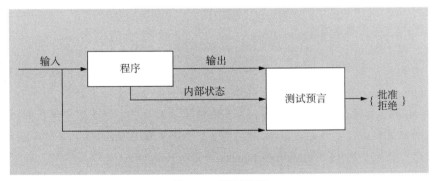

图12.1 测试模型

为了使系统具有可测试性，必须能够控制每个组件的输入（并可能操纵其内部状态），然后观察其输出（以及可能在计算之后或在计算过程中观察其内部状态）。通常，控制和观察是通过使用**自动化测试工具**（test harness）来完成的，自动化测试工具是一套专门的软件

（在某些情况下也可能是硬件）用来运行被测软件。它有多种形式，具备多种能力，比如：跨接口发送数据的记录和回放功能，用于测试嵌入式软件的外部环境模拟器，甚至是在生产过程中运行的不同软件（参见侧栏"Netflix 的猿军"）。自动化测试工具可以在执行测试程序和记录输出时提供帮助。自动化测试工具及其配套的基础设施本身就是一类重要的软件，具有自己的架构、利益相关者和质量属性需求。

Netflix 的"猿军"（Simian Army）

Netflix 通过 DVD 和流媒体视频来发布电影和电视节目。它的流媒体视频服务非常成功。事实上，2018 年，Netflix 的流媒体视频占全球互联网流量的 15%。理所当然，高可用性对 Netflix 来说很重要。

Netflix 将其计算机服务托管在亚马逊的 EC2 云上，该公司利用了一套最初被称为"猿军"的服务作为其测试过程的一部分。这个过程是从一个"混沌猴"（Chaos Monkey）开始的，它会随机杀掉正在运行系统中的进程，以便监控失效进程产生的影响，并确保系统不会因为进程失效而发生严重问题或遭受严重降级。

"混沌猴"召集了一些朋友来协助测试。除了混沌猴，Netflix 的"猿军"还包括：

- 延迟猴（Latency Monkey）通过在网络通信中添加延迟来模拟服务降级，并测量上游服务响应是否适当。
- 一致性猴（Conformity Monkey）会发现不遵循最佳实践的实例，并将其关闭。例如，如果一个实例不属于自动伸缩组，那么当需求增加时，它就不能相应地进行伸缩。
- 医生猴（Doctor Monkey）利用在每个实例上运行的状态检查以及其他外部健康状态标志（例如 CPU 负载）来检测不健康的实例。
- 看门猴（Janitor Monkey）确保了 Netflix 云环境的运行没有混乱和浪费。它搜索未使用的资源并处理它们。
- 防护猴（Security Monkey）是一致性猴的扩展。它发现防护违规或漏洞，例如配置不当的防护组，并终止违规实例。它还确保了所有 SSL 和数字权限管理（Digital Rights Management，DRM）证书都是有效的，并且不需要更新。
- 10-18 猴（本地化－国际化）检测为多地理区域客户服务的实例中使用的语言和字符集的配置和运行是否存在问题。10-18 这个名字来自 L10n-i18n，是"本地化"和"国际化"英文单词（Localization-internationalization）的一种缩写。

"猿军"的一些成员会使用故障注入，在受控和被监视的情况下将故障注入运行系统。还有一些成员专门监视系统及其环境的各个方面。这两种技术不仅仅适用于 Netflix。

鉴于并非所有故障的严重程度都是相同的，应重视发现最严重的故障。"猿军"反映了 Netflix 的一种判断，即针对性故障的影响最需要关注。

　　Netflix 的战略表明，有些系统过于复杂，适应性太强，无法进行全面测试，因为它们的一些行为是突发的。在这种情况下，测试的一个方面是记录系统产生的日志数据，以便在失效时，在实验室中分析记录的日志，尝试重现故障。

—Len Bass

　　测试由不同的开发人员、用户或质量保证人员来执行。可以测试部分或整个系统。可测试性的响应度量用于表明测试在发现故障方面的有效性，以及执行测试达到相应覆盖级别需要的时间。测试案例可以由开发人员、测试组或客户来编写。在某些情况下，测试着实像测试驱动开发（test-driven development）一样驱动着开发。

　　代码测试是验证的一种特殊情况，它确保工程制品满足其利益相关者的需求或适合使用。在第 21 章中，我们将讨论架构设计评审——这是另一种验证，其中被测试的制品是架构本身。

12.1　可测试性通用场景

　　表 12.1 描述可测试性通用场景。

表 12.1　可测试性通用场景

场景组成	描述	可能的值
来源	可以由人工或自动化测试工具执行的测试案例	下列一项或多项： • 单元测试人员 • 集成测试人员 • 系统测试人员 • 验收测试人员 • 最终用户 无论是手动运行测试或使用自动化测试工具
刺激	启动一个测试或一组测试	这些测试的目的是： • 验证系统功能 • 验证质量 • 发现新出现的质量威胁
环境	测试发生在各种事件或生命周期里程碑上	执行测试集的原因是： • 完成增量编码（如类、层或服务） • 子系统完整集成 • 完整实现了整个系统 • 将系统部署到生产环境中 • 将系统交付给客户 • 执行测试计划
制品	被测试系统的一部分和任何用到的测试基础设施	被测试的部分是： • 代码单元（对应于架构中的模块）

（续）

场景组成	描述	可能的值
制品	被测试系统的一部分和任何用到的测试基础设施	· 组件 · 服务 · 子系统 · 整个系统 · 测试基础设施
响应	系统及其测试基础设施可以受控执行所需的测试，并且可以观察测试的结果	下列一项或多项： · 执行测试套件并获取结果 · 捕获导致故障的活动 · 控制和监视系统的状态
响应度	表示被测试系统"交出"其故障或缺陷的容易程度	下列一项或多项： · 找出一个或一类故障所需的努力 · 实现特定状态覆盖率所需的努力 · 下一次测试发现故障的概率 · 执行测试的时间 · 检测故障的所需努力 · 准备测试基础设施的时间 · 使系统进入特定状态所需的努力 · 减少的风险暴露：（损失）规模 × （损失）概率

图 12.2 显示了一个可测试性的具体场景：开发人员在开发期间完成一个代码单元，执行一个测试序列，获取结果，并在 30 min 内完成 85% 的路径覆盖率。

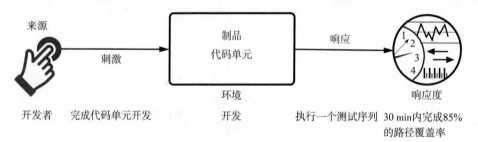

图 12.2　可测试性场景示例

12.2　可测试性战术

可测试性战术旨在促进更容易、更有效和更有能力的测试。图 12.3 说明了可测试性战术的目标。增强软件可测试性的架构技术没有像其他质量属性（如可修改性、性能和可用性）那样受到那么多的关注，但是正如我们前面所说的，架构师为降低测试高成本所做的任何事情都将产生明显的好处。

可测试性有两类战术。第一类增加系统的可控制性和可观察性。第二类限制系统设计的复杂性。

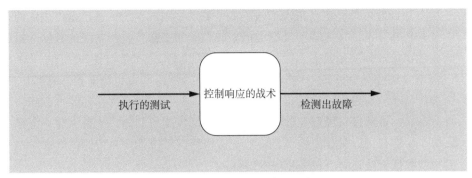

图 12.3　可测试性战术的目标

1. 控制和观察系统状态

控制和观察对于可测试性是如此重要，以至于一些作者用这些术语来定义可测试性。这两者是相辅相成的，如果控制某件事却无法观察发生了什么，那控制就无任何意义。最简单的控制和观察形式是向软件组件提供一组输入，让它完成工作，然后观察它的输出。然而，可测试性战术的控制和观察包括了洞察软件内部，其范畴超出输入和输出。这些战术让组件维护某种状态信息，允许测试人员设置状态信息，并根据需要访问该信息。状态信息可能是一个操作状态、某个关键变量的值、当前性能负载、中间处理步骤或任何其他对重建组件行为有用的信息。具体的战术包括：

❑ 专用接口。有了专用的测试接口，你就可以通过自动化测试工具或正常执行来控制或获取组件的变量值。下面是专用接口案例，其中一些除了用于测试目的外，可能没其他用处：

- 重要变量、模式或属性的 set 和 get 方法
- 返回对象完整状态的 report 方法
- 将内部状态（例如，类的所有属性）设置为指定状态的 reset 方法
- 开启详细输出、各种级别的日志记录、性能检测或资源监控的方法
- 专用的测试接口和方法应该清晰地标识出来，或者与组件原有功能方法和接口分开，以便在需要时可以删除它们。但是，请注意，在性能关键性系统和一些安全关键性系统中，部署与测试代码不同的代码是有问题的。如果你删除了测试代码，你如何知道发布的代码具有与测试代码相同的行为，特别是相同的时序行为？因此，这种策略对于其他类型的系统更有效。

❑ 记录 / 回放。造成故障的状态通常很难重现。记录跨接口时的状态，可以使用该状态"回放系统"并复现错误。记录是指捕获通过接口的信息，回放是指使用它作为进一步测试的输入。

- 本地化状态存储。要以任意状态启动系统、子系统或组件进行测试，最方便的方法是将该状态存储在单个位置。相比之下，如果状态是隐藏或分布的，那么这

种方法即使可行，也是很困难的。状态可以是细粒度的，甚至是位级别的，也可以是粗粒度的，用于表示广泛的抽象或整体的操作模式。状态的粒度选择取决于在测试中如何使用状态。"外部化"状态存储（即通过接口使其易于操作）的一种实用方法是使用状态机（或状态机对象）作为跟踪和报告当前状态的机制。

❏ **抽象数据源**。与控制程序状态的情况类似，拥有控制输入数据的能力也能让测试变得更容易。抽象接口可以让你容易地替换测试数据。例如，如果你有一个客户交易数据库，那么可以设计架构，轻松地支持将测试系统指向其他测试数据库，甚至指向测试数据文件，而不必更改功能代码。

❏ **沙箱**。"沙箱化"指的是将系统实例从现实世界中隔离出来，从而不必再担心由于要撤销实验结果而受到的各种约束。沙箱战术以一种没有永久性结果或任何结果都可以回滚的方式测试系统，从而简化了测试。可用于场景分析、训练和模拟。特别是如果在现实世界中的进行模拟，在一旦失败可能导致严重后果的测试情况下，常常使用沙箱战术。

沙盒的一种常见形式是虚拟化资源。测试一个系统常常涉及那些行为不在系统控制范围内的资源。使用沙箱，可以构建其行为在你控制之下的资源版本。例如，系统时钟的行为通常不在我们的控制之下——它每秒钟增加一秒。因此，如果我们想模拟系统在某天午夜所有数据结构都将溢出的情况，就要想一种方法而不是等待午夜的到来。可以从时钟时间抽象出系统时间，允许系统（或组件）以比正常时间更快的方式运行，并在关键的时间边界（如午夜或夏令时切换时）测试系统（或组件）。类似的虚拟化也可以用于其他资源，如内存、电池、网络等。存根（stub）、模拟（mock）和依赖注入是简单但有效的虚拟化形式。

❏ **可执行断言**。使用这种战术，手工编写（通常情况下）断言代码，放置在适当位置，以指示程序何时何地处于故障状态。断言通常被设计用来检查数据值是否满足指定的约束。断言是根据特定的数据声明定义的，它们必须放在引用或修改数据值的地方。断言可以表示为每个方法的前置和后置条件，也可以表示为类级别的不变量。断言增加了系统的可观察性，因为断言可以标记为已失效。系统地在数据值更改的地方插入断言，可以看作是产生"扩展"类型的一种手动方式。本质上，用户是在用额外的检查代码来注释类型。只要修改了该类型的对象，检查代码就会自动执行，如果违反了任何条件，就会生成警告。在断言覆盖测试用例的范围内，它们有效地将测试预言嵌入代码中，前提是断言是正确的，并且编码正确。

所有这些战术都为软件添加了一些功能或抽象，如果我们对测试不感兴趣的话，它们就不会存在。这些新内容可以被视为用更复杂的软件来扩充基本的、完成工作的软件，使其具有一些旨在提高测试效率和有效性的特殊功能。

除了可测试性战术之外，还可以使用多种技术将一个组件替换为不同版本的组件，以方便测试：

❏ 组件替换是将组件的实现与（在可测试性的情况下）具有更好可测试性的不同实现进行交换。组件替换通常是在系统构建脚本中完成的。

❏ 预处理宏，当预处理宏被激活后，可以扩展到状态报告代码，激活返回或显示信息的探测语句或将控制权返回到测试控制台。

❏ 方面（在面向方面的程序中）用于处理状态报告的横切关注点。

2. 限制复杂性

越复杂的软件越难测试。其运行状态空间更大，而且（在其他条件相同的情况下）在一个大的状态空间中重新创建一个精确状态比在一个小状态空间中更困难。因为测试不仅仅是使软件失效，而且要找到导致失效的故障并加以解决，我们经常关注行为可重复性。这类战术包括两种：

❏ 限制结构复杂性。这种战术包括避免或解决组件之间的循环依赖关系，隔离和封装外部环境上的依赖关系，以及减少组件之间的依赖关系（通常通过降低组件之间的耦合来实现）。例如，在面向对象编程中，可以简化继承层次结构：

● 限制派生父类数量或派生子类数量。

● 限制继承深度以及子类的数量。

● 限制多态性和动态调用。

经验证明与可测试性相关的结构度量是类响应（response of a class）。"类响应"是指类的方法的数量加上该类调用其他类的方法的数量之和。保持较低的"类响应"可以提高可测试性。此外，架构级耦合度量，例如传播成本和解耦级别，也可以用于测量和跟踪系统架构的整体耦合级别。

确保系统具有高内聚、松耦合和关注点分离——所有这些可修改性战术（参见第 8 章）也有助于提高可测试性。这些特性通过明确每个架构元素的定位，减少与其他元素的交互，降低架构的复杂性。关注点分离可以减小整个程序状态空间的大小，帮助实现可控性和可观察性。

最后，一些架构模式具有可测试性。在分层模式中，可以先测试较低的层，然后在对较低层有了信心后测试较高的层。

❏ 限制不确定性。与限制结构复杂性相对应的是限制行为复杂性。当讨论测试时，不确定性是一种有害的复杂行为形式，不确定性系统比确定性系统更难测试。该战术包括找到所有不确定性的来源，比如不受约束的并行性，并尽可能地清除它们。一些不确定性的来源是不可避免的（例如，在响应不可预测事件的多线程系统中），但对于这样的系统，其他战术（如记录/回放）可以帮助管理这种复杂性。

图 12.4 总结了用于可测试性战术。

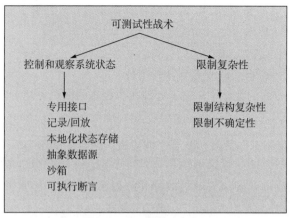

图 12.4 可测试性战术

12.3 基于战术的可测试性调查问卷

基于 12.2 节中描述的战术，我们可以创建一组受战术启发的问题，如表 12.2 所示。为了获得支持可测试性架构选择的概述，分析师询问每个问题并在表中记录答案。这些问题的答案可以作为进一步活动（比如文档调阅、代码或其他制品分析、代码逆向工程等）的重点。

表 12.2 基于战术的可测试性问卷

战术组	战术问题	是否支持 （是 / 否）	风险	设计决策和 实现位置	原因和假设
控制和观察 系统状态	系统是否有获取和设置值的专用接口？ 系统是否有记录 / 回放机制？ 系统是否采用本地化状态存储？ 系统是否采用抽象数据源？ 部分或全部系统能否够在沙箱中运行？ 系统是否有可执行断言的角色？				
限制复杂性	系统是否系统性地限制结构复杂性？ 系统是否存在不确定性，是否有方法来控制或限制不确定性？				

12.4 可测试性模式

可测试性模式都是将系统实际功能与特定测试代码解耦来降低测试难度。我们这里讨论三种模式：依赖项注入模式、策略模式和拦截过滤器模式。

1. 依赖项注入模式

在依赖项注入模式中，客户机的依赖项与其行为是分离的。这种模式利用了控制反转。与传统的声明式编程方法将控制和依赖项显式地写在代码中不同，依赖项控制反转意味着控制和依赖项由某些外部源提供并注入代码中。

在这个模式中，有四个角色：

❑ 一项服务（希望广泛使用的服务）

❑ 服务的客户机

❑ 一个接口（由客户机使用，由服务实现）

❑ 注入器（创建服务实例并将其注入客户机）

当接口创建服务并将其注入客户机时，开发的客户机并不知道这些服务的具体实现。换句话说，通常在运行时注入所有实现细节。

好处：

❑ 可以注入测试实例（而不是生产实例），这些测试实例可以管理和监视服务的状态。因此，可以在不知道如何测试的情况下编写客户机。事实上，这就是许多现代测试框架的实现方式。

权衡：

❑ 依赖项注入使得运行时性能更难以预测，因为它可能会改变被测试的行为。

❑ 添加这种模式会增加一些预先的复杂性，可能需要重新培训开发人员，让他们从控制反转的角度思考问题。

2. 策略模式

在策略模式中，类的行为可以在运行时更改。当需要使用多个算法来执行任务并且可以动态地选择要使用的特定算法时，通常会使用这种模式。类中一般只包含一个所需功能的抽象方法，并根据上下文因素选择该方法的具体实现版本。此模式通常用于将某些功能的非测试版本替换为提供额外输出、额外内部完整性检查等的测试版本。

好处：

❑ 这种模式使类变得更简单，因为它不会将多个关注点（比如同一函数的不同算法）组合到一个类中。

权衡：

❑ 与所有设计模式一样，策略模式增加了少量的预先复杂性。如果类很简单，或者运行时选择很少，那么增加的复杂性很可能得不偿失。

❑ 对于小的类，策略模式会使代码可读性稍差。然而，随着复杂性的增加，以这种方式分解类可以增强可读性。

3. 拦截过滤器模式

拦截过滤器模式用于向客户机和服务器之间的请求或响应注入预处理和后处理。在将请求传递给最终服务之前，允许以任意顺序对请求添加和应用任意数量的过滤器。例如，日志记录和身份验证服务过滤器普遍可以一次实现、多次使用。以这种方式插入测试过滤器不会干扰到系统中的其他处理。

好处：

❑ 这种模式与策略模式类似，因为不在类中放置所有的预处理和后处理逻辑，使类变得更简单。

❑ 拦截过滤器可以成为重用的强大动力，并可以显著减少代码库的大小。

权衡：

❑ 如果要将大量数据传递给服务，此模式的效率会非常低，每个过滤器都会对整个输入进行一次完整的传递，因此会增加延迟。

12.5 进一步阅读

关于软件测试的文献多得可能会压沉一艘战舰，但是关于如何从架构的角度提高系统可测试性的文章却很少。对测试的很好概述，请参见文献 [Binder 00]。Jeff Voas 关于可测试性以及可测试性和可靠性之间关系的基础研究也值得参考。有几篇论文可供选择，但文献 [Voas 95] 是一个很好的开始，它会指引你去阅读其他论文。

Bertolino 和 Strigini [Bertolino 96a，96b] 是图 12.1 所示的测试模型的开发者。

"Bob 大叔" Martin 写了大量关于测试驱动开发以及架构与测试之间关系的文章。关于这方面最好的书是 Robert C. Martin 的 *Clean Architecture：A Craftsman's Guide to Software Structure and Design* [Martin 17]。关于测试驱动开发的早期权威参考是由 Kent Beck 编写的《测试驱动开发：实战与模式解析》(*Test-Driven Development by Example*) [⊖][Beck 02]。

传播成本耦合度量在文献 [MacCormack 06] 中首次进行了描述。解耦级别度量在文献 [Mo 16] 中进行了描述。

模型检查是一种象征性地执行所有可能代码路径的技术。可以使用模型检查来验证的系统，其大小是有限的，但是设备驱动程序和微内核已经成功地进行了模型检查。有关模型检查工具的列表，请参阅 https：//en.wikipedia.org/wiki/ Model_checking。

12.6 问题讨论

1. 一个可测试的系统是一个很容易揪出故障的系统。也就是说，如果一个系统包含了故障，那么它不需要花费很长时间或很大的努力就能发现这个故障。相比之下，容错就是设计出小心翼翼地隐藏故障的系统；在那里，整个想法是让一个系统的故障很难被发

⊖ 此书中文版已由机械工业出版社出版，ISBN 是 978-7-111-42386-7。——编辑注

现。是否有可能设计一个同时具有高度可测试性和高度容错性的系统，或者这两个设计目标本质上是不兼容的？讨论。

2. 你认为与可测试性冲突最大的其他质量属性是什么？你认为与可测试性最兼容的其他质量属性是什么？

3. 许多可测试性的战术对于实现可修改性也是有用的。你认为这是为什么？

4. 为一个基于 GPS 的导航程序编写一些具体的可测试性场景。在设计中，你会采用什么战术来应对这些场景？

5. 我们的战术之一是限制不确定性，一种方法是使用锁来强制同步。锁的使用对其他质量属性有什么影响？

6. 假设你正在构建下一个伟大的社交网络系统。你预计在一个月内，将拥有 50 万用户。你不可能花钱让 50 万人来测试系统，但是当 50 万人都在努力使用的时候，你的系统必须健壮且易于使用。你该怎么做？哪些战术对你有帮助？为这个社交网络系统编写一个可测试性场景。

7. 假设你使用可执行断言来提高可测试性。先从正方，再从反方讨论，让断言在生产系统中运行，而不是在测试之后删除它们的情况。

第 13 章　易用性

易用性与用户使用系统完成任务的容易程度以及系统提供的用户支持类型有关。多年来，对易用性的关注已经表明，它是提高系统质量（或者更准确地说，提高用户对质量的感知）以及最终用户满意度的最廉价和最简单的方法之一。

易用性包括以下方面：

❑ 学习系统特性。如果用户不熟悉某个系统或系统的某个方面，系统如何让学习任务变得更容易？这可能需要提供帮助功能。

❑ 有效使用系统。系统能做些什么让用户在操作中更有效率？这可能包括允许用户在发出命令后重定向系统。例如，用户可能希望挂起一个任务，执行其他操作，然后再恢复该任务。

❑ 最小化用户错误的影响。系统如何确保用户错误的影响最小？例如，用户可能希望取消错误发出的命令或撤销结果。

❑ 使系统适应用户需求。用户（或系统本身）如何调整以使用户任务更容易的执行？例如，系统可能会根据用户操作历史自动填写 URL。

❑ 增加信心和满意度。系统如何让用户相信正在采取的是正确的操作？例如，提供系统正在执行长时间任务的反馈提示，以及目前的完成百分比，将增加用户对系统的信心。

专注于人机交互的研究人员使用用户主动性、系统主动性和混合主动性等术语来描述人－机组合在执行任务时哪方更主动，以及如何进行交互。易用性场景结合了主动性的两个方面。例如，当要取消一个命令时，用户发出一个取消（用户主动性），然后系统做出响应。但是，在取消过程中，系统可能会显示一个进度指示器（系统主动性）。因此，取消操作可能包含一个混合主动性。在本章中，我们将利用用户主动性和系统主动性之间的区别来讨论架构师要实现各种场景的战术。

易用性和可修改性之间有很强的联系。用户界面设计过程包括生成用户界面然后对其进行测试。第一次就正确完成这个过程是不太可能的，你必须安排好迭代计划，因此应设计好的架构以使迭代过程不那么痛苦。这也是易用性与可修改性紧密联系的原因。在迭代过程中，设计中的缺陷有望得到纠正，整个过程将重复进行。

这种联系产生了支持用户界面设计的标准模式。事实上，要实现易用性，你所能做的最有帮助的事情之一就是不断地优化你的系统，使它变得更好，因为你是从用户那里学习并发现需要改进的地方。

13.1 易用性通用场景

表 13.1 列举了描述易用性通用场景的要素。

表 13.1 易用性通用场景

场景组成	描述	可能的值
来源	刺激的来源	最终用户（可能具有特定的角色，例如系统或网络管理员）是易用性的主要刺激源。 到达系统的外部事件（用户可能对其做出反应）也可能是刺激源
刺激	最终用户想要什么	最终用户希望： • 有效使用系统 • 学会使用系统 • 最小化错误的影响 • 适应系统 • 配置系统
环境	刺激什么时候到达系统	与易用性相关的用户操作总是在运行时或系统配置时发生
制品	系统的哪一部分受到了刺激	常见的例子包括： • GUI • 命令行界面 • 声音接口 • 触摸屏
响应	系统如何响应	系统应该： • 为用户提供所需的特性 • 预测用户的需求 • 向用户提供适当的反馈
响应度	响应如何度量	下列一项或多项： • 任务时间 • 错误数量 • 学习时间 • 学习时间与任务时间之比 • 完成任务数量 • 用户满意度 • 获取用户知识 • 成功操作与总操作的比率 • 发生错误时损失的时间或数据量

图 13.1 给出了一个使用表 13.1 生成的具体易用性场景示例：用户下载了一个新应用程序，并在 2 min 试用后能高效地使用它。

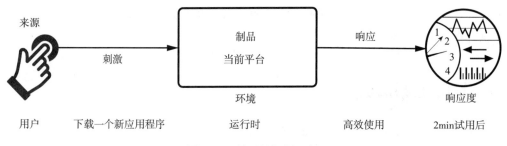

图 13.1　易用性场景示例

13.2　易用性战术

图 13.2 显示了易用性战术的目标。

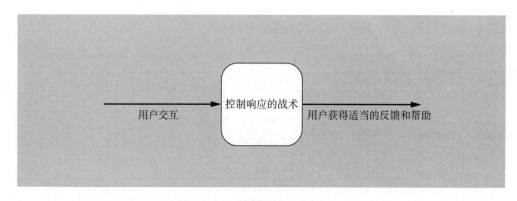

图 13.2　易用性战术的目标

1. 支持用户主动性

一旦系统开始运行，通过向用户提供系统正在做什么的反馈，并允许用户做出适当的响应，易用性就会提高。例如，接下来描述的取消、撤销、暂停 / 恢复和组合等战术支持用户纠正错误或提高效率。

架构师一般通过列出并分配好系统对用户指令应该承担的职责为"用户主动性"进行设计。以下是一些常见的支持用户主动性的战术示例：

❑ 取消。当用户发出取消命令时，系统必须监听到它（因此，有必要拥有一个不被任何被取消活动阻塞的持续侦听器），被取消的活动必须终止，所使用的任何资源必须被释放，并且通知与之协作的组件，以便相关方也能采取一致的行动。

❑ 撤销。为了支持撤销功能，系统必须记录足够多的系统状态信息，以便在用户请时恢复到以前的状态。这样的记录可以采用状态"快照"的形式（比如，检查点），也可以是可逆操作的集合。并非所有的操作都能轻易地逆转。例如，将文档中出现的所有字母"a"更改为字母"b"不能通过将所有"b"更改为"a"来逆转，因为某些"b"在改变之前就存在了。这种情况下，系统必须维护更详细的变更记录。当然，有些操作是根本无法撤销的，例如，你不能撤销点燃的导弹。

撤销有不同的做法。有些系统允许单次撤销（再次调用撤销将恢复到命令第一次撤销时的状态，本质上是对撤销的撤销）。有的系统中，允许执行多次撤销操作，逐步返回到多次以前的状态，要么达到某个限制，要么一直返回到应用程序最后一次打开的状态。

❑ 暂停/恢复。当用户启动一个长时间运行的操作（例如从服务器下载一个大文件或一组文件）时，提供暂停和恢复操作通常是有用的。暂停长时间运行的操作可以临时释放资源，以便将资源重新分配给其他任务。

❑ 组合。当用户执行重复的操作或以相同的方式操作大量对象时，将被操作对象组合在一起将十分有用，这样可以直接对组合进行操作，从而把用户从重复操作这样容易出错的苦差事中解放出来。例如，组合幻灯片中的所有对象并将文本字体统一改为 14 号。

2. 支持系统主动性

当系统采取主动时，它必须依赖于用户模型、用户正在执行的任务模型或系统状态模型。每个模型都需要各种类型的输入来完成相应的主动性。系统主动性战术识别系统用的模型来预测自身行为或用户意图。封装这些信息可以更容易地定制或修改它。定制和修改可以根据过去的用户行为动态进行，也可以在开发过程中离线进行。相关战术如下：

❑ 维护任务模型。任务模型用于确定上下文，以便系统能够了解用户试图做什么并提供帮助。例如，许多搜索引擎提供预测输入功能，许多邮件客户端提供拼写纠正功能。这两种功能都是基于任务模型的。

❑ 维护用户模型。该模型用来明确表示用户对系统的了解、用户针对预期响应时间方面的行为以及特定于用户或某类用户的其他方面。例如，语言学习程序收集用户出错的地方，然后提供相应的强化练习。这种战术的一个特例通常出现在用户界面定制中，其中用户可以显式地修改系统的用户模型。

❑ 维护系统模型。系统维护自己的显式模型。用于预测系统行为，以便向用户提供适当的反馈。系统模型的常见表现形式是进度条，它能预测完成当前活动所需的时间。

图 13.3 总结了实现易用性的战术。

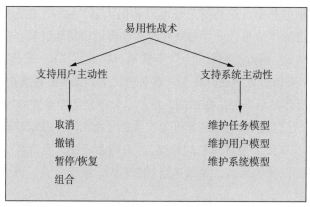

图 13.3　易用性战术

13.3　基于战术的易用性调查问卷

基于 13.2 节中描述的战术，我们可以创建一组受易用性战术启发的问题，如表 13.2 所示。为了获得支持易用性架构选择的概述，分析人员询问每个问题并在表中记录答案。这些问题的答案可以作为进一步活动（比如文档调阅、代码或其他制品分析、代码逆向工程等）的重点。

表 13.2　基于战术的易用性调查问卷

战术组	战术问题	是否支持（是/否）	风险	设计决策和实现位置	原因和假设
支持用户主动性	系统是否能监听并响应取消命令 是否可以撤销最后一个命令或者最后几个命令 是否可以暂停然后恢复长时间运行的操作 是否可以组合 UI 对象到一个组中并对组进行操作				
支持系统主动性	系统是否维护任务模型 系统是否维护用户模型 系统是否维护自己的模型				

13.4　易用性模式

我们将简要讨论三种易用性模式：模型 – 视图 – 控制器（Model-View-Controller，MVC）及其变体、观察者和备忘录。这些模式主要通过关注点分离来提高易用性，反过来又使得用户界面的迭代设计变得容易。其他类型的模式（包括在用户界面本身的设计中使用的模式，如面包屑导航、购物车或渐进式呈现）也不错，但我们不在这里讨论它们。

1. 模型－视图－控制器

MVC 可能是最广为人知的易用性模式。它有很多变体，比如 MVP（Model-View-Presenter，模型－视图－展示器）、MVVM（Model-View-View-Model，模型－视图－视图－模型）、MVA（Model-View-Adapter，模型－视图－适配器）等。基本上，所有这些模式都着重于将模型（系统的底层"业务"逻辑）与在一个或多个 UI 视图中的实现分离开来。在最初的 MVC 模型中，模型向视图发送更新，用户看到并与之交互。用户交互（按下按键、点击按钮、移动鼠标等）被传送到控制器，控制器将它们解释为对模型的操作，然后将这些操作发送给模型，模型会相应地改变状态。反向路径也是原始 MVC 模式的一部分。也就是说，模型被更改，控制器向视图发送更新。

更新的发送依赖于 MVC 是在一个进程中还是分布在各个进程（可能是跨网络）中。如果 MVC 在一个进程中，则使用观察者模式发送更新（在下一小节中讨论）。如果 MVC 是跨进程分布的，那么发布－订阅模式通常用于发送更新（参见第 8 章）。

好处：

- ❑ 因为 MVC 促进了关注点的清晰分离，对系统某一方面的变更，比如改变 UI（视图）布局，通常对模型或控制器没有影响。
- ❑ 此外，由于 MVC 促进了关注点分离，开发人员可以相对独立和并行地处理模式的所有方面——模型、视图和控制器。这些独立的方面也可以并行地进行测试。
- ❑ 一个模型可以在具有不同视图的系统中使用，或者一个视图可以在具有不同模型的系统中使用。

权衡：

- ❑ 对于复杂的 UI 来说，MVC 可能会变得很麻烦，因为信息经常分散在多个组件中。例如，如果同一个模型有多个视图，那么对模型的更改可能需要对几个不相关的组件进行变更。
- ❑ 对于简单的 UI，MVC 增加了前期的复杂性，这可能不会为下游节省成本。
- ❑ MVC 为用户交互增加了少量延迟。虽然这通常是可以接受的，但对于需要非常低延迟的应用程序来说，这可能是一个问题。

2. 观察者

观察者模式是一种将某些功能连接到一个或多个视图的方法。这种模式有一个主题（被观察的实体）以及该主题的一个或多个观察者。观察者需要注册他们自己的主题，然后，当主题状态发生变更时，观察者就会得到通知。此模式通常用于实现 MVC（及其变体），例如，作为一种将模型的变更通知给各种视图的方法。

好处：

- ❑ 这种模式将一些底层功能与它如何以及多少次展示分离开来。
- ❑ 观察者模式使得在运行时改变主题和观察者之间的绑定变得容易。

权衡：

❑ 如果主题不需要多个视图，那么观察者模式就有些大材小用了。

❑ 观察者模式要求所有观察者都向主题注册和注销。如果观察者忽略了注销，那么它们的内存永远不会被释放，这实际上会导致内存泄漏。此外，由于将继续调用过时的观察者，这会对性能产生负面影响。

❑ 观察者可能需要做大量的工作来确定是否以及如何反映状态更新，并且这个工作可能对每个观察者重复做。假设主题在很细的粒度上变更其状态，例如温度传感器报告 1/100 度的波动，但视图仅在整度上更新。这就会出现"阻抗不匹配"的情况，可能导致浪费大量的处理资源。

3. 备忘录

备忘录模式是实现撤销战术的常用方法。这个模式有三个主要组成部分：发起者、管理员和备忘录。发起者处理变更其状态的事件流（源自用户交互）。管理员将事件发送给发起者，导致其变更状态。当管理员准备变更发起者的状态时，它可以请求一个备忘录（现有状态的快照），如果需要的话，可以简单地将备忘录传递给发起者来恢复现有状态。这样，管理员无须知道状态是如何管理的，备忘录只是管理员使用的抽象概念。

好处：

❑ 这种模式的明显好处是，将实现撤销和确定要保留什么状态的复杂过程委托给实际创建和管理该状态的类。因此，保留了发起者的抽象，而系统的其余部分不需要知道细节。

权衡：

❑ 根据被保存状态的性质，备忘录可能会消耗大量内存，影响性能。在一个大文档中，尝试剪切和粘贴很多大块内容，然后再撤销它们，可能会导致文本处理器明显变慢。

❑ 在某些编程语言中，很难将备忘录作为一种透明的抽象来执行。

13.5　进一步阅读

Claire Marie Karat 研究了易用性和业务先进性之间的关系 [Karat 94]。

Jakob Nielsen 也写了很多关于这个主题的文章，包括易用性 ROI 的计算 [Nielsen 08]。

Bonnie John 和 Len Bass 研究了易用性和软件架构之间的关系。他们列举了 20 多个对架构有影响的易用性场景，并给出了这些场景的相关模式 [Bass 03]。

Greg Hartman 将注意力定义为系统支持用户主动性和允许取消或暂停／恢复的能力 [Hartman 10]。

13.6　问题讨论

1. 为你的汽车编写一个具体的易用性场景，指定你需要多长时间设置你最喜欢的电台。现在考虑驾驶员的另一方面体验，创建场景来测试通用场景表（表 13.1）中响应度。

2. 易用性与防护性之间如何权衡？如何与性能权衡？

3. 选择一些你最喜欢的类似社交网络或网上购物的网站。从易用性通用场景中选择一个或两个适当的响应（例如"预测用户需求"）和对应的响应度。使用你选择的响应和响应度，比较网站的易用性。

4. 为什么在如此多的系统中，对话框中的取消按钮似乎没有响应？你认为在这些系统中哪些架构原则被忽略了？

5. 为什么进度条经常表现得不稳定，一步从 10% 上升到 90%，然后卡在 90% 上？

6. 研究一下 1988 年法航 296 号航班在法国 Habsheim 的森林中坠毁的事件。飞行员说，他们无法读取无线电高度表的数字显示，也听不到声音读数。在此背景下，讨论易用性和安全性之间的关系。

第14章 使用其他质量属性

第4~13章分别论述了对软件系统非常重要的特定质量属性（QA）。每一章都讨论了如何定义特定的QA，给出了该QA的通用场景，并展示了如何编写特定场景来表达与该QA相关的精确含义。此外，每一章都提供了一组技术来实现架构中的QA。简而言之，每一章都提供了说明和设计特定QA的"全家桶"。

然而，你会毫不犹豫地得出结论，针对你正在开发的软件系统，这十章中描述的QA只能算是走马观花。

本章将展示如何为我们的"A列表"中未涉及的QA构建相同类型的规范和设计方法。

14.1 其他质量属性

到目前为止，在本书的第二部分中所涉及的质量属性都有一些共同之处：它们要么涉及运行中的系统，要么涉及创建并生成系统的开发项目。换句话说，要度量这些QA，要么在系统运行时度量（可用性、能源效率、性能、安全性、防护性、易用性），要么在系统未运行时度量人们对系统做的事情（可修改性、可部署性、可集成性、可测试性）。虽然这些确实是重要的QA的"A列表"，但还有其他同样有用的QA。

1. 架构的质量属性

另一类QA关注于度量架构本身。这里有三个例子：

❑ **可构建性**。该QA用于度量架构对快速和有效开发的支持程度。一般用将架构转换为满足所有需求的产品而花费的成本（通常是金钱或时间）来度量。从这个意义上说，它类似于度量开发项目的其他QA，但不同之处是该QA针对的内容是架构本身。

❑ **概念完整性**。概念完整性指的是架构设计的一致性，它有助于架构的可理解性，减少架构实现和维护中的混淆，增加可预测性。概念完整性要求通过架构以相同的方式处理相同的事情。在具有概念完整性的架构中，少即是多（用少量的概念表达更多的架构内容）。例如，组件之间可以通过无数种方式相互发送信息：消息、数据结构、事件信号等。具有概念完整性的架构将以少数几种方式为特征，并且只在有令人信服的理由时才使用替代方案。类似地，所有组件都应该以相同的方式报告和处理错误，以相同的方式记录事件或事务，以相同的方式与用户交互，以相同的方式清理数据，等等。

❑ **市场性**。架构的"市场性"是另一个关注的QA。一些系统以其架构而闻名，这些架构已经拥有了某种意义，独立于其赋予系统的 QA。当下，大家热衷基于云和基于微服务来构建系统，这告诉我们，对架构的认知至少和架构带来的实际质量一样重要。例如，许多组织觉得有必要构建基于云的系统（或其他一些流行的技术），无论这是否是正确的技术选择。

2. 开发可分布性

开发可分布性是指设计软件以支持分布式软件开发。像可修改性一样，这种质量是根据开发项目的活动来度量的。如今，许多系统都是使用全球分布的团队来开发的。采用这种方式必须克服的一个问题是协调好多支团队的活动。系统的设计应该使团队之间的协调最小化，也就是说，主要子系统应该表现出低耦合。代码和数据模型都需要实现这种协调最小化。在相互通信的模块上工作的团队可能需要协商这些模块的接口。如果一个模块被许多其他模块使用，当每个模块都是由不同的团队开发时，沟通和协调就变得更加复杂和烦琐。因此，需要合理对齐项目的架构结构和社会（和业务）结构。类似的考虑也适用于数据模型。开发可分布性的场景将用于处理系统通信结构和数据模型的相容性，以及所使用的开发协调机制。

3. 系统质量属性

依赖嵌入式软件的物理系统，如飞机、汽车和厨房电器，其设计目的要满足一系列 QA：重量、尺寸、电力消耗、功率输出、污染输出、耐候性、电池寿命等。通常，软件架构会对系统的 QA 产生深远的影响。例如由于软件没有充分利用计算资源，可能需要额外的内存、更快的处理器、更大的电池，甚至一个额外的处理器（第 6 章讨论的能源效率）。额外的处理器会增加系统的功耗，当然，还包括重量、外形和花费。

相反，系统的架构或实现可以赋能也可能妨碍软件满足其 QA 需求。例如：

1）一个软件的性能基本上受到运行它的处理器性能的限制。不管你把软件设计得多好，你都不可能在老爷级笔记本电脑上运行最新的全球天气预报模型来算出明天是否下雨。

2）在防止欺诈和盗窃方面，物理防护可能比软件防护更重要、更有效。如果你不相信这一点，把你的笔记本电脑的密码写在一张纸条上，粘在笔记本上，然后把它放在一辆没有上锁但关闭车窗的车里。（事实上，请不要那样做。把这当成一个思想实验吧。）

这里学到的是，如果你是一个嵌入物理系统的软件架构师，你需要了解对整个系统实现都很重要的 QA，与系统架构师和工程师一起工作，确保你的软件架构对整个系统做出积极的贡献。

我们为软件 QA 引入的场景技术同样适用于系统 QA。如果系统工程师和架构师还没有使用它们，请尝试引入它们。

14.2 是否使用标准质量属性清单

架构师并不缺乏软件系统的 QA 清单。25010 标准是一个很好的例子（参见图 14.1），该标准有个让人喘不过气的标题："ISO/IEC FCD 25010：系统和软件工程：系统和软件产品质量要求和评估（SQuaRE）：系统和软件质量模型"。它将 QA 分为支持"使用中质量"模型和支持"产品质量"模型。这种划分在某些地方有点牵强，然而，它开启了一场分而治之的征途，展现了一系列令人惊叹的质量属性。

ISO 25010 列出了以下处理产品质量的 QA：

- ❑ 功能适用性。在规定的条件下使用时，产品或系统提供满足规定和隐含需求的功能的程度。
- ❑ 性能效率。性能与在所述条件下使用的资源多少有关。
- ❑ 兼容性。共享相同的硬件或软件环境的情况下，产品、系统或组件与其他产品、系统或组件交换信息和执行其所需功能的程度。
- ❑ 易用性。在特定的使用环境中，特定的用户能够有效、高效和满意地使用产品或系统以达到特定目标的程度。
- ❑ 可靠性。系统、产品或组件在指定条件及指定时间段内完成指定功能的程度。
- ❑ 防护性。产品或系统对信息和数据进行保护的程度，使个人、其他产品或系统拥有与其授权类型和级别相适应的数据访问权限。
- ❑ 可维护性。预期维护人员对产品或系统进行修改的有效性和效率程度。
- ❑ 可移植性。系统、产品或组件从一种硬件、软件、其他运行或使用环境转移到另一种环境的有效性和效率程度。

在 ISO 25010 标准中，这些"质量特征"都由"质量子特征"组成（例如，不可抵赖性是防护性的子特征）。该标准以这种方式对质量子特征进行了近 50 个不同的描述。它为我们定义了"快乐"和"舒适"质量属性。它区分了"功能正确性"和"功能完整性"，然后为了进行良好的度量，添加了"功能恰当性"。为了表现出"兼容性"，系统要么必须具有"互操作性"，要么只是简单地具有"共存性"。"易用性"是一种产品质量属性，而不是一种使用中质量属性，尽管它包括"满意度"这个使用质量属性。"可修改性"和"可测试性"都是"可维护性"的一部分。"模块化"也是如此，它是一种实现质量属性的战术，而不是其本身的目标。"可用性"是"可靠性"的一部分。"互操作性"是"兼容性"的一部分。而"可扩展性"则完全没有被提及。

明白了吗？

像这样的清单（到处都是）确实是有目的的。它们可以作为检查清单帮助需求收集者确保没有忽略重要需求。它们可以作为创建你自己清单的基础，甚至比独立清单更有用，以便包含你所在领域、行业、组织和你的产品所关注的 QA。QA 清单也可以作为建立度量标准的基础，尽管名称本身并没有提供关于如何做到这一点的线索。如果"乐趣"在你的系

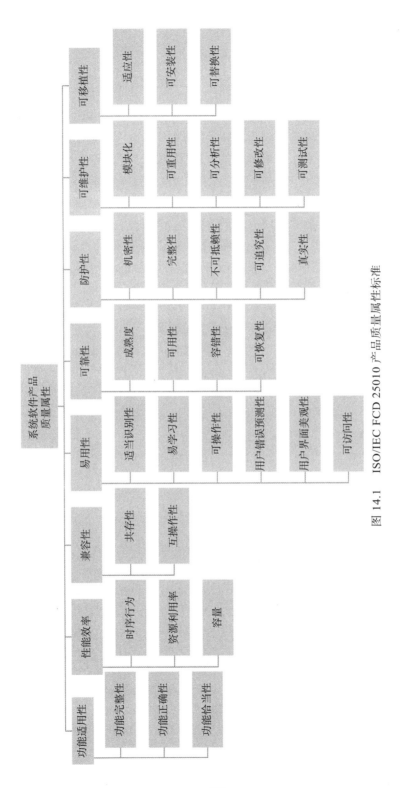

图 14.1　ISO/IEC FCD 25010 产品质量属性标准

统中是一个重要的关注点，那么你如何衡量你的系统是否提供了足够的乐趣？

像这样的常规清单也有一些缺点。首先，没有一个清单是完整的。作为一名架构师，你将不可避免地被要求设计一个系统来满足利益相关者的关注，这是任何清单制定者都无法预见的。例如，一些作者提到了"可管理性"，这表示系统管理员管理应用程序的容易程度。这可以通过插入有用的检测工具来实现，用于监视操作、系统调试和性能调优。我们还听说，有个架构的设计要满足保留关键员工，并吸引有才华的新员工到美国中西部一个安静的地区工作，因此该系统的架构师要让这个系统充满"艾奥瓦州性"。他们通过引进最先进的技术，并给予开发团队广泛的创意空间来实现这一目标。希望你能在任何标准的 QA 列表中找到"艾奥瓦州性"！然而这个 QA 对该组织来说仍和其他 QA 一样重要。

其次，清单往往引发更多的争议，而不是理解。你可能会令人信服地认为"功能正确性"应该是"可靠性"的一部分，或者"可移植性"只是一种"可修改性"，或者"可维护性"是一种"可修改性"（而不是相反）。ISO 25010 的作者显然花费了时间和精力，决定将防护性作为主特性，而不是像以前版本那样，将其作为功能性的子特性。我们强烈建议，进行这些争论的努力最好能用到其他地方。

最后，这些清单通常声称采用的是分类法，也就是说，清单具有一个特点，即每个成员只被分配到一个位置。但是在这方面 QA 是出了名的不可靠。例如，我们在第 3 章中讨论的拒绝服务可以作为防护性、可用性、性能和可用性的一部分。

这些观察进一步加强第 3 章中谈到的教训：QA 的名字本身基本上是无用的，充其量只是开始对话的由头。此外，花时间担心哪些质量属性是其他质量属性的子属性几乎是没有用的。相反，当我们谈到 QA 时，场景为我们提供了最好的方式来表明我们的意思。

在一定程度上使用标准 QA 清单可以作为检查清单，但不要盲目地坚持它们的术语或结构。不要自欺欺人地认为有了清单就无须进行更深入的分析。

14.3　处理"X 性"：引入新的 QA

假设，作为一名架构师，你必须处理一个 QA，既没有严谨知识体系，也没有像第 4 ～ 13 章那样的"组合"。假设你发现自己不得不处理"开发可分布性""可管理性"甚至"艾奥瓦州性"这样的 QA？你该做什么呢？

1. 为新质量属性捕获场景

第一步是采访利益相关者，他们的关注导致了对 QA 的需要。你可以以个人或小组的方式与他们一起工作，以构建一组属性特征，从而细化 QA 的含义。例如，你可以将开发可分布性分解为软件分割、软件组合和团队协作子属性。在细化之后，你可以与利益相关者一起设计一组描述 QA 含义的特定场景。这个过程的一个例子可以在第 22 章中找到，在那里我们描述了如何构建一个"效用树"（utility tree）。

一旦有了一组特定的场景，就可以对组合进行泛化了。研究你收集到的一组刺激、一组响应、一组响应度量等。通过将你收集的特定实例泛化为通用场景的每个部分来构建通用场景。

2. 为质量属性建模

如果你能够构建（或最好是找到）QA 的概念模型，那么以此为基础将有助于为 QA 创建一组设计方法。所谓的"模型"，只不过是理解对 QA 敏感的参数集和影响这些参数的架构特征集。例如，一个可修改性模型可能会告诉你，可修改性是一个函数，表示系统中有多少地方必须因为修改而改变，以及它们之间的联系。性能模型可能告诉我们，吞吐量是事务工作负载、事务依赖关系以及可并行事务数量的函数。

图 14.2 显示了一个简单的性能队列模型。这种模型被广泛用于分析各种类型队列系统的延迟和吞吐量，包括制造业和服务业环境，以及计算机系统。

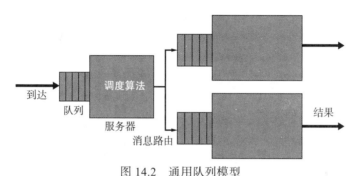

图 14.2　通用队列模型

在这个模型中，有七个参数会影响模型的预期延迟：

- 到达率
- 排队规则
- 调度算法
- 服务时间
- 拓扑结构
- 网络带宽
- 路由算法

这些是在这个模型中影响延迟的仅有参数。也是模型的力量所在。此外，这些参数中的每一个都可能受到各种架构决策的影响。这就是模型对架构师有用的原因。例如，路由算法可以是固定的，也可以是负载动态调整的。必须选择一个调度算法。动态添加或删除服务器会影响拓扑结构。等等。

如果你正在创建自己的模型，你的场景集将为此提供信息。模型的参数可以从刺激（及其来源）、响应（及其度量）、制品（及其属性）和环境（及其特征）中得到。

3. 新质量属性的集成设计方法

基于模型生成一组机制的流程包括以下步骤：

❏ 枚举模型的参数。

❏ 对于每个参数，列举可能影响该参数的架构特征（以及实现这些特征的机制）。你可以这样做：

- 重新审视你熟悉的机制，并询问自己每个机制对 QA 参数的影响。
- 搜索已经成功解决该 QA 问题的设计。可以按 QA 自己的名称搜索，也可以按 QA 细化子属性的术语搜索。
- 搜索关于这个 QA 的出版物和博客文章，对它们的观察和发现进行概括总结。
- 寻找该领域的专家，和他们交流，或简单地写信询问他们的建议。

结果是一个机制列表，在示例中，用于控制性能，更一般情况下，用于控制模型所关注的 QA。这使得设计问题更容易处理。这个机制列表是有限的，而且相当小，因为模型的参数数量是有限的，对于每个参数，影响参数的架构决策也是有限的。

14.4 进一步阅读

所有 QA 清单之母可能在哪里？维基百科。很自然，这个清单可以在"系统质量属性清单"下找到。当本书出版时，你可以在 80 多个不同 QA 的定义上狼吞虎咽。我们最喜欢的是"可论证性"，它被定义为可论证的质量。谁说你不能相信在网上看到的东西？

参见文献 [Bass 19] 的第 8 章获取关于部署流水线的质量清单。包括可跟踪性、可测试性（对于部署流水线）、工具和周期时间。

14.5 问题讨论

1. 不丹王国衡量其人民的幸福指数，并制定政府政策以提高不丹的国民幸福总值（GNH）。阅读 GNH 是如何测量的（访问 grossnationalhappiness.com），然后勾勒出幸福 QA 的通用场景，让你表达对软件系统的具体幸福需求。

2. 选择第 4 ～ 13 章中没有描述的 QA。组合一组特定的场景来描述你所说的 QA。使用这组场景来为它构建一个通用场景。

3. 对于问题 2 中你选择的 QA，收集一套设计机制（模式和战术）来实现它。

4. 对于开发成本和运营成本的 QA，重复问题 2 和问题 3。

5. 是什么原因促使你对第 4 ～ 13 章中描述的 QA（或任何其他 QA）增加战术或模式？

6. 讨论开发可分布性如何权衡性能、可用性、可修改性和可集成性。

7. 研究一些非软件系统的 QA 清单：例如，一辆好车的质量，或者一个值得交往的好朋友。将你选择的质量属性添加到你找到的一个或多个清单中。

8. 开发时间战术倾向于分离和封装责任。性能战术喜欢把事情放在一起。这就是为什么它们总是处于冲突之中。总是要这样吗？有没有一种原则性的方法来定量权衡？

9. 战术有分类法吗？化学家有元素周期表和分子相互作用的定律，原子物理学家有亚原子粒子的目录和它们碰撞时发生什么的定律，药理学家有化学物质的目录和它们与受体和代谢系统相互作用的定律，等等。什么是战术的等价物？它们的相互作用有规律吗？

10. 防护性是一种对计算机外部物理世界中发生的流程特别敏感的 QA：应用补丁的流程，选择和保护密码的流程，物理防护计算机和数据所在设施的流程，决定是否信任一个导入软件的流程，决定是否信任开发人员或用户的流程，等等。对性能很重要的流程是什么？或对可用性？还有什么？为什么防护性对流程如此敏感？流程应该是 QA 结构的一部分，还是与之正交？

11. 下面列表中的每一对 QA 之间是什么关系？
    - ❑ 性能和防护性
    - ❑ 防护性和可构建性
    - ❑ 能源效率和上市时间

第三部分

架构解决方案

第15章　软件接口

Cesare Pautasso

本章围绕接口描述相关概念，并讨论如何设计接口和编写文档。

软件的或其他的接口，是一个边界，在这个边界上元素相遇、交互、交流和协同。元素拥有控制其内部访问的接口，元素可以细分为子元素，每个子元素也有自己的接口。

元素的**参与者**（actor）是指与其交互的其他元素、用户或系统。与元素交互的参与者集合称为元素的**环境**（environment）。所谓"交互"，我们指的是一个元素所做的任何可能影响另一个元素处理的事情。这种交互是元素接口的一部分。交互可以采取多种形式，大多涉及控制和数据的传输。有些是由标准编程语言结构支持的，例如本地或远程过程调用（Remote Procedure Call，RPC）、数据流、共享内存和消息传递。

这些提供与元素直接交互的点的结构，称为**资源**（resource）。其他交互是间接交互。例如，在元素 A 上使用资源 X 使得元素 B 处于特定状态，这是其他使用 X 的元素可能需要知道的事情，即使它们从未与元素 A 直接交互，但这影响了它们的处理。关于 A 的这个事实是 A 和 A 环境中其他元素之间接口的一部分。在本章中，我们只关注直接交互。

回想一下，在第 1 章中，我们根据元素及其关系来定义架构。在本章中，我们重点讨论一种类型的关系。接口是将元素连接在一起所必需的基本抽象机制。它们对系统的可修改性、易用性、可测试性、性能、可集成性等有巨大的影响。此外，异步接口通常是分布式系统的一部分，它需要引入**事件处理程序**（event handler）——一个架构元素。

对于给定元素的接口，可以有一种或多种实现，每个实现都可能具有不同的性能、可伸缩性或可用性保证。同样，同一个接口也可以为不同的平台构建不同的实现。

到目前为止的讨论意味着三点：

1）所有元素都有接口。所有元素都与某些参与者进行交互，否则，元素存在的意义是什么？

2）接口是双向的。在了解接口时，大多数软件工程师首先想到总览元素提供的内容：元素提供什么可用方法？它处理什么事件？但元素也通过利用外部资源或假设环境以某种方式运行而与环境进行交互。如果缺少这些资源，或者环境没有按照预期的方式运行，元素就不能正常工作。所以接口不仅仅是元素所提供的，还包括元素所需要的内容。

3）元素可以通过同一个接口与多个参与者进行交互。例如，Web 服务器通常会限制可以同时打开的 HTTP 连接数量。

15.1　接口的概念

在本节中，我们将讨论多接口、资源、操作、事件和属性的概念，以及接口演化。

1. 多接口

可以将一个接口拆分为多个接口。每一个都有对应的逻辑目的，并服务于不同类别的参与者。多接口提供了一种关注点分离。特定参与者可能只需要可用功能的子集，该功能可以由其中一个接口提供。另一方面，元素提供者可能希望授予参与者不同的访问权限，（比如读或写），或者不同的防护策略。多接口支持不同级别的访问。例如，元素可以通过其主接口来公开功能，为调试、性能监视或管理功能提供单独的接口。也可能存在匿名参与者用的公共只读接口，以及经过身份验证和授权的参与者用的修改元素状态的私有接口。

2. 资源

资源具有语法和语义：

❑ 资源语法。语法描述资源的特征，它包括正确编写使用该资源的程序所需信息的语法要求。包括资源的名称、参数名称和数据类型（如果有的话），等等。

❑ 资源语义。调用资源的结果是什么？语义有多种形式，包括：

- 为调用资源的参与者可以访问的数据赋值。赋值可能像返回值那样简单，也可能像更新中央数据库那样复杂。
- 关于跨接口值的假设。
- 使用资源时元素状态的变化。包括异常情况，例如部分完成的操作产生的副作用。
- 使用资源后将触发的事件或发送的消息。
- 由于使用该资源，其他资源在未来的表现会有什么不同。例如，如果你请求一个资源删除一个对象，那么将来其他资源访问该对象可能会导致错误。
- 人为可观测的结果。这种情况在嵌入式系统中很普遍。例如，调用一个打开驾驶舱显示器的程序会产生非常明显的结果——显示器开始显示。此外，语义的定义应该明确资源的执行是原子的还是可以被挂起或中断。

3. 操作、属性和事件

接口的资源包括操作、事件和属性。必须明确描述访问每个接口资源时在语法、结构和语义方面引起的行为或交换的数据。（如果没有这个描述，程序员或参与者如何知道是否或如何使用资源？）

调用操作将控制和数据传输到元素以进行处理。大多数操作会返回结果。操作可能会失败，作为接口的一部分应明确告诉参与者如何检测错误，要么作为输出的一部分发出信号，要么通过一些专用的异常处理通道发出信号。

此外，通常异步的事件可以在接口中描述。传入事件可以表示从队列接收到消息，或者表示流中所需数据的到达。活动元素（那些不是被动等待其他元素调用的元素）产生传出事件，用于通知侦听器（或订阅者）元素中发生了有趣的事。

除了通过操作和事件传输的数据，接口另一个重要方面是元数据，如访问权限、计量单位或格式化要求。接口元数据的另一个名称叫作属性。属性值可以影响操作的行为，还会根据元素状态影响元素的行为。

有状态的活动元素的复杂接口将以操作、事件和属性的组合为特征。

4. 接口演化

所有软件都演化，包括接口。由接口封装的软件可以自由演化，而不影响使用该接口的元素，只要接口本身不改变。然而，接口是元素及其参与者之间的契约，正如法律合同只能在一定的约束条件下变更一样，软件接口变更也应该谨慎。可以使用三种技术来变更接口：弃用、版本控制和扩展。

❏ 弃用。弃用意味着删除接口。弃用接口的最佳实践是向元素的参与者提供广泛通知。理论上，这个警告能让参与者有时间做出相应调整。然而实践中，许多参与者不会提前调整，而是在接口移除后才发现问题。弃用接口的一种技术是引入错误代码，表示该接口将在（特定日期）弃用或该接口已弃用。

❏ 版本控制。支持演化的多接口是通过保留旧接口和增加新接口来实现的。当不再需要旧版本或者决定不再支持旧版本时，旧接口才被弃用。这要求参与者要指定使用的接口版本。

❏ 扩展。扩展接口意味着保持原始接口不变，并依据新要求向接口添加新资源。图 15.1a 为原始接口。如果扩展与原始接口没有任何不兼容，那么元素可以直接实现外部接口，如图 15.1b 所示。相反，如果扩展引入了一些不兼容性，那么就需要为元素提供一个内部接口，并添加中介在外部接口和内部接口之间进行转换，如图 15.1c 所示。作为一个不兼容的例子，假设原始接口把公寓号码包含在地址中，但扩展接口将公寓号码作为一个单独的参数。那么内部接口可以将公寓号作为一个单独的参数。如果是从原始接口调用，中介会解析地址以确定公寓号作为调用内部接口的参数，如果是从新接口调用，中介直接调用内部接口即可。

15.2 设计一个接口

关于哪些资源应该在外部可见的决定应该由使用资源的参与者需求来驱动。向接口添

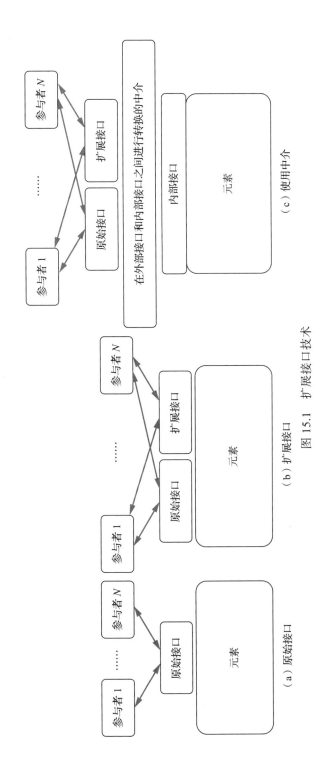

图 15.1　扩展接口技术

（a）原始接口

（b）扩展接口

（c）使用中介

加资源意味着，承诺在元素使用期间这些资源将作为接口的一部分进行维护。一旦参与者开始依赖你提供的资源，如果资源被变更或删除，他们的元素就会出错。当元素之间的接口契约被破坏时，架构的可靠性就会受到影响。

这里着重介绍一些额外的接口设计原则：

- ❑ 最小意外原则。接口的行为应该与参与者的期望一致。名称在这里扮演了重要角色：一个恰当命名的资源可以很好地提示参与者资源是什么用途。
- ❑ 小接口原则。如果两个元素需要交互，让它们尽可能少地交换信息。
- ❑ 统一访问原则。避免通过接口泄露实现细节。无论资源是如何实现的，它的参与者都应该以同样的方式访问资源。例如，参与者不应该关心一个值是从缓存中取得的、是计算所得的，还是从某个外部源中新获取的。
- ❑ 不重复自己的原则。接口应该提供一组可组合的原语，而不是通过许多冗余方式来实现相同目标。

一致性是设计清晰接口的一个重要方面。作为架构师，你应该建立并遵循资源如何命名、API 参数如何排序以及错误如何处理的约定。当然，不是所有的接口都在架构师的控制之下，但是在尽可能的范围内，接口设计应该在相同架构中的所有元素中保持一致。如果接口遵循底层平台的约定或开发人员期望的编程语言习惯，开发人员也会很高兴。然而，除了赢得开发人员的好感，一致性还有助于最小化由于误解导致的开发错误的数量。

与接口的成功交互需要在以下几个方面达成一致：

1）接口范围

2）交互方式

3）交换数据的表示和结构

4）错误处理

这些都是设计接口的重要方面。我们将依次介绍。

1. 接口范围

接口的作用域定义了参与者可直接使用的资源范围。作为接口设计师，你可能希望呈现所有资源；或者，你可能希望限制对特定资源或特定参与者的访问。例如，出于防护性、性能和可扩展性的考虑而限制访问。

对一个元素或一组元素资源的访问进行限制和中介的常见模式是建立网关元素。网关（通常称为消息网关）将参与者请求转换为对目标元素（或一组元素的）资源的请求，从而成为一个或一组目标元素的参与者。图 15.2 给出了网关的示例。网关有用的原因如下：

- ❑ 一个元素提供的资源粒度可能与参与者的需求不同。网关可以在元素和参与者之间进行转换。
- ❑ 参与者可能需要访问或被限制于资源的特定子集。
- ❑ 资源的细节（它们的数量、协议、类型、位置和属性）可能会随着时间而改变，网关可以提供更稳定的接口。

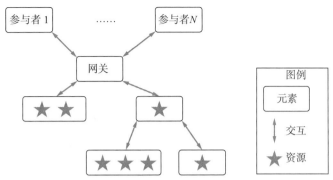

图 15.2　提供访问各种不同资源的网关

现在我们来讨论设计特定接口的细节。这意味着决定接口应该具有哪些操作、事件和属性。此外，必须选择合适的数据表示格式和数据语义，以确保架构元素之间的兼容性和互操作性。

2. 交互方式

接口意味着不同的元素要连接在一起，以便可以通信（传输数据）和协同（传输控制）。有很多方式可以实现这种交互，这取决于通信和协同之间的组合，以及元素是本地还是远程部署。例如：

❑ 本地协同元素的接口可以通过本地共享内存提供对大批量数据的有效访问。

❑ 预期同时可用的元素可以使用同步方式来调用它们需要的操作。

❑ 部署在不可靠分布式环境中的元素将依赖于生产者和消费者事件、消息队列或数据流交换等异步交互方式。

有许多不同的交互方式，我们重点介绍两个最广泛使用的交互方式：RPC 和 REST。

❑ 远程过程调用（Remote Procedure Call，RPC）。RPC 是以命令式编程语言中的过程调用为模型，只不过被调用的过程位于网络上的其他地方。程序员编写远程过程调用的代码，就好像调用一个本地过程（带有一些语法变化），然后调用会转换为消息，发送到远程过程所在的元素。最后，结果以消息形式返回给调用者。

RPC 始于 20 世纪 80 年代，自诞生以来经历了多次修改。这个协议的早期版本是同步的，消息参数以文本形式发送。最近的 RPC 版本称为 gRPC，以二进制形式传输参数，采用异步方式，并支持身份验证、双向数据流和流控制、阻塞或非阻塞绑定、取消和超时等特性。gRPC 使用 HTTP 2.0 进行传输。

❑ 表现层状态转移（Representational State Transfer，REST）。REST 是用于 Web 服务的协议。它起源于万维网被引入时使用的原始协议。REST 定义了元素之间交互的 6 个约定：

● 统一接口。所有交互都使用相同的形式（通常是 HTTP）。接口提供端的资源是通过 URI（Uniform Resource Identifier，统一资源标识符）指定的。命名约定应该是一致的，一般来说，应该遵循最小意外原则。

- 客户机 – 服务器。参与者是客户机，资源提供者是使用客户机 - 服务器模式的服务器。
- 无状态。所有客户机 – 服务器交互都是无状态的。也就是说，客户机不应该假设服务器保留了关于客户机上次请求的任何信息。因此，诸如授权之类的交互会被编码到令牌中并随每个请求一起传递。
- 缓存化。在适用的时候对资源进行缓存。缓存既可以在服务器端也可以在客户端实现。
- 分层系统架构。"服务器"可以分解为多个独立的元素，这些元素可以独立部署。例如，业务逻辑和数据库可以独立部署。
- 按需编码（可选）。服务器可能向客户机发送要执行的代码。JavaScript 就是一个例子。

虽然不是 REST 使用的唯一协议，但 HTTP 是最常见的选择。HTTP 已被万维网联盟（W3C）标准化，使用 <command><URI> 这样的基本形式。虽然可以包括其他参数，但协议的核心是命令和 URI。表 15.1 列出了 HTTP 中五个最重要的命令，并描述了它们与传统的 CRUD（创建、读取、更新、删除）数据库操作的关系。

表 15.1　HTTP 中最重要的命令及其与 CRUD 数据库操作的关系

HTTP 命令	等效 CRUD 操作
post	create
get	read
put	update/replace
patch	update/modify
delete	delete

3. 交换数据的表示和结构

每个接口都提供了将内部数据表示 [通常是所使用编程语言的数据类型（例如，对象、数组、集合）] 转换为不同数据表示的方法，即转化为更适合在不同编程语言之间交换并通过网络发送的表示。从内部表示到外部表示的转换称为"序列化""编组"（marshaling）或"转化"。

在接下来的讨论中，我们重点讨论如何选择一种通用的数据交换格式或表示形式，以便通过网络发送信息。做出选择需要关注：

- ❏ 可表达性。采用的表示是否可以序列化任意数据结构？是否针对对象树进行了优化？是否需要携带用不同语言书写的文本？
- ❏ 互操作性。接口使用的表示是否符合参与者的期望并知道如何解析？一个标准表示（如 JSON，将在本节后面介绍）能使参与者轻松地将通过网络传输的比特转换为内部数据结构。接口是否实现了标准？

❑ 性能。所选择的表示是否有效使用通信带宽？解析表示并将内容读入内部表示的算法的复杂度是多少？在发送信息之前，需要花费多少时间来做准备？所需带宽的成本是多少？

❑ 隐式耦合。在解码消息时，参与者和元素之间共享哪些可能导致错误和数据丢失的假设？

❑ 透明度。是否有可能拦截交换的信息并轻松获取其内容？这是一把双刃剑。一方面，自描述消息有助于开发人员更容易地调试消息，同时，窃听者更容易截获和解释其内容。另一方面，二进制表示，特别是加密的二进制表示，需要特殊的调试工具，但更安全。

最常见的独立于编程语言的数据表示样式可以分为文本（如 XML 或 JSON）和二进制[如协议缓冲区（protocol buffer）] 两类。

（1）可扩展标记语言（EXtensible Markup Language，XML）

XML 在 1998 年由万维网联盟（W3C）标准化。文本文档的 XML 注释被称为标签（tag），用于指定如何解释文档中的信息，方法是将信息分成块或字段，并标识每个字段的数据类型。标签可以用属性注释。

XML 是一种元语言：开箱即用，除了允许你定制一种语言来描述数据之外，它什么也做不了。自定义语言由 XML schema 定义，该模式本身是一个 XML 文档，指定要使用的标签，用于解释每个标签所包含字段的数据类型以及应用于文档结构的约束。XML schema 支持架构师设计丰富的信息结构。

XML 文档作为结构化数据的表示可用于：分布式系统（SOAP）中交换的消息、Web页面的内容（XHTML）、矢量图像（SVG）、业务文档（DOCX）、Web 服务接口描述（WSDL）和静态配置文件（例如，MacOS 属性列表）。

XML 的一个优点是，可以检查使用这种语言注释的文档，以验证它是否符合 schema。这可以防止格式不正确的文档引起的错误，减少读取和处理文档时进行某种类型错误检查的代码。需要权衡是，从处理和内存的角度来看，解析和验证文档的成本相对较高。在验证文档之前，文档必须被完全读取，并且可能需要多个读取通道来解包。这种需求，再加上 XML 本身比较冗长，会导致不可接受的运行时性能和带宽消耗。虽然在 XML 的全盛时期，经常有人说 "XML 是人类可读的"，但如今很少有人提及这种好处。

（2）JavaScript 对象标记（JavaScript Object Notation，JSON）

JSON 将数据组织成嵌套的 "名称 / 值" 对和一组数据类型。JSON 表示法起源于 JavaScript 语言，并于 2013 年首次标准化；然而，现在它已独立于任何编程语言。与 XML 一样，JSON 是一种具有自己 schema 的文本表示语言。然而，与 XML 相比，JSON 明显不那么冗长，因为字段名只出现一次。使用名称 / 值表示而不是开始和结束标签，JSON 文档可以在读取时进行解析。

JSON 数据类型来源于 JavaScript 数据类型，类似于任何现代编程语言的数据类型。这使得 JSON 的序列化和反序列化比 XML 更有效。JSON 的最初用法是在浏览器和 Web 服务器之间发送 JavaScript 对象，例如，将一个轻量级数据表示传递到浏览器中并呈现为 HTML，这与在服务器端执行渲染和下载更多 HTML 详细视图不同。

（3）Protocol Buffers（协议缓冲区）

Protocol Buffers 技术起源于谷歌，在 2008 年作为开源软件发布之前，已在谷歌内部使用了好几年。与 JSON 一样，Protocol Buffers 使用的数据类型接近于编程语言的数据类型，从而使序列化和反序列化更加高效。与 XML 一样，Protocol Buffer 消息有一个定义有效结构的 schema，该 schema 可以指定必需和可选的元素以及嵌套的元素。然而，与 XML 和 JSON 不同的是，Protocol Buffers 是一种二进制格式，因此它们非常紧凑，也非常有效地使用内存和网络资源。在这方面，Protocol Buffers 可以追溯到更早的二进制表示，称为抽象语法标记法（Abstract Syntax Notation One，ASN.1），它起源于 20 世纪 80 年代早期，当时网络带宽是如此宝贵，一个位都不能浪费。

Protocol Buffers 开源项目提供了代码生成器，支持在多种编程语言中轻松使用 Protocol Buffers。你可以在原型（proto）文件中指定消息 schema，然后由特定语言的 Protocol Buffers 编译器编译该文件。生成的过程将用于对数据进行序列化和反序列化。

与使用 XML 和 JSON 时一样，交互的元素可能用不同的语言编写。每个元素使用对应语言的 Protocol Buffers 编译器进行编译。尽管 Protocol Buffers 可以用于任何数据的结构化工作，但大多情况下是作为 gRPC 协议的一部分使用。

使用接口描述语言指定 Protocol Buffers。由于它们是由特定于语言的编译器编译的，因此该规范对于确保接口的正确行为是必要的。它还充当接口的文档。将接口规范放置在数据库中，因此可以检索它，方便查看变量如何通过各种元素传播。

4. 错误处理

当设计一个接口时，在一切都按照计划工作的情况下，架构师自然会关注接口在标称情况下如何使用。然而，现实世界与标称情况相去甚远，一个设计良好的系统必须知道如何在例外情况下采取适当的行动。调用带有无效参数的操作时会发生什么？当需要比可用内存更多的内存时会发生什么？当某个调用由于失效而永不返回时会发生什么？当接口应该根据传感器的值触发通知事件，但传感器没有响应或乱响应时会发生什么？

参与者需要知道元素是否正常工作，他们的交互是否成功，以及是否发生了错误。这样做的策略包括：

- ❑ 失效的操作可能会抛出异常。
- ❑ 操作可能会返回带有预定义代码的状态指示，需要对其进行检查以明确错误的输出。
- ❑ 属性可用于存储表示最近操作是否成功或有状态元素是否处于错误状态的数据。

- 失效的异步交互可能会触发超时等错误事件。
- 可以通过连接到特定的输出数据流来读取错误日志。

描述错误结果的规范是元素接口的一部分,包括使用哪些异常、哪些状态代码、哪些事件和哪些信息。常见的错误来源(接口应该优雅地处理)包括:

- 向接口发送了不正确、无效或非法的信息,例如使用空值参数调用一个参数不应该为空值的操作。将错误条件与资源进行关联是一种明智的做法。
- 元素处于无法处理请求的错误状态。元素可能由于之前的操作或缺少参与者的操作而进入不正常状态。后者的示例包括在元素初始化完成之前调用操作或读取属性,或向已由系统管理员脱机的存储设备写入数据。
- 发生了硬件或软件错误,元素无法成功执行。处理器失效、网络响应失效和无法分配更多内存都是这种错误的例子。
- 元素配置错误。例如,数据库连接字符串引用了错误的数据库服务器。

指出错误的来源有助于系统选择适当的纠正和恢复策略。幂等运算的临时错误可以通过等待和重试来处理。无效输入导致的错误需要修复错误请求并重新发送。依赖项缺失需要重新安装后再重试接口。实现中的 bug 在修复后需要添加失败场景作为额外的测试用例来避免回归。

15.3 接口文档的编制

虽然接口包含了元素与环境交互的所有方面,但我们披露的接口内容(即在接口文档中描述的内容)是有限的。把每种可能交互的每个方面都写下来是不现实的,而且几乎从来都不可取。相反,你应该只公开参与者需要知道的有关如何与接口进行交互的内容。换句话说,你可以选择哪些信息是公开的,哪些信息适合人们对元素的假设。

接口文档指出了其他开发人员需要了解的有关接口的信息,以便将其与其他元素结合使用。开发人员随后可能会观察到一些属性,这些属性是元素实现方式的一种表现形式,但在接口文档中没有详细说明。因为这些不是接口文档的一部分,它们可能会发生变更,开发人员使用它们的风险要自行承担。

还要认识到,不同的人需要知道关于接口的不同类型的信息。为适应不同利益相关者,你可能必须分开编写接口文档。当你描述接口时,请记住以下利益相关者:

- 元素的开发者。需要知道接口必须履行的契约。开发人员只能测试包含在接口描述中的信息。
- 维护者。一种特殊的开发人员,他们对元素及其接口进行变更,同时最小化对现有参与者的影响。
- 使用接口的元素开发者。需要了解接口的契约以及如何使用它。这些开发人员可以用接口应该支持的用例为接口设计和文档编制提供输入。

- ❑ 系统集成者和测试者。将系统的元素组合在一起，对生成的集成结果行为有着浓厚兴趣。此角色需要有关元素提供和需要的所有资源和功能的详细信息。
- ❑ 分析师。这个角色取决于对应的分析类型。例如，对于性能分析人员，接口文档应该包括服务水平协议（SLA）保证，以便参与者能够适当地调整他们的要求。
- ❑ 寻找可重用资产的架构师。通常从检查以前系统中元素的接口开始。架构师还可以在商业市场中寻找可以购买的现成元素来完成工作。要判断一个元素是否是候选元素，架构师需要了解接口资源的功能、质量属性以及元素提供的任何可变性。

描述一个元素的接口意味着创建其他元素如何依赖该元素的声明。为接口编写文档意味着描述什么服务和属性是契约的组成部分——这一步代表了对参与者的承诺，即元素将履行这个契约。元素的每个实现只要不违反约定都是有效的实现。

必须区分元素的接口和该接口的文档。关于元素你可以观察到的只是它接口的一部分，例如，一个操作需要多长时间。接口文档涵盖了这些行为的一个子集，它列出了我们希望参与者能够依赖的内容。

"Hyrum 定律"（www.hyrumslaw.com）："如果一个接口有足够多的用户，那么你在契约中承诺什么就不重要了：你的系统所有可观察的行为都将被某人所依赖。"没错。但是，正如我们前面所说的，依赖你没有发布的元素接口的参与者将自行承担风险。

15.4 总结

架构元素都有接口，接口是元素之间进行交互的边界。接口设计是架构的职责，因为一致的接口允许包含许多元素的架构一起完成有生产力和有用的事情。接口的主要用途是封装元素的实现，以便该实现可以在不影响其他元素的情况下进行变更。

元素可以有多个接口，为不同类型的参与者提供不同类型的访问和特权。接口声明了元素向其参与者提供了哪些资源，以及元素需要从其环境中获得什么才能正常工作。与架构本身一样，接口应该尽可能简单，但不能太简单。

接口具有操作、事件和属性，这些是架构师设计接口的内容。为此，架构师必须决定元素的：

- ❑ 接口范围
- ❑ 交互方式
- ❑ 交换数据的表示、结构和语义
- ❑ 错误处理

其中一些问题可以通过标准化的方法来解决。例如，数据交换可以使用 XML、JSON 或 Protocol Buffers 等机制。

所有软件都演化，包括接口，可以使用的三种技术是弃用、版本控制和扩展。

接口文档提供了其他开发人员需要了解的有关接口的信息，以便将接口与其他元素结合使用。编写接口文档需要决定向参与者公开哪些元素操作、事件和属性，并详细说明接口的语法和语义。

15.5　进一步阅读

要了解采用 XML、JSON 和 Protocol Buffers 表示邮政地址的区别，分别见 https://schema.org/PostalAddress、https://schema.org/PostalAddress 和 https://github.com/mgravell/protobuf-net/blob/master/src/protogen.site /wwwroot/protoc/google/type/postal_address.proto。

你可以在 https：//grpc.io/ 上阅读更多关于 gRPC 的信息。

REST 是由 Roy Fielding 在他的博士论文（ics.uci.edu/ ～ fielding/pubs/ dissertation/top.htm）中定义的。

15.6　问题讨论

1. 描述与狗或其他你熟悉动物的接口。描述相关操作、事件和属性。狗是否有多个接口（例如，一个给认识的人，另一个给陌生人）？

2. 为灯泡的接口编写文档。描述它的操作、事件和属性。描绘其性能和资源利用情况。描述它可能进入的任何错误状态和结果。你能想到刚才描述的接口的多个实现吗？

3. 在什么情况下，性能（例如，一个操作所耗时间）应该成为元素发布接口的一部分？在什么情况下不应该？

4. 假设一个架构元素将在高可用性系统中使用。这将如何影响它的接口文档？假设相同的元素将用于高安全性系统。文档会有什么不同？

5. 15.2 节的"错误处理"小节列出了不同的错误处理策略。对于每种策略，什么时候使用合适？什么时候不合适？哪些质量属性会因此而增强或减弱？

6. 为了防止接口错误导致火星气候轨道器丢失，你会怎么做？

7. 1996 年 6 月 4 日，阿丽亚娜 5 号火箭在发射后仅 37s 就令人震惊地失败了。研究这一失败，并讨论有什么更好的接口规范可以防止它。

8. 数据库 schema 表示元素和数据库之间的接口，它提供用于访问数据库的元数据。有了这个观点，schema 演化就是接口演化的一种形式。讨论 schema 可以演化而不破坏现有接口的方式，以及破坏接口的情况。描述弃用、版本控制和扩展如何应用于 schema 演化。

第 16 章　虚拟化

> 虚拟化意味着你永远不知道下一个字节是从哪里来的。
>
> ——佚名

在 20 世纪 60 年代，计算界因多个独立应用程序无法共享一台物理机资源（如内存、磁盘、I/O 通道和用户输入设备）而感到沮丧。无法共享资源意味着一次只能运行一个应用程序。当时的计算机成本高达数百万美元（这是当时的真实价格），而大多数应用程序只使用了可用资源的一小部分，通常约为 10%，因此，这种浪费对计算成本产生了重大影响。

后来出现了虚拟机和容器来处理共享。它们的目标是在共享资源的同时将一个应用程序与另一个应用程序隔离开来。隔离能让开发人员像自己是计算机唯一的用户那样去编写应用程序，而共享资源能让多个应用程序同时在计算机上运行。由于应用程序共享具有一组固定资源的一台物理计算机，因此隔离所产生的错觉是有限的。例如，如果一个应用程序占用了所有 CPU 资源，那么其他应用程序将无法执行。然而，在大多数情况下，这些机制改变了系统和软件架构的面貌。它们从根本上改变了我们对计算资源的理解、部署和支付方式。

为什么这个话题会引起架构师的兴趣和关注？作为架构师，你可能倾向于（或者确实需要）使用某种形式的虚拟化来部署你创建的软件。越来越多的应用程序，将部署到云端（见第 17 章）并使用容器来实现。此外，与部署到专用硬件相比，虚拟化会为测试提供一个更易访问的环境。

本章的目的是介绍一些使用虚拟资源时最重要的术语、考虑因素和权衡点。

16.1　共享资源

由于经济原因，许多组织会采用某些形式的共享资源，这样可以显著降低部署系统的成本。我们通常关心的共享资源有四种：

1）中央处理器（Central Processor Unit，CPU）。现代计算机有多个 CPU（每个 CPU 可以有多个处理核），它们还可能有一个或多个图形处理器（Graphics Processing Unit，GPU），或其他特殊用途的处理器，例如张量处理单元（Tensor Processing Unit，TPU）。

2）内存。一台物理计算机有固定数量的物理内存。

3）磁盘存储。磁盘在计算机重新启动和关闭期间为指令和数据提供持久存储。一台物理计算机通常有一个或多个磁盘，每个磁盘具有固定的存储容量。磁盘存储可以是硬盘驱动器或光盘驱动器，也可以是固态硬盘驱动器。后者既没有磁盘，也没有任何运动部件来驱动。

4）网络连接。今天，每个重要的物理计算机都有一个或多个网络连接来传输消息。

现在，我们已经列举了想要共享的资源，我们需要考虑如何共享它们，以及如何以一种充分"隔离"的方式进行共享，以便不同的应用程序不知道彼此的存在。

处理器共享是通过线程调度机制实现的。调度程序选择一个执行线程并将其分配给一个可用的处理器，该线程保持控制，直到处理器被重新调度。应用程序线程必须经过调度程序才能获得对处理器的控制。当线程放弃对处理器的控制时，当固定的时间间隔到达时，或者当中断发生时，就会发生重新调度。

从历史上看，随着应用程序的增长，将所有的代码和数据都装入物理内存是不可能的。面对这一挑战，虚拟内存技术应运而生。内存管理硬件将进程的地址空间划分为页，并根据需要在物理内存和辅助存储之间交换页。物理内存中的页可以立即访问，而其他页则存储在辅助内存中，直到需要它们的时候。硬件能支持一个地址空间与另一个地址空间的隔离。

磁盘的共享和隔离使用几种机制来实现。首先，只能通过磁盘控制器访问物理磁盘，该控制器确保每个线程的读写数据流按顺序传输。此外，操作系统可以使用诸如用户 ID 和组之类的信息来标记执行线程和磁盘内容（如文件和目录），并且通过比较请求访问的线程和磁盘内容的标记来控制可见性或访问。

网络隔离是通过识别消息来实现的。每个虚拟机（Virtual Machine，VM）或容器都有一个 Internet 协议（Internet Protocol，IP）地址，用于标识虚拟机或容器收发的消息。本质上，IP 地址用于将消息路由到正确的 VM 或容器。另一种发送和接收消息的网络机制依赖于端口号的使用。每个请求服务的消息除了指定一个 IP 地址，同时还要指定一个端口号。服务程序侦听端口号，当 IP 地址所在机器接收到消息后，会将消息根据端口号发送到相应的服务程序处理。

16.2　虚拟机

现在我们已经了解了如何将一个应用程序的资源使用与另一个应用程序的资源使用隔离开来，我们可以使用并组合这些机制。虚拟机允许在一台物理计算机中执行多台模拟或虚拟的计算机。

图 16.1 描述了驻留在物理计算机中的几个虚拟机。物理计算机称为"宿主机"，虚拟机称为"客户计算机"。图 16.1 还显示了虚拟机监控程序（hypervisor），它是虚拟机的操作系统。直接在物理计算机硬件上运行的 hypervisor 通常称为裸金属或一型 hypervisor。它上面

承载的虚拟机实现应用程序和服务。裸金属 hypervisor 通常在数据中心或云中运行。

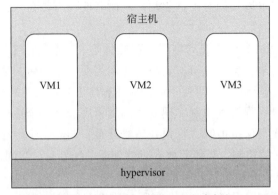

图 16.1　裸金属 hypervisor 和虚拟机

图 16.2 描述了另一种类型的 hypervisor，称为托管 hypervisor 或二型 hypervisor。在这种情况下，hypervisor 作为主机操作系统上的服务运行，而 hypervisor 又控制一个或多个 VM。托管 hypervisor 通常用于台式或便携计算机。它们允许开发人员运行和测试与主机操作系统不兼容的应用程序（例如，在 Windows 计算机上运行 Linux 应用程序，或在苹果计算机上运行 Windows 应用程序）。它们还可以用于在开发计算机上复制生产环境，即使两者的操作系统是相同的。这种方法确保开发环境和生产环境相互匹配。

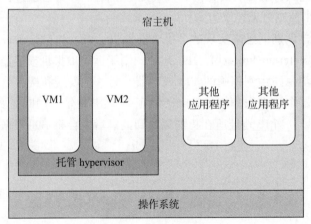

图 16.2　托管 hypervisor

hypervisor 要求其客户 VM 使用与底层物理 CPU 相同的指令集——hypervisor 不转换或模拟指令执行。例如，如果你有一个用于使用 ARM 处理器的移动或嵌入式设备 VM，那么你就不能在使用 x86 处理器的 hypervisor 上运行该虚拟机。另一种与 hypervisor 类似的技术支持跨处理器执行，它被称为仿真器（emulator）。仿真器读取目标或客户处理器的二进制代码，并在主机处理器上模拟客户指令的执行。仿真器通常也模拟客户 I/O 硬件设备。

例如，开源 QEMU 仿真器⊖可以模拟一个完整的 PC 系统，包括 BIOS、x86 处理器和内存、声卡、显卡，甚至软盘驱动器。

托管 / 二型 hypervisor 和仿真器允许用户通过主机的显示器、键盘和鼠标 / 触摸板与运行在 VM 内的应用程序交互。使用桌面应用程序或专门设备（如移动平台或物联网设备）来工作的开发人员可以使用托管 / 二型 hypervisor 或仿真器作为构建、测试、集成工具链的一部分。

hypervisor 有两个主要功能：管理运行在每个 VM 中的代码；管理 VM 本身。详细地说：

1）通过访问虚拟磁盘或网络接口，在 VM 外部通信的代码会被 hypervisor 截获，并由 hypervisor 代表 VM 执行。hypervisor 会标记这些外部请求，以便将这些请求的响应路由到正确的 VM。

对 I/O 设备或网络的外部请求的响应是异步中断。这个中断最初是由 hypervisor 处理的。由于多个 VM 在单个物理主机上运行，并且每个 VM 都可能有 I/O 请求，因此 hypervisor 必须有一种方法将中断转发给正确的 VM。这就是前面提到的标记的目的。

2）必须对 VM 进行管理。例如，它们必须被创建和销毁。管理 VM 是 hypervisor 的一项功能。hypervisor 不会自行决定是否创建或销毁 VM，而是根据用户的指令进行操作，更常见的情况是，根据云基础设施的指令进行操作（你将在第 17 章中了解更多信息）。创建 VM 的过程涉及到加载 VM 镜像（将在下一节讨论）。

除了创建和销毁 VM 之外，hypervisor 还监控它们。监控内容一般包括运行状况和资源使用情况等。此外，hypervisor 本身也处于 VM 的安全防御边界内，用于防御攻击。

最后，hypervisor 负责确保 VM 不超过其资源利用限制。每个 VM 都有 CPU、内存、磁盘和网络 I/O 带宽的限制。在启动 VM 之前，hypervisor 首先会确保有足够的物理资源来满足 VM 的需求，然后在 VM 运行时执行这些限制。

启动 VM 和启动裸金属物理机一样。当计算机开始执行指令时，它会自动从磁盘存储中读取一个叫作 boot loader（系统引导程序）的特殊程序，这个程序可以是计算机内部的，也可以通过网络获得。boot loader 将操作系统代码从磁盘读入内存，然后将控制权转移到操作系统。在物理计算机上，连接磁盘驱动器是在开机过程中进行的。对于 VM，则是在启动 VM 时由 hypervisor 建立与磁盘驱动器的连接，"VM 镜像"一节将更详细地讨论这个过程。

从 VM 内部操作系统和软件服务的角度来看，软件就好像是在一台裸金属物理机内部运行一样。VM 为其提供 CPU、内存、I/O 设备和网络连接。

考虑到要处理的诸多问题，hypervisor 是一个复杂的软件。VM 的一个问题是虚拟化所需的共享和隔离带来的开销。也就是说，服务在虚拟机上运行比直接在裸金属物理机上运行要慢多少？这个问题的答案很复杂：它取决于服务的特性和所使用的虚拟化技术。例

⊖　qemu. org.

如，执行更多磁盘和网络 I/O 的服务会比不共享这些主机资源的服务产生更多的开销。虽然虚拟化技术一直在改进，但根据报告显示，微软的 Hyper-V hypervisor $^{\ominus}$ 会增加约 10% 的开销。

对于架构师来说，VM 有两个主要的含义：

1）性能。虚拟化会带来性能开销。虽然一型 hypervisor 只带来适度的性能开销，但二型 hypervisor 带来的开销可能要大得多。

2）关注点分离。虚拟化允许架构师将运行时资源视为商品，并为他人或组织提供不同的配置和部署决策。

16.3 虚拟机镜像

我们把启动 VM 时调用的磁盘存储中的内容称作 VM 镜像。这个镜像包含了指令和数据的二进制代码，这些指令和数据构成了我们将要运行的软件（即操作系统和服务）。根据操作系统使用的文件系统，这些二进制位被组织到文件和目录中。镜像还包含存储在预定位置的 boot loader 程序。

有三种方法可以用于创建新的 VM 镜像：

1）你可以找到一台已运行相关软件的机器，然后对该机器的内存进行快照。

2）你可以从已有镜像开始并添加其他软件。

3）你可以从头开始创建镜像。首先获取所选操作系统的安装介质，之后从安装介质启动新机器，它会格式化机器的磁盘驱动器，将操作系统复制到驱动器上，并将 boot loader 添加到预定位置。

对于前两种方法，可以使用机器镜像库（通常包含开源软件），镜像库提供了各种镜像，从只包含操作系统最小内核的镜像，到完整应用程序的镜像，以及介于两者之间的其他镜像。这些镜像库可以帮助你快速试用新的软件包或应用程序。

然而，从镜像库拉取并运行一个不是你（或你的组织）创建的镜像时，可能会出现一些问题：

❑ 无法控制操作系统和软件的版本。

❑ 镜像中可能含漏洞或不安全的软件，更糟糕的是还可能包含恶意软件。

关于 VM 镜像的其他重要方面：

❑ 这些镜像非常大，所以在网络上传输它们会非常慢。

❑ 镜像与它的所有依赖项是绑定在一起的。

❑ 你可以在自己的开发计算机上构建一个 VM 镜像，然后将其部署到云。

❑ 你可能希望将自己的服务添加到 VM 中。

虽然在创建镜像时可以很容易地安装服务，但这将导致每个服务的每个版本都有一个

$\ominus$ https://docs.microsoft.com/en-us/biztalk/technical-guides/system-resource-costs-on-hyper-v。

不同的镜像。除了存储成本之外，这种镜像的激增也变得难以跟踪和管理。因此，通常创建只包含操作系统和基础应用程序的镜像，然后在 VM 启动后，通过一个称作配置的过程向这些镜像添加服务。

16.4　容器

VM 解决了资源共享和隔离问题。但是，VM 镜像可能很大，在网络中传输 VM 镜像非常耗时。假设你有一个 8 GB 的 VM 镜像，你希望将它从网络中的一个位置移到另一个位置。理论上，在每秒 1Gb 的网络上，这需要 64 s。然而，在实践中，1 Gb/s 的网络运行效率约为 35%。因此，在现实世界中，传输一个 8 GB 的 VM 镜像需要 3 min 以上的时间。尽管你可以采用一些技术来减少传输时间，但结果仍然是以分钟为单位。传输镜像后，VM 必须启动操作系统，然后再启动服务，这将花费更多时间。

容器提供了一种机制，它可以保持虚拟化的大部分优势，同时减少镜像的传输时间和启动时间。与 VM 和 VM 镜像一样，容器也被打包成可执行容器镜像进行传输。（然而，实践中并不总是遵循这个约定。）

我们再来看看图 16.1，VM 在 hypervisor 控制下在虚拟化硬件上执行。在图 16.3 中，我们看到几个容器在一个容器运行引擎的控制下运行，而容器运行引擎又运行在一个固定的操作系统之上。容器运行引擎充当一个虚拟的操作系统，就像物理主机上的所有虚拟机共享相同的底层物理硬件一样，主机中的所有容器通过运行引擎共享同一操作系统内核（并且通过操作系统，共享相同的底层物理硬件）。操作系统既可以加载到裸金属物理机上，也可以加载到虚拟机上。

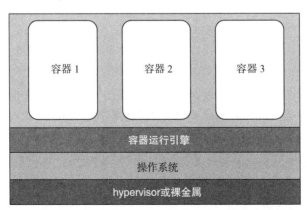

图 16.3　在 hypervisor 或裸金属上运行的操作系统上使用容器运行引擎的容器

分配 VM 的方法是定位一台物理机，该物理机有足够的未使用资源来支持新的 VM。从概念上讲，这是通过查询到一台具有空闲容量的 hypervisor 来实现的。分配容器的方法是找到一个容器运行引擎，该引擎具有足够的未使用资源来支持新的容器。反过来，这可能需要创建一个新的 VM 来支持新的容器运行时引擎。图 16.3 描述了在 hypervisor 控制下的 VM 中运行的操作系统上使用容器运行引擎的容器。

这种共享操作系统方法是提高镜像传输性能的一种方式。只要目标机器上运行着一个标准的容器运行引擎（目前所有的容器运行引擎都是按照标准构建的），就不需要将操作系统作为容器镜像的一部分进行传输。

性能提升的第二种方式是容器镜像中"层"的使用。（请注意，容器层不同于我们在第 1 章中介绍的模块结构中的层概念。）为了更好地理解容器层，我们先讲一下如何构造容器镜像。在本例中，我们将演示构建运行 LAMP 栈的容器，并按分层方式构建镜像。（LAMP 代表 Linux、Apache、MySQL 和 PHP，它是广泛用于构建 Web 应用程序的一个技术栈。）

使用 LAMP 栈构建镜像的过程如下：

1）创建一个包含 Linux 发行版的容器镜像。（这个镜像可以通过容器管理系统从库中下载。）

2）创建镜像并将其标识为镜像后，执行它（即将其实例化）。

3）使用该容器加载服务，在我们的示例中是使用 Linux 特性加载 Apache 服务。

4）退出容器并告知容器管理系统这是第二个镜像。

5）执行第二个镜像并加载 MySQL。

6）退出容器并给第三个镜像命名。

7）再次重复此过程并加载 PHP。现在你有了第四个容器镜像，它包含了整个 LAMP 栈。

因为这个镜像是一步步创建的，并且容器管理系统将每个步骤都生成一个镜像，所以容器管理系统认为最终的镜像由"层"组成。

你可以将 LAMP 栈容器镜像移动到不同的位置，以供生产使用。最初的移动需要移动栈中的所有元素。但是，假设你将 PHP 更新到一个新版本，并将这个修改后的栈移动到生产环境中（前面过程中的第 7 步）。容器管理系统知道只修改了 PHP，所以只会移动镜像的 PHP 层。这节省了移动栈中其余部分所涉及的工作。由于更改镜像中的软件组件比创建初始镜像要频繁得多，将新版本的容器放到生产环境中要比使用新的 VM 快得多。加载一个 VM 需要的时间以分钟计，而加载一个新版本容器的时间则以毫秒甚至微秒计。注意，这个过程只对栈的最上层有效。例如，如果你想升级至新版本的 MySQL，则需要执行前面列表中的步骤 5 ～ 7。

你可以将创建容器镜像的步骤写成一个脚本，并将其存储在一个文件中。这个文件是你创建容器镜像的工具所特有的，它允许你指定将哪些软件片段加载到容器中并保存为镜像。对脚本文件进行版本控制可以确保你团队的每个成员都可以创建相同的容器镜像，并根据需要修改该文件。将这些脚本视为代码可以带来很多好处：这些脚本可以被针对性设计、测试、配置、评审、文档化和共享。

16.5　容器和虚拟机

在 VM 中发布服务和在容器中发布服务之间该如何权衡？

正如我们前面提到的，VM 虚拟化物理硬件——CPU、磁盘、内存和网络。你在 VM 上运行的软件包括一个完整的操作系统，你可以在 VM 中运行几乎所有的操作系统。还可以在 VM 中运行几乎所有的程序（除非它必须直接与物理硬件交互），这在使用遗留软件或购买的软件时非常重要。当服务是紧密耦合或分享大型数据集时，或你想利用同一 VM 提高多个服务间的通信和配合效率时，拥有一个完整的操作系统允许你在同一 VM 上运行多个服务，这不失为一个理想的选择。hypervisor 确保操作系统启动，监视操作系统的命令执行，并在操作系统崩溃时重新启动操作系统。

容器实例共享一个操作系统。操作系统必须与容器运行引擎兼容，这就限制了可以在容器上运行的软件。容器运行引擎负责启动、监视和重新启动容器中运行的服务。该引擎通常只启动和监视容器实例中的一个程序，如果一个程序正常完成并退出，则该容器也会结束运行。因此，容器通常运行单个服务（尽管该服务可以是多线程的）。此外，使用容器的一个好处是容器镜像的体量很小，只包括那些支持我们想要运行的服务所需的程序和库。容器中的多个服务可能会增大镜像体量，影响容器启动时间和运行时内存占用。我们很快就会看到，可以对运行相关服务的容器实例进行分组，这样它们就在相同的物理机上执行，并且有效地通信。一些容器运行引擎甚至允许组内的容器共享内存和协调机制（比如信号量）。

VM 与容器的其他区别如下：

❑ VM 可以运行任何操作系统，但容器的使用目前仅限于 Linux 系统、Windows 系统、iOS 系统。

❑ VM 内的服务通过操作系统的功能来实现启动、停止和暂停，而容器内的服务通过容器运行引擎的功能来实现启动和停止。

❑ VM 在其内部运行的服务终止后继续存在，容器则不是。

❑ 使用 VM 时不存在端口使用限制，而使用容器时存在一些限制。

16.6　容器可移植性

我们已经介绍了与容器进行交互的容器运行时管理器（引擎）的概念。一些供应商会提供容器运行引擎，最著名的有 Docker、containerd 和 Mesos。每家供应商都有一款容器运行引擎，引擎将提供创建容器镜像以及分配和执行容器实例的功能。容器运行引擎和容器之间的接口已经由 Open Container Initiative 标准化，允许某个供应商（比如 Docker）创建的容器在另一个供应商（比如 containerd）提供的容器运行引擎上执行。

这意味着你可以在开发计算机上开发容器，将其部署到生产计算机上，并在那里执行它。当然，每种情况下可用的资源都是不同的，因此部署仍然是重要的。如果你将所有的资源指定为配置参数，那么将容器移动到生产环境中就会简化。

16.7　Pod

Kubernetes 是用于部署、管理和伸缩容器的开源编排软件。它的层次结构中还有一个元素：Pod。Pod 是一组相关的容器。在 Kubernetes 中，节点（硬件或 VM）包含 Pod，Pod 包含容器，如图 16.4 所示。同一 Pod 中的容器共享 IP 地址和端口空间，以接收来自其他服务的请求，它们可以使用进程间通信（IPC）机制（比如信号量或共享内存）彼此通信，它们还可以共享 Pod 生命周期内的临时存储容量，它们具有相同的生命周期——Pod 中的容器一起被分配和释放。例如，第 9 章中讨论的服务网格通常被打包为一个 Pod。

Pod 的目的是减少紧密相关容器之间的通信成本。在图 16.4 中，如果容器 1 和容器 2 频繁通信，将它们部署为一个 Pod 并分配到同一个 VM 上，实际上是一种比消息传递更快的通信机制。

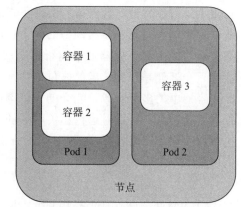

图 16.4　节点上的 Pod 及其容器

16.8　无服务器架构

回想一下，分配 VM 首先要定位一台具有足够空闲容量的物理机，然后将 VM 镜像加载到该物理机中。因此，物理计算机构成了一个资源池，你可以从中分配资源。现在假设你希望将容器分配到容器运行引擎中，而不是将 VM 分配到物理机中。也就是说，你有一个容器运行引擎池，容器被分配到其中。

容器的加载时间非常短——冷启动只需几秒钟，重新分配则只需几毫秒。现在让我们更进一步。由于 VM 分配和加载相对耗时，可能需要几分钟来加载和启动实例，因此即使服务请求之间存在空闲时间，通常也会让 VM 实例保持运行。相比之下，由于将容器分配到容器运行引擎的速度很快，因此没有必要让容器持续运行，我们可以为每个请求重新分配一个新的容器实例。当你的服务完成这个请求的处理时，它将退出，容器也将停止运行并被释放，而不是循环返回以接受另一个请求。

这种系统设计方法被称为无服务器架构——尽管它实际上并不是无服务器的。有些服务器承载容器运行引擎，但由于它们根据每次请求动态分配，因此服务器和容器运行引擎是嵌入在基础设施中的。作为开发人员，你既不负责分配也不负责解除分配，云服务供应商提供的这种功能特性被称为 FaaS（Function-as-a-Service，功能即服务）。

响应单个请求而动态分配和回收的结果是这些短生命容器不能保持任何状态：容器必须是无状态的。在无服务器架构中，协同所需的任何状态都必须存储在云供应商提供的基础设施服务中，或者作为参数传递。

云供应商对 FaaS 特性施加了一些实际限制。首先，供应商对基本容器镜像的选择有限，这限制了你的编程语言选项和库依赖关系。这样做是为了减少容器加载时间——你的服务被限制在位于基本镜像层之上的薄镜像层。另一个限制是，当第一次分配和装载容器时，"冷启动"时间可能是几秒钟，而随后的请求几乎是即时处理的，因为容器镜像缓存在节点上了。最后，请求的执行时间是有限的——你的服务必须在供应商的时间限制内完成处理并退出，否则将被终止。云供应商这么做是出于经济原因，只有这样他们才可以根据其他运行容器的方式调整 FaaS 价格，并确保 FaaS 用户不会消耗过多资源池。一些无服务器系统的设计者投入了相当大的精力来解决或克服这些限制，例如，预启动服务以避免冷启动延迟，发出虚拟请求将服务保留在缓存中，以及将请求从一个服务分叉或链接到另一个服务以延长有效的执行时间。

16.9　总结

虚拟化已经成为软件和系统架构师的福音，因为它为网络服务（通常基于 Web）提供了高效、经济的部署平台。硬件虚拟化允许创建多个共享同一物理机的 VM，同时强制隔离 CPU、内存、磁盘存储和网络。物理机的资源可以在多个 VM 之间共享，因此，一个组织必须购买或租用的物理机的数量被最小化。

VM 镜像是加载到 VM 中以使其能够执行的二进制集合，可以通过各种配置技术创建，包括使用操作系统功能或加载预先创建的镜像。

容器是一种打包机制，用于虚拟化操作系统。如果有兼容的容器运行引擎可用，则可以将容器从一个环境移动到另一个环境。容器运行引擎的接口已经标准化。

将多个容器放到一个 Pod 中意味着它们是一起分配的，容器之间的任何通信可以快速完成。

无服务器架构允许快速实例化容器，并将分配和回收的责任转移到云供应商的基础设施上。

16.10　进一步阅读

本章的材料摘自 *Deployment and Operations for Software Engineers* [Bass 19]，在那里

你可以找到更详细的讨论。

Wikipedia 总是一个查找协议、容器运行引擎和无服务器架构等有关详细信息的好地方。

16.11　问题讨论

1. 使用 Docker 创建 LAMP 容器。比较你的容器镜像和你在互联网上找到的容器镜像的大小。这种差异的原因是什么？作为一名架构师，在什么情况下这会引起你的关注？
2. 容器管理系统是如何知道容器只改变了一层并只需传输一层的？
3. 我们重点关注在 hypervisor 上同时运行的 VM 之间的隔离。VM 可能会关闭并停止执行，新 VM 可能会启动，hypervisor 是如何在不同时间运行的 VM 之间保持隔离或防止泄漏的？提示：考虑内存、磁盘、虚拟 MAC 和 IP 地址的管理。
4. 将哪些服务组合成一个 Pod（就像服务网格一样）是有意义的，为什么？
5. 与容器相关的防护性问题是什么？你将如何缓解这些问题？
6. 在嵌入式系统中使用虚拟化技术需要考虑哪些问题？
7. 使用 VM、容器和 Pod 可以避免哪些类型的集成和部署错误？哪些类型不能避免？

第 17 章　云和分布式计算

云计算是计算机系统资源的按需可用性。这个术语用于指广泛的计算能力。例如，你可能会说："我所有的照片都备份到了云端。"但这意味着什么呢？这意味着：

❏ 我的照片存储在别人的计算机上。他们为投资、维护、保养和备份操心。

❏ 我可以通过互联网访问我的照片。

❏ 我只为我使用的空间或我申请的空间付费。

❏ 存储服务是有弹性的，这意味着它可以随着我的需求变化而增长或收缩。

❏ 我对云的使用是自我配置的：我创建一个账户，可以立即开始使用它来存储我的资料。

云提供的计算能力包括照片（或其他类型的数字作品）存储等应用程序、通过 API 公开的细粒度服务（如文本翻译或货币转换），以及处理器、网络和存储虚拟化等底层基础设施服务。

本章将重点介绍软件架构师如何使用云基础设施服务来交付正在设计和开发的服务。在此过程中，我们将学习一些最重要的分布式计算原理和技术。这意味着使用多台（真实或虚拟）计算机协同工作，从而产生比一台计算机更快和更强大的完成所有工作的系统。我们在本章介绍这一主题，是因为分布式计算最根深蒂固的地方莫过于基于云的系统。我们在这里给出的处理方法是对与架构最相关的原则进行简要概述。

我们首先讨论云如何提供和管理虚拟机（Virtual Machine，VM）。

17.1　云基础知识

公有云是由云服务提供商拥有和提供的。这些组织向同意服务条款并支付服务使用费用的任何人提供基础设施服务。通常，使用此基础设施构建的服务可以在互联网上访问，当然你也可以设置防火墙等机制来限制可见性和访问。

一些组织运营私有云。私有云由组织拥有和运营，供组织内成员使用。出于控制、防护和成本等方面的考虑，组织可能会选择运营私有云。在这种情况下，云基础设施和在此基础之上开发的服务只在组织的网络中可见和可访问。

混合云是一种混合模型，其中一些工作负载在私有云中运行，而其他工作负载在公有云中运行。在从私有云迁移到公有云的过程中，可能会使用混合云（反之亦然），或者因为某些数据在法律上需要比公有云更严格的控制和审查而使用混合云。

对于使用云服务进行软件设计的架构师来说，从技术角度来看，私有云和公有云之间并没有太大的区别。因此，这里我们将重点讨论基础设施即服务的公有云。

一个典型的公有云数据中心拥有数万台物理设备，接近 10 万台，而不是 5 万台。数据中心的规模限制因素是设备消耗的电量和产生的热量：将电力引入建筑物、分配给设备以及消除设备产生的热量都会成为实际制约因素。图 17.1 显示了一个典型的云数据中心。每个机架由 25 台以上的计算机组成（每个都有多个 CPU），具体数量取决于可用电量和制冷量。数据中心由成排的机架组成，机架之间通过高速网络

图 17.1 云数据中心

交换机连接。云数据中心是能源效率（第 6 章讨论的主题）成为某些应用程序的关键质量属性的原因之一。

当你通过公有云提供商访问云时，实际上是在访问分布在全球各地的数据中心。云提供商将其数据中心划分成多个区域。云区域既是一个逻辑结构也是一个物理结构。由于你开发并部署到云上的服务是通过互联网访问的，因此云区域可以帮助你确保服务在物理上接近其用户，减少访问服务的网络延迟。此外，一些监管约束，如《通用数据保护条例》（GDPR），可能会限制某些类型的数据跨国传输，因此云区域可以帮助云提供商遵守这些法规。

云区域有许多物理分布的数据中心，它们具有不同的电源和互联网连接。一个区域内的数据中心被分组为可用区，因此两个不同可用区中的所有数据中心同时失效的概率极低。

选择你的服务运行用的云区域是一个重要的设计决策。当你请求一个运行在云中的新虚拟机（VM）时，你可能指定 VM 将运行在哪个区域上。有时可用区是自动选择的，但出于可用性和业务连续性的原因，你通常希望自己选择可用区。

所有对公有云的访问都是通过互联网进行的。云有两类主要网关：管理网关和消息网关（参见图 17.2）。这里我们将重点介绍管理网关，我们在第 15 章中已讨论了消息网关。

假设你希望在云中分配一个 VM，你需要向管理网关发送创建新 VM 实例的请求。请求中包含许多参数，其中三个是基本参数，分别是新实例将运行的云区域、实例类型（例如 CPU 和内存大小）以及 VM 镜像 ID。管理网关负责管理数以万计的物理计算机，每台物理计算机都有一个 hypervisor，用于管理其上的 VM。因此，管理网关将找到可以管理你请求类型的 VM 的 hypervisor，然后检查物理机是否有足够的未分配 CPU 和内存来满足你的需求，如果满足，它将要求选择的 hypervisor 创建一个新的 VM。hypervisor 执行完任务，并将新 VM 的 IP 地址返回到管理网关。最后，管理网关将该 IP 地址发送给你。云提供商确保其数据中心有足够的物理硬件资源，这样你的请求就不会因为资源不足而失败。

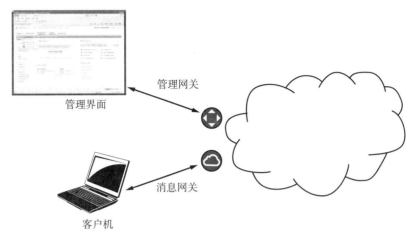

图 17.2 进入公有云的网关

管理网关不仅返回新分配 VM 的 IP 地址，还返回主机名。这表明新分配的 IP 地址已添加到云的域名服务器（Domain Name System，DNS）中。任何 VM 镜像都可以用来创建新 VM 实例。也就是说，VM 镜像可以是一个完整的简单服务，也可以是复杂系统部署过程中的一个步骤。

管理网关除了分配新的 VM 外，还执行其他功能；比如收集有关 VM 的计费信息，并提供监视和销毁 VM 的功能。

管理网关通过互联网上到达其 API 的消息进行访问。这些消息可以来自其他服务，如部署服务，也可以从计算机上的命令行程序发出（允许你编写操作脚本）。管理网关也可以通过云服务商提供的基于 Web 的应用程序进行访问，尽管这种交互界面对于大多数琐碎的操作来说效率不高。

17.2 云中失效

当一个数据中心包含数以万计的物理计算机时，几乎可以肯定每天都会有一台或多台计算机失效。Amazon 报告称，在一个拥有约 64 000 台计算机（每台计算机都有两个传统磁盘驱动器）的数据中心，每天大约有 5 台计算机和 17 个磁盘失效。谷歌报告了类似的统计数据。除了计算机和磁盘失效外，网络交换机也可能失效；数据中心可能会过热，导致所有计算机失效；或者一些自然灾害可能会使整个数据中心瘫痪。尽管你的云提供商全部中断的情况相对较少，但是运行特定 VM 的物理计算机可能会失效。如果可用性对你的服务很重要，那么你需要仔细考虑希望达到什么级别的可用性以及如何实现它。

我们将讨论两个与云中失效特别相关的概念：超时和长尾延迟。

1. 超时

根据第 4 章的介绍,超时是一种可用性战术。在分布式系统中,超时用来检测失效。不过会有以下几种情况:

- ❑ 超时不能区分是计算机故障,还是网络连接中断或者超时的缓慢响应。这导致你将一些缓慢响应标记为失效。
- ❑ 超时不会告诉你失效或缓慢发生在哪里。
- ❑ 很多时候,对服务的请求会触发其向其他服务发出请求,这些其他服务会发出更多请求。即便这一串请求的每个响应延迟都接近(但慢于)预期平均响应时间,但总体延迟也可能(错误地)被认为失效。

超时(检测到响应时间过长)通常用于检测失效。但超时不能定位失效是服务软件、运行服务的虚拟机或物理机造成的,还是服务的网络连接造成的。在大多数情况下,原因并不重要:你发出了一个请求,或者你希望收到一个定期的保持活动状态或心跳的消息,但没有得到及时的响应,那你就需要采取措施来补救。

这看起来很简单,但在实际系统中可能很复杂。恢复操作通常会有成本,例如延迟惩罚(latency penalty)。你可能需要启动一个新的 VM,大概花费几分钟才能准备好接受新请求。你可能需要使用不同的服务实例建立新会话,这会影响到系统的可用性。云系统的响应时间会呈现出相当大的变化。如果实际上只是一个短暂延迟,就贸然下结论说出现了失效,可能会增加不必要的恢复成本。

分布式系统设计人员通常将超时检测机制参数化,以便可以针对系统或基础设施对其进行调整。其中一个参数是超时时间间隔,表示系统在确定响应失效之前应等待的时间。大多数系统不会在错过一次响应后就触发失效恢复。相反,典型的方法是在较长的时间间隔内检测错过的响应数量,这是超时机制的第二个参数。例如,超时可能设置为 200 ms,而失效恢复的触发设置是在 1 s 间隔内错过 3 条消息。

对于使用单个数据中心运行的系统,设置超时和阈值可以积极些,因为网络延迟很小,错过响应可能是由软件崩溃或硬件失效造成的。相比之下,对于在广域网、移动网络甚至卫星链路上运行的系统,应更多地考虑参数设置,因为这些系统可能会经历间歇性但更长的网络延迟。在这种情况下,要根据实际情况放宽参数,并避免触发不必要的恢复行动。

2. 长尾延迟

无论原因是实际失效还是响应缓慢,对原始请求的响应都可能表现出所谓的长尾延迟(long tail latency)现象。图 17.3 显示了对 Amazon Web Services(AWS)的 1000 个"启动实例"请求的延迟图。请注意,有些请求需要很长时间才能完成。在评估诸如此类的样本时,必须小心选择统计数据来描述样本集。在本例中,散点图显示在 22 s 延迟处达到峰值;但是,所有请求平均延迟为 28 s,而中值延迟(半数请求在小于此值的情况下完成)为 23 s。即使延迟 57 s,仍有 5% 的请求未完成(即第 95 个百分位是 57 s)。因此,对于基于云的服务，尽管每个服务的平均请求延迟可能都在可容忍的范围内，但仍存在合理数量的请求具有较大的延迟——在本例中，比平均延迟长 2 ~ 10 倍。正如散点图右侧长尾中的测量值。

长尾延迟是服务请求路径中某个地方的拥塞或失效造成的。许多因素可能会导致服务器队列、hypervisor 调度或其他方面的拥塞，对服务开发人员来说，拥塞的原因是无法控制的。因此，实现所需性能和可用性的监视技术和策略必须考虑长尾分布的现实。

处理长尾问题的两种技术是对冲请求和替代请求。

- ❑ 对冲请求。发出超出需求的请求，然后在收到足够的响应后取消请求（或忽略响应）。例如，假设要启动 10 个微服务实例（参见第 5 章），可以发出 11 个请求，10 个请求完成后，终止尚未响应的请求。

- ❑ 替代请求。这是对冲请求技术的一种变体。在刚才描述的场景中，发出 10 个请求，当 8 个请求完成时，再发出 2 个请求，当总共收到 10 个响应时，取消剩下的 2 个请求。

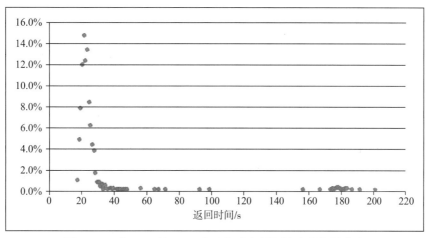

图 17.3　对 AWS 的 1000 个"启动实例"请求的长尾分布

17.3　使用多实例提高性能和可用性

如果云中承载的服务接收到的请求超过标称延迟内处理的数量，则该服务将过载。这可能是由 I/O 带宽、CPU、内存或其他资源不足造成的。某些情况下，只需在提供更多资源的实例中运行该服务就可以解决过载问题。这种方法很简单，服务的设计也不用改变，只需在更大的虚拟机上运行服务。这种方法称为垂直扩展或向上扩展，与第 9 章中的增加资源的性能战术相对应。

垂直扩展所能达到的效果是有限的。尤其是，可能没有足够大的 VM 实例来支持工作负载。在这种情况下，水平扩展或向外扩展可以提供更多所需类型的资源。水平扩展涉及拥有相同服务的多个副本，并使用负载均衡器在它们之间分发请求，这分别相当于第 9 章中的保持多个计算副本战术和负载均衡器模式。

1. 分布式计算和负载均衡器

负载均衡器可以是独立系统，也可以与其他功能打包在一起。负载均衡器必须非常高效，因为它位于从客户机到服务的每条消息的路径上，甚至当它与其他功能打包在一起时，它在逻辑上也是独立的。这里，我们将讨论分为两个主要方面：负载均衡器如何工作，以及负载均衡器后面的服务必须如何设计来管理服务状态。一旦理解了这些内容，我们就可以研究系统健康管理以及负载均衡器如何提高其可用性。

负载均衡器解决了以下问题：在 VM 或容器中运行一个服务的单个实例，并且有太多的请求到达该实例，使其无法提供可接受的延迟。一种解决方案是拥有多个服务实例，并在它们之间分发请求。在这种情况下，分发机制是一个独立的服务，即负载均衡器。图 17.4 显示了在两个 VM（服务）实例之间分发请求的负载均衡器。如果有两个容器实例，讨论也同样适用。（容器在第 16 章讨论过。）

你可能想知道是什么构成了"过多的请求"和"合理响应时间"。我们将在本章稍后讨论自动伸缩时回答这些问题。现在，让我们关注一下负载均衡器是如何工作的。

在图 17.4 中，每个请求都被发送到负载均衡器。为了便于讨论，假设负载均衡器将第一个请求发送给实例 1，将第二个请求发送给实例 2，接下来将第三个请求发送给实例 1，以此类推。这等于把一半的请求发送到每个实例，实现了两个实例之间均衡负载——负载均衡器因此得名。

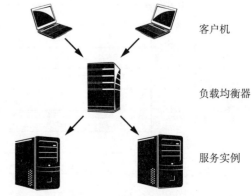

图 17.4　负载均衡器将请求从两个客户机分发到两个服务实例

关于这个简单负载均衡器示例的一些观察：

- □ 这里提供的算法（在两个实例之间交替传递消息）称为"轮询调度"（round-robin）。只有当每个请求在其响应中消耗的资源大致相同时，这种算法才能在服务实例之间均衡负载。对于处理请求所消耗资源不同的情况，还存在其他分发算法。

- □ 从客户机的角度来看，服务的 IP 地址实际上就是负载均衡器的地址。此地址可能与 DNS 中的主机名相关联。客户机不知道（也不需要知道）服务存在多少个实例，或者这些服务实例中的任何一个的 IP 地址。这使得客户机能够灵活地更改这些信息——这是一个使用中介的例子，如第 8 章所述。

- □ 多个客户机可以共存。每个客户机将其消息发送给负载均衡器，负载均衡器不关心消息源。负载均衡器在消息到达时分发消息。（我们暂时忽略"黏性会话"或"会话相关性"的概念。)

  ❑ 负载均衡器可能会过载。在这种情况下，解决方案是负载均衡器的负载再均衡，有时称为全局负载均衡。也就是说，消息在到达服务实例之前要经过一个负载均衡器层次结构。

  到目前为止，我们对负载均衡器的讨论主要集中在增加可处理的工作量上。下面，我们将讨论如何使用负载均衡器来增加服务的可用性。

  图 17.4 显示了来自客户机的消息通过负载均衡器传递，但没有显示消息如何返回。返回消息将直接从服务实例发送到客户机（通过 IP 消息头中的"from"字段确定），绕过了负载均衡器。因此，负载均衡器没有消息显示信息是否已由服务实例处理了，也没有消息显示处理信息花费了多长时间。如果没有额外的机制，负载均衡器将不知道是否有服务实例处于活动状态并正在处理中，或者是否有实例失效了或所有实例都失效了。

  健康检查是一种允许负载均衡器确定实例是否正常执行的机制。这就是第 4 章中可用性战术中"故障检测"类的目的。负载均衡器将定期检查分配给它的实例的运行状况。如果实例未能响应健康检查，则将其标记为不健康，不再向其发送任何消息。运行状况检查包括从负载均衡器到实例的 ping、建立 TCP 连接，甚至发送消息等。对于后一种情况，返回 IP 地址将设置为负载均衡器的地址。

  实例有可能从健康状态转到不健康状态，然后再转回来。例如，假设实例中有一个过载队列。最初接触时，它可能不会响应负载均衡器的运行状况检查，一旦队列清空，它可能准备好再次响应。因此，负载均衡器在将实例转到不健康列表之前会进行多次检查，并定期检查不健康列表以确定实例是否再次响应。其他情况下，硬失效或崩溃可能会导致失效实例重新启动并向负载均衡器重新注册，或者可能会启动新的替代实例并向负载均衡器注册，以保持总的服务提供能力。

  带有健康检查功能的负载均衡器通过向客户机隐藏服务实例的失效情况来提高可用性。可以调整服务实例池的大小，以应对同时发生多个服务实例失效的情况，而且仍要提供足够的总服务能力，以在标称延迟内处理完客户机请求。然而，即使采用了健康检查功能，服务实例也可能开始处理客户机的请求，但从不返回响应。这就要求客户机必须设计成在没有收到及时响应时重新发送请求，以便负载均衡器将请求分发到不同的服务实例。相应地，服务的设计必须顾及收到多个相同请求的情况。

2. 分布式系统的状态管理

  状态指的是服务的内部信息，它影响客户机请求响应的计算。状态（更准确地说，存储在变量或数据结构中的状态值集合）依赖于服务请求的历史记录。

  若服务可以同时处理多个客户机请求，原因可能是服务实例是多线程的，也可能是负载均衡器后面有多个服务实例，或者两者兼而有之，这时候状态管理就变得非常重要。其中关键的问题是状态存储在何处。有三种选项：

1）在每个服务实例中维护历史记录，在这种情况下，服务被称为"有状态的"。

2）在每个客户机中维护历史记录，在这种情况下，服务被称为"无状态的"。

3）在服务和客户机之外的数据库中维护历史记录，在这种情况下，服务被称为"无状态的"。

通常的做法是设计和实现无状态的服务。有状态服务如果失效将丢失其历史记录，恢复该状态可能很困难。此外，我们将在下一节中看到：新服务实例被创建，将服务设计成无状态，新的服务实例将和任何其他服务实例一样处理客户机请求并产生相同的响应。

某些情况下，将服务设计为无状态可能很困难或效率低下，因此我们会希望来自客户机的一系列消息由同一服务实例处理。我们可以通过让负载均衡器处理第一个请求并将其分发到服务实例，然后允许客户机直接与该服务实例建立一个会话，并支持后续请求绕过负载均衡器来实现这一点。也可以将负载均衡器处理的某些类型请求配置为黏性请求，这样负载均衡器会将来自同一客户机的请求发送到同一服务实例。考虑到实例可能失效，并且消息所绑定的实例可能会过载，因此，直接会话和黏性消息的方法只能在特殊情况下使用。

通常，需要在服务的所有实例之间共享信息。如前所述，该信息可能包括状态信息，也可能是服务实例之间有效协同所需的其他信息，例如，服务使用的负载均衡器 IP 地址。管理在服务的所有实例之间共享相对较少的信息是有解决方案的，如下所述。

3. 分布式系统中的时间协调

确定确切的时间看似一项微不足道的任务，但实际上并不容易。计算机中的硬件时间大约每 12 天会有 1 s 的误差。如果你的计算设备是在外面的世界，也就是说，它可以访问全球定位系统（GPS）卫星的时钟信号，那么它获得的时间精度可达 100 ns 或更少。

让两个或更多的设备在时间上达成一致更有挑战性。网络上两个不同设备的时间读数是不同的。网络时间协议（Network Time Protocol，NTP）用于在局域网或广域网连接的不同设备之间进行时间同步。它包括在时间服务器和客户机设备之间交换消息以估计网络延迟，然后应用算法将客户机设备的时间与时间服务器同步。NTP 在局域网上精度达 1 ms 左右，在公共网络上精度可达 10 ms 左右。拥塞可能导致 100 ms 或更大的误差。

云服务提供商为他们的时间服务器提供了非常精确的时间参考。例如，Amazon 和谷歌使用了原子钟，它们几乎没有误差，因此，可以为"现在是几点？"这个问题提供极其准确的答案。当然，现在几点是一回事，你什么时候得到答案是另一回事。

好消息是，对于大多数情况，几乎准确的时间已经足够。然而，作为一个实际问题，你应该假设两个不同设备上的时间存在某种程度的误差。因此，大多数分布式系统的设计不需要设备间的时间同步也能正常运行。你可以将设备时间用于触发周期性操作、为日志添加时间戳以及其他一些不需要与其他设备进行精确协调的目的。

同样令人高兴的是，对于大多数情况，重要的是了解事件的顺序，而不是这些事件发生的时间。股票市场上的交易决策属于这一类，任何形式的在线拍卖也如此。两者都依赖于按照数据包传输的顺序处理数据包。

对于跨设备的关键协调，大多数分布式系统使用向量时钟（不是真正的时钟，而是跟踪操作在应用程序中的服务进行传播的计数器）等机制来确定一个事件是否在另一个事件之前发生，而不是比较时间。这样可以确保应用程序可以按正确的顺序执行操作。我们在下一节中讨论的大多数数据协调机制都依赖于这种操作排序方法。

对于架构师来说，成功的时间协调包括知道你是真的需要依赖于实际的时钟时间，还是确保正确的顺序就足够了。如果前者很重要，那么请了解你的精度要求，并相应地选择解决方案。

4. 分布式系统中的数据协调

这里探讨一下跨分布式计算环境创建共享资源锁的问题。假设某个关键资源正被运行在两台不同物理机上的两个虚拟机上的服务实例访问。这个关键资源（例如，你的银行账户余额）是一个数据项。更改账户余额需要读取当前余额，增加或减去交易金额，然后回写新的余额。如果我们允许两个服务实例独立地操作这个数据项，就有可能出现竞态条件，比如两个余额相互覆盖。这种情况下的标准解决方案是对数据项上锁，阻止服务在获得锁之前更新你的账户余额。这样就避免了竞态条件，因为服务实例 1 在你的银行账户上被授予了一个锁，然后可以独立更新，直到释放锁。此时，一直在等待上锁生效的服务实例 2 可以锁定银行账户，进行第二次更新。

如果服务是运行在一台机器上的进程，并且请求和释放锁是非常快的、原子的简单内存操作，那么共享锁很容易实现。然而，在分布式系统中，这种方案出现了两个问题。首先，传统上用于获取锁的两阶段提交协议需要在网络上传输多次消息。在最好的情况下，这只是增加操作延迟，但在最坏的情况下，这些消息中的任何一个都可能无法传递。其次，服务实例 1 在获得锁后可能会失效，从而阻止了服务实例 2 继续执行。

这些问题的解决涉及复杂的分布式协调算法。Leslie Lamport 最早开发了此类算法，并将其命名为 "Paxos"。Paxos 和其他分布式协调算法都依赖于共识机制，即使在计算机或网络失效时，参与者也能达成协议。这些算法的设计复杂程度是出了名的，而且由于编程语言和网络接口语义的微妙性，甚至实现一个经过验证的算法也是困难的。事实上，分布式协调是你不应该尝试自己解决的问题之一。使用现有的解决方案包，如 Apache Zookeeper、Consul 和 etcd，几乎总比使用自己的解决方案更好。当服务实例需要共享信息时，它们将信息存储在使用分布式协调机制的服务中，以确保所有服务看到相同的值。

最后一个分布式计算主题是自动创建和销毁实例。

5. 自动伸缩：自动创建和销毁实例

考虑一个传统的数据中心，在那里你的组织拥有所有的物理资源。在这种环境中，你的组织需要为系统分配足够的物理硬件，以应对提交处理的最大峰值负载。当工作负载低于峰值时，分配给系统的部分（或大部分）硬件处于空闲状态。现在将其与云环境进行比较。云的两个特性是，你只需要为你申请的资源付费，并且你可以轻松快速地添加和释放资源（弹性）。总之，这些特性允许你创建能够处理你工作负载的系统，并且不必为任何多余的容量付费。

弹性适用于不同的时间尺度。有些系统的工作负载相对稳定，这种情况下，你可能会考虑按月或季的时间尺度手动检查和更改资源分配，以匹配这种缓慢变化的工作负载。有些系统的工作负载更动态，请求率会快速增加或减少，因此需要一种自动添加和释放服务实例的方法。

自动伸缩是一种基础设施服务，它可以在需要时自动创建新实例，并在不再需要时释放多余实例。它通常与负载均衡一起工作，以增大和减小负载均衡器后面的服务实例池。自动伸缩容器与自动伸缩 VM 略有不同。我们首先讨论自动伸缩 VM，然后讨论自动伸缩容器的区别。

（1）自动伸缩 VM

返回到图 17.4，假设两个客户机生成的请求超过了所示的两个服务实例所能处理的请求。自动伸缩将基于前两个实例使用的相同虚拟机镜像创建第三个实例。新实例注册到负载均衡器后，后续请求将分派到三个而不是两个实例。图 17.5 显示了一个新组件，即 autoscaler（自动伸缩器），它监视并自动伸缩服务器实例的利用率。

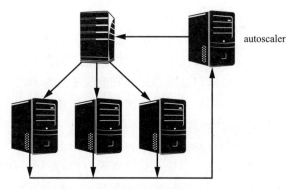

图 17.5　监视利用率的 autoscaler

一旦 autoscaler 创建了一个新的服务实例，它将新 IP 地址通知负载均衡器，以便负载均衡器可以将请求分发到新实例以及其他实例。

由于客户机不知道存在多少实例或哪个实例正在为其提供服务，因此客户机对自动伸缩活动是无感的。同样，如果客户机请求压力降低，则可以在客户机无感的情况下将实例从负载均衡器池中删除、暂停和释放。

作为基于云服务的架构师，你可以为 autoscaler 设置一组规则，以控制其行为。提供给 autoscaler 的配置信息包括以下内容：

- ❑ 创建新实例时用到的 VM 镜像，以及云提供商要求的任何实例配置参数，如防护性设置。
- ❑ 创建新实例的 CPU 利用率阈值上限（随时间测量），高于该阈值的实例会启动一个新实例。
- ❑ 关闭实例的 CPU 利用率阈值下限（随时间测量），低于该阈值的实例将关闭现有实例。

❑ 创建和删除实例时的网络 I/O 带宽阈值（随时间测量）。

❑ 组中最小和最大实例数。

由于两个原因，autoscaler 不会根据 CPU 利用率或网络 I/O 带宽指标的瞬时值创建或删除实例。首先，这些参数有峰值和谷值，只有合理的时间间隔内的平均值才有意义。其次，分配和启动一个新的 VM 需要相对较长时间，大约几分钟。必须加载 VM 镜像并连接到网络，启动操作系统，然后才能准备好处理消息。因此，自动缩放规则通常是这样的形式："当 CPU 利用率超过 80% 的时间达到 5 min 时，创建一个新的 VM。"

除了根据利用率指标创建和销毁 VM 外，你还可以设置规则，提供最小或最大数量的 VM，或者根据时间计划创建 VM。例如，在典型的一周中，工作时间的负载可能更重，根据这些规律，你可以在工作日开始前分配更多 VM，并在工作日结束后删除一些 VM。这些分配计划应基于有关服务使用情况的历史数据来制定。

当 autoscaler 移除一个实例时，它不能直接关闭 VM。首先，它必须通知负载均衡器停止向服务实例发送请求。接下来，由于实例可能正在处理请求，autoscaler 必须通知实例它应该终止其活动并关闭，然后才可以销毁该实例。这个过程称为"排空"实例。服务的开发人员需要实现相应的接口以接收终止和释放服务实例的指令。

（2）自动伸缩容器

由于容器是在托管在 VM 上的运行时引擎上执行的，因此伸缩容器涉及两种不同类型的决策。在伸缩 VM 时，autoscaler 决定需要额外的 VM，然后分配一个新的 VM，并加载相应的软件。伸缩容器意味着要做出两级判断。首先，确定当前工作负载是否需要额外的新容器（或 Pod）。其次，决定是否可以在现有运行时引擎实例上分配新容器（或 Pod），或者是否必须分配新实例。如果必须分配新实例，则需要检查是否有足够容量的 VM 可用，或者是否需要额外分配新 VM。

控制容器缩放的软件独立于控制 VM 缩放的软件。这使得容器可以在不同的云提供商之间移植。容器的演变可能会将这两种类型的伸缩整合在一起。在这种情况下，你应该意识到，你的软件和云提供商之间可能会产生难以打破的依赖关系。

17.4 总结

云由分布式数据中心组成，每个数据中心包含数万台计算机。它使用可通过互联网访问的管理网关进行管理，该网关负责分配、释放和监视 VM，以及测量资源使用和计算账单。

由于数据中心中的计算机数量庞大，因此数据中心中的计算机失效发生的频率很高。作为服务的架构师，你应该假设在某个点上执行服务的 VM 将会失效。你还应该假设你对其他服务的请求将呈现长尾分布，例如多达 5% 的请求将花费比平均请求长 5 ～ 10 倍的时间。因此，你必须关注服务的可用性。

因为服务的单个实例可能无法及时满足所有请求，所以你可能决定运行多个包含服务实例的 VM 或容器。这些实例位于负载均衡器的后面。负载均衡器接收来自客户机的请求，并将请求分发给各个实例。

服务存在多个实例和多个客户机对状态的处理方式有重大影响。将状态保存在何处的不同决定会有不同的结果。最常见的做法是保持服务无状态，因为无状态服务更容易从失效中恢复，也更容易添加新实例。通过使用分布式协调服务，可以在服务实例之间共享少量数据。分布式协调服务实现起来很复杂，但是有几个经过验证的开源实现可供你使用。

云基础设施可以通过在需求增长时创建新实例并在需求减少时删除实例来自动伸缩服务。通过指定 autoscaler 的行为规则来设置创建或删除实例的条件。

17.5 进一步阅读

更多关于网络和虚拟化如何工作的细节可以在文献 [Bass 19] 中找到。

云环境中的长尾延迟现象是在文献 [Dean 13] 中首次提出的。

Paxos 最早由文献 [Lamport 98] 提出。人们发现最初的文章很难理解，但可以在维基百科 [https：// en.wikipedia.org/wiki/Paxos_（computer_science）] 上找到对 Paxos 的详细描述。大约在同一时间，Brian Oki 和 Barbara Liskov 独立开发并发布了一种名为 Viewstamped Replication 的算法，后来证明该算法与 Lamport 的 Paxos 算法 [Oki 88] 相当。

关于 Apache Zookeeper 的介绍可以在 https：//zookeeper.apache.org/ 上找到。Consul 可在 https：//www.consul.io/ 上找到，etcd 可在 https：//etcd.io/ 上找到。

关于不同类型的负载均衡器的讨论可以在 https : // docs.aws.amazon.com/AmazonECS/latest/developerguide/load-balancer-types.html 上找到。

在 https : //medium.com/coinmonks/time-and- clocks-and-ordering-of-events-in-a-distributed-system-cdd3f6075e73 上讨论了分布式系统中的时间问题。

在 https : //conferences.oreilly.com/ software-architecture/sa-ny-2018/public/schedule/detail/64127 上讨论了分布式系统中的状态管理。

17.6 问题讨论

1. 负载均衡器是一种中介。中介增强了可修改性，但降低了性能，但负载均衡器的存在提高了性能。请解释这个明显的悖论。

2. 上下文关系图显示实体及与之通信的实体。它将分配给所选实体的职责与分配给其他实体的职责分开，并显示所选实体完成职责所需的交互。绘制负载均衡器的上下文关系图。

3. 概述在云中分配 VM 并显示其 IP 地址的步骤。

4. 研究主要云提供商的产品。编写一组规则来管理在云上实现的服务自动伸缩。

5. 一些负载均衡器使用一种称为消息队列的技术。研究消息队列，并描述有消息队列和没有消息队列的负载均衡器之间的差异。

第18章 移动系统

Yazid Hamdi 和 Greg Hartman

移动系统(特别是手机)在当今世界无处不在。除了手机,还有火车、飞机、汽车、船舶、卫星、娱乐和个人计算设备,以及机器人系统(自主或非自主);它们基本上包括任何没有长期连接到持续供电的系统或设备。

移动系统能够在移动的同时持续提供其部分或全部功能。这使得处理它的某些特性与处理固定系统不同。在本章中,我们将重点介绍其中的五个特性:

1)**能源**。移动系统电源有限,必须注意有效利用。

2)**网络连接**。移动系统往往通过在移动过程中与其他设备交换信息来实现其大部分功能。它们必须在那里与这些设备连接,但它们的移动性使这些连接变得棘手。

3)**传感器和执行器**。移动系统往往比固定系统从传感器获得更多的信息,它们通常使用执行器与环境进行交互。

4)**资源**。移动系统往往比固定系统更受资源约束。一方面,它们通常很小,因此物理封装是一个限制因素。另一方面,它们的移动性往往使重量成为另一个限制因素。必须小巧轻便的移动设备限制了其所能提供的资源。

5)**生命周期**。移动系统的测试不同于其他系统的测试。部署新版本也会带来一些特殊问题。

在为移动平台设计系统时,必须处理大量的领域特殊需求。自动驾驶汽车和无人机必须是安全的,智能手机必须为各种截然不同的应用提供一个开放的平台,娱乐系统必须适配广泛的内容格式和服务商。在本章中,我们将重点讨论许多(如果不是全部)移动系统的共同特性,这是架构师在设计系统时必须注意的问题。

18.1 能源

在本节中,我们将重点关注与移动系统能源管理最相关的架构问题。对于许多移动设备来说,它们的能源是容量有限的电池。其他移动设备,如汽车和飞机,依靠发电机产生的电力运行,而发电机又可能需要燃料为动力的发动机提供动力——同样,这也是有限的资源。

架构师关注点

架构师必须关注对监视电源、节约能源使用和容忍电源失效三个问题。我们将在接下来的三个小节中详细阐述这些问题。

（1）监视电源

在关于能源效率的第 6 章中，我们介绍了一种称为"监视资源"的策略，用于监视计算资源（即能源消耗者）的使用情况。在移动系统中，我们需要监视能量来源，这样当可用能源减少时，我们可以采取适当的行动。具体而言，在由电池供电的移动设备中，我们可能需要通知用户电池电量低，将设备置于节电模式，提醒应用程序设备即将关闭，以便他们可以准备重新启动，并计算每个应用程序的用电情况。

所有这些功能都取决于监视电池的当前状态。大多数笔记本电脑或智能手机使用智能电池作为电源。智能电池是带有内置电池管理系统（Battery Management System，BMS）的可充电电池组。可以查询 BMS 以获取电池的当前状态。其他移动系统可能使用不同的电池技术，但都有一些相同的功能。出于本节的目的，我们假设查询的是剩余电量百分比。

电池供电的移动系统中有一个组件，通常位于操作系统的内核中，负责与 BMS 交互，并可根据请求返回当前电池电量。电池管理器负责定期查询该组件以获得电池的状态。这使得系统能够通知用户电池状态，并在必要时触发节电模式。应用程序要想获得设备即将关闭的通知，必须向电池管理器注册。

电池的两个特性（最大电池容量和最大持续电流）会随着电池老化而变化。架构师必须允许在可用功率的变化范围内管理能耗，以便设备仍能在可接受的水平上运行。在配备发电机的系统中监视电源也起作用，因为当发电机输出功率较低时，可能需要关闭某些应用程序或将其置于待机状态。电池管理器还可以确定哪些应用程序当前处于活动状态，以及它们的能耗。然后可以根据此信息估计电池电量变化的总百分比。

当然，电池管理器本身使用了内存资源和 CPU 时间。电池管理器消耗的 CPU 时间可以通过调整查询频率来管理。

（2）节约能源使用

可以通过终止耗能部件或降低部件耗能来减少能源使用，这是在第 6 章中描述的"减少使用"战术。具体操作方式取决于系统的各个元素，一个常见的例子是降低智能手机显示屏的亮度或刷新率。节约能源使用的其他技术包括减少处理器活动内核的数量、降低内核的时钟频率，以及降低传感器读数的频率。例如，将每隔几秒查询一次 GPS 位置变为每隔几分钟查询一次。将同时依赖不同位置的数据源（如 GPS 和手机发射塔）变成只使用其中的一个。

（3）容忍电源失效

移动系统应能全面容忍电源失效和重启。例如，此类系统的需求可能是在恢复电源后，在 30 s 内完成重新启动并在标称模式下工作。容忍电源失效对系统的不同部分有不同的需求，例如：

□ 硬件需求示例：

- 任何时候断电，系统的计算机都不能受到永久性损害。
- 一旦电源足够，系统的计算机必须可靠（重新）启动操作系统。
- 系统的操作系统一旦就绪就立即启动软件。

□ 软件需求示例：

- 运行时环境可以随时终止，而不会影响永久存储中二进制文件、配置和操作数据的完整性，同时在重新启动（无论是重置还是恢复）后保持状态一致。
- 需要一种策略来处理在应用程序不工作时到达的数据。
- 运行时软件可以在失效后启动，从系统加电到软件处于就绪状态的启动时间应少于指定时间。

18.2 网络连接

在本节中，我们将重点关注与移动系统网络连接最相关的架构问题。我们将重点关注移动平台与外部世界之间的无线通信。网络用于控制设备或发送和接收信息。

无线网络是根据传输距离来分类的。

□ 在 4 cm 以内。近场通信（Near Feild Communication，NFC）用于门卡和非接触式支付系统。GSM 联盟正在制定这方面的标准。

□ 10 m 以内。IEEE 802.15 标准系列涵盖了这一距离。蓝牙和 Zigbee 是这类协议中的常见协议。

□ 100 m 以内。在此距离内使用 IEEE 802.11 标准系列（Wi-Fi）。

□ 几公里之内。IEEE 802.16 标准涵盖了这一距离。WiMAX 是 IEEE 802.16 标准的商业名称。

□ 几公里以上。这是通过蜂窝或卫星通信实现的。

在所有这些类别中，技术和标准都在迅速发展。

架构师关注点

通信和网络连接的设计需要架构师权衡大量的关注点，包括：

□ 需要支持的通信接口数量。由于各种不同协议及其快速发展，对于架构师来说，包含所有可能类型的网络接口是很诱人的。不过移动系统的设计目标恰恰相反：只应该包含严格要求的网络接口，以优化功耗、发热和空间分配。

□ 从一个协议切换到另一个协议。尽管需要对接口采取极简方法，但架构师必须考虑在会话过程中，移动系统可能会从支持一个协议的环境移动到支持另一个协议的环境。例如，视频可能通过 Wi-Fi 进行流传输，但随后系统可能会移动到没有 Wi-Fi 的环境中并通过蜂窝网络传输。这种切换对用户来说应该是无缝衔接的。

❑ 动态选择合适的协议。当多个协议同时可用时，系统应根据成本、带宽和功耗等因素动态选择协议。

❑ 可修改性。鉴于协议数量众多且发展迅速，在移动系统的整个生命周期内，可能需要支持新的或替代协议。系统设计应支持通信相关元素的更改或替换。

- 带宽。应该分析与其他系统通信的距离、容量和延迟需求，以便做出适当的架构选择。不同协议在这些质量方面的表现有所不同。

- 间歇性 / 受限制 / 无连接。当设备处于运动状态时（例如，智能手机通过隧道），通信可能会中断。系统的设计应确保在失去连接的情况下保持数据的完整性，并且当连接恢复时，可以在不损失一致性的情况下恢复计算。系统的设计还应能优雅地处理受限的连接，甚至没有连接。降级和回退模式应动态可用，以处理此类情况。

- 防护性。移动设备特别容易受到欺骗、窃听和中间人攻击，因此应对此类攻击应该是架构师关注的一部分。

18.3 传感器和执行器

传感器是一种设备，它可以检测环境的物理特征，并将这些特征转换为电子表示。移动设备收集环境数据要么是为了指导自己的操作（如无人机中的高度计），要么是为了将数据报告给用户（如智能手机中的磁罗盘）。

换能器（transducer）感知外部电子脉冲，并将其转换为更可用的内部形式。在这一节中，我们将使用术语"传感器"来包含换能器，并假设电子表示是数字化的。

传感器集线器是一个协处理器，可以帮助集成来自不同传感器的数据并对其进行处理。还可以帮助将这些工作从产品主 CPU 上卸载下来，从而节省电池消耗并提高性能。

在移动系统内部，软件会抽象环境的一些特征。这种抽象可以直接对应到一个传感器，比如测量温度或压力，也可以集成几个传感器的输入，比如在自动驾驶汽车控制器中对行人的识别。

执行器与传感器相反：它以数字表示作为输入，并在环境中引起某些动作。汽车中的车道保持辅助功能使用了执行器，智能手机发出的音频警报也是如此。

架构师关注点

架构师关于传感器的几个关注点：

❑ 如何基于传感器输入创建环境的精确表示。

❑ 系统应该如何回应这种环境表示。

❑ 传感器数据和执行器命令的防护性和隐私性。

❑ 降级操作。如果传感器失效或无法读取，系统应进入降级模式。例如，如果 GPS 读数在隧道中不可用，系统可以使用航迹推算技术来估计位置。

由系统创建和操作的环境表示是特定于领域的，适当的降级操作方法也是如此。我们在第 8 章详细讨论了防护性和隐私，但这里我们只关注第一个问题：根据传感器返回的数据创建环境的准确表示。这是使用传感器栈来完成的，传感器栈是一组设备和软件驱动程序，帮助将原始数据转换为环境的解释信息。

不同的平台和领域往往有自己的传感器栈，而传感器栈通常带有自己的框架，以便更容易地处理传感器设备。随着时间的推移，传感器可能包含越来越多的功能；反过来，特定栈的功能也会随着时间变化。在这里，我们列举了一些必须在栈中实现的函数，不管具体的开发将它们放到哪里实现：

- ❑ *读取原始数据*。栈中最低层是读取原始数据的软件驱动程序。驱动程序可以直接读取传感器，如果传感器是传感器集线器的一部分，则通过集线器读取传感器。驱动程序定期从传感器获取读数。读取频率是一个参数，它将影响读取和处理传感器的处理器负载以及所创建的表示的精度。

- ❑ *平滑数据*。原始数据通常有很大的噪声或变化。电压变化、传感器上的灰尘或污垢，以及各种其他原因都会导致传感器两个连续读数不同。平滑是在一段时间内使用一系列测量来产生比单个读数更准确的计算过程。计算动态平均值和使用卡尔曼滤波器（Kalman filter）是平滑数据的两种技术。

- ❑ *转换数据*。传感器可以用多种格式报告数据，从以毫伏为单位的电压读数到以英尺为单位的海拔高度，再到以摄氏度为单位的温度。然而，测量同一环境的两个不同传感器可能会以不同的格式报告其数据。转换器负责将传感器报告的任何形式的读数转换为对应用程序有意义的通用形式。正如你想象的，此功能可能需要处理各种各样的传感器。

- ❑ *传感器融合*。传感器融合将来自多个传感器的数据结合起来，从而构建比任何单个传感器更准确、更完整或更可靠的环境表示。例如，无论白天还是黑夜，无论何种天气，汽车如何识别路上的行人，或者判断车辆到达那里的时候行人是否在其路径上？没有一个单一的传感器可以完成这一壮举。相反，必须智能地融合多个传感器（如热成像、雷达、激光雷达和相机）的输入才能做到。

18.4 资源

在本节中，我们将从计算资源的物理特性角度来讨论它们。例如，在能源来自电池的设备中，我们需要关注电池的体积、重量和热性能。对于网络、处理器和传感器等资源也是如此。

特定资源的权衡是在功用与体积、重量和成本之间进行的。成本总是一个因素。成本包括制造成本和离散性工程成本。许多移动系统产量达数百万台，对价格高度敏感。因此，处理器价格的微小差异乘以嵌入了该处理器的系统的数百万个拷贝数，就会对生产商的盈利能力产生重大影响。批量折扣和不同产品之间的硬件重用是设备供应商用来降低成本的方法。

　　资源的体积、重量和成本是由一个组织的营销部门和其使用的物理特性给出的约束。营销部门关注客户的反应。设备使用时的物理特性取决于人为因素和使用因素。智能手机显示屏必须足够大，以方便人阅读；汽车在道路上受到重量限制；列车受轨道宽度的限制；等等。

　　对移动系统资源（因此对软件架构师）的其他限制反映了以下因素：

- ❑ 安全考虑。具有安全性后果的物理资源不得失效或必须有备份。对处理器、网络或传感器进行备份增加了成本和重量，并占用了空间。例如，许多飞机都有应急电源，可以在发动机失效时使用。

- ❑ 热限制。系统本身会产生热量（想象一下笔记本电脑放在膝盖上的感觉），这对系统性能产生了不利影响，甚至会导致失效。环境温度过高或过低也会产生影响。在选择硬件之前，应了解系统运行的环境。

- ❑ 其他环境关注点。其他关注点包括暴露在不利条件下，如潮湿或灰尘，或者高处坠落。

架构师关注点

架构师必须围绕资源及其使用做出许多重要决策：

- ❑ 为电子控制单元（Electronic Control Unit，ECU）分配任务。大型移动系统（如汽车或飞机）有多个不同功率和容量的 ECU。软件架构师必须决定将哪些子系统分配给哪些 ECU。这一决定可以基于以下几个因素：
  - ● ECU 与功能的配合。功能必须分配给有足够功率的 ECU 来执行。一些 ECU 可能有专门的处理器，例如，带有图形处理器的 ECU 更适合图形功能。
  - ● 关键性。要为关键功能保留更强大的 ECU。例如，发动机控制器要比舒适功能控制器更重要、更可靠。
  - ● 作用的位置。头等舱乘客可能比二等乘客拥有更好的 Wi-Fi 连接。
  - ● 连通性：某些功能需要多个 ECU 协同。如果是这样，它们必须位于同一内部网络上，并且能够相互通信。
  - ● 局域通信。将相互紧密通信的组件放在同一 ECU 上将提高其性能并减少网络流量。
  - ● 成本。通常，制造商希望尽量减少部署的 ECU 数量。

- ❑ 将功能卸载到云。诸如路由确定和模式识别等应用程序可以部分由传感器所在的移动系统本身执行，部分由驻留在云上的应用程序执行，云上有更多的数据存储和更强大的处理器可用。架构师必须确定移动系统是否有足够的电源来实现特定的功能，是否有足够的连接来卸载某些功能，以及当功能在移动系统和云之间拆分时如何满足性能需求。架构师还应该考虑本地可用的数据存储、数据更新频率和隐私问题。

❑ 根据操作模式关闭功能。可以减少未使用的子系统占用的空间，允许竞争子系统访问更多的资源，从而提供更好的性能。一个例子是在跑车中打开"比赛模式"，这将禁用根据道路情况计算舒适悬架参数的过程，并激活扭矩分布、制动功率、悬架硬度和离心力的计算。

❑ 信息展示策略。这个问题与可用的显示分辨率有关。我们可以在 320×320 像素的显示屏上进行 GPS 样式的地图绘制，但我们必须努力最少化显示屏上的信息。在 1280×720 的分辨率下，像素更多，信息显示更丰富。[能够更改显示器上的信息是 MVC（参见第 13 章）等模式的强大动力，因此可以根据特定的显示器特性改变视图。]

18.5　生命周期

移动系统的生命周期中往往具有架构师需要考虑的一些特性，这些特性与传统（非移动）系统的选择不同。我们就此展开讨论。

架构师关注点

架构师必须关注硬件选择、测试、部署更新和日志记录。我们将在接下来的四个小节中详细阐述这些问题。

（1）硬件优先

对于许多移动系统，硬件是在软件设计之前选择的。因此，软件架构必须适应所选硬件施加的约束。

早期硬件选择的主要利益相关者是管理层、销售和监管机构。他们关注的重点通常是降低风险，而不是提升质量属性。对于软件架构师来说，最好是积极地推动这些早期讨论，强调所涉及的权衡，而不是被动地等待结果。

（2）测试

移动设备在测试中有一些独特的考虑因素：

❑ 测试显示布局。智能手机和平板电脑有多种形状、尺寸和纵横比。在所有设备上验证布局正确性是很复杂的。一些操作系统框架允许从单元测试开始操作用户界面，但可能会错过一些令人不快的边缘情况。例如，假设你使用 HTML 和 CSS 指定的布局在屏幕上显示控制按钮，并假设布局是根据预期使用的显示设备自动生成的。对于一个微小的显示器，过于简单的处理可能生成 1×1 像素上的控件，或者位于显示器边框的控件，或者重叠的控件。这些可能很容易在测试过程中被忽略掉。

❑ 测试操作边缘案例。

- 应用程序应在电池耗尽和系统关闭后仍然有效。在这种情况下，状态的保存需要得到保证和测试。
- 用户界面通常与提供功能的软件进行异步操作。当用户界面不能正确地做出反应时，很难重新创建导致故障的事件序列，因为故障可能取决于时序，或者取决于当时正在进行的一组特定操作。

❑ 测试资源使用情况。一些供应商向软件架构师提供了其设备的模拟器。这很有帮助，但是用模拟器测试电池的使用是有问题的。

❑ 测试网络切换。确保系统在多个通信网络可用时做出最佳选择也很困难。当设备从一个网络移动到另一个网络时（例如，从 Wi-Fi 网络到蜂窝网络，然后再到不同的 Wi-Fi 网络），用户应该对这些切换无感。

交通或工业系统的测试通常在四个级别上进行：单个软件组件级别、功能级别、设备级别和系统级别。它们之间的级别和边界可能因系统而异，但它们包含在一些参考流程和标准中，如汽车 SPICE——汽车软件过程改进及能力评定。

例如，假设我们正在测试一辆汽车的车道保持辅助功能，即车辆在没有驾驶员控制的情况下保持在道路标记的车道内。该系统的测试可能涉及以下级别：

1）软件组件。车道检测软件组件将通过常用的单元测试和端到端测试技术进行测试，目的是验证软件的稳定性和正确性。

2）功能。下一步是在模拟环境中与车道保持辅助功能的其他组件（例如用于识别高速公路出口的地图组件）一起运行软件组件。其目的是在此功能的所有组件一起工作时验证接口和安全并发性。在这里，模拟器被用来模拟一辆汽车在标记的道路上行驶，并为软件功能提供输入。

3）设备。即使车道保持辅助功能通过了模拟环境和开发环境的测试，也需要部署在目标 ECU 上，并在那里进行性能和稳定性测试。在此设备测试阶段，仍需对环境进行模拟，但这次是模拟连接到 ECU 端口的外部输入（来自其他 ECU、传感器输入等的信息）。

4）系统。在最后的系统集成测试阶段，所有设备、功能和组件要按全尺寸配置构建，首先在测试实验室中，然后在测试原型中进行测试。例如，在提供道路的投影或视频的情况下，对车道保持辅助功能及其对转向和加速 / 制动功能的作用进行测试。这些测试的作用是确认集成的子系统能协同工作，并提供所需的功能和系统质量属性。

这里的一个重点是测试可追溯性：如果在步骤 4 中发现问题，那么所有测试都应该是可重现和可追溯的，因为修复必须再次通过所有四个测试级别。

（3）部署更新

在移动设备中，对系统的更新要么修复问题、提供新功能，要么安装未完成但可能在早期版本已部分安装的特性。这样的更新可能针对软件、数据或（不太常见的）硬件。例如，汽车通过网络或 USB 接口下载软件更新。除了在操作期间提供更新功能外，以下具体问题与部署更新有关：

❑ 保持数据一致性。对于消费类设备，升级往往是自动和单向的（无法回滚到早期版本）。这表明将数据保存在云上是一个好主意，但云与应用程序之间的所有交互都需要测试。

● 安全性。架构师需要确定系统的哪些状态可以安全地支持更新。例如，当车辆在高速公路上行驶时，更新车辆的发动机控制软件是一个糟糕的主意。反过来，这意味着系统需要了解与更新相关的安全状态。

● 部分系统部署。重新部署整个应用程序或大型子系统将消耗带宽和时间。应用程序或子系统的架构设计应确保频繁更改的部分可以轻松更新。架构师需要关注特定类型的可修改性（参见第 8 章）和可部署性（参见第 5 章）。此外，更新应该简单且自动完成。访问设备的物理部分来更新它们可能会很尴尬。回到发动机控制器例子，更新控制器软件不能以访问发动机为前提。

● 可扩展性。交通工具系统往往具有相对较长的使用寿命。在某个时候改装汽车、火车、飞机、卫星等可能是必要的。改装意味着在旧系统上添加新技术，既可以更换，也可以添加。发生这种情况的原因如下：

◆ 组件在整个系统结束之前到达其使用寿命。寿命到期意味着支持将中断，在失效的情况下存在高风险：没有可靠的来源以合理的成本获得维修或支持，没办法对问题组件进行剖析和逆向工程。

◆ 更先进的新技术出现了，促使硬件 / 软件升级。比如，用智能手机连接的新娱乐系统改装一辆 21 世纪初的汽车，取代旧的收音机 /CD 播放器。

◆ 新技术可以增加功能而不取代现有功能。例如，假设 21 世纪初的汽车根本没有收音机 /CD 播放器，或者没有后视摄像头。

（4）日志记录

在调查和解决已发生或可能发生的事件时，日志至关重要。在移动系统中，应将日志卸载到可访问的位置，而不用考虑移动系统本身的可访问性。这不仅对事故处理有用，而且对为系统的使用进行各种类型的分析也很有用。许多应用程序在遇到问题时会执行类似的操作，并被要求将详细信息发送给供应商。对于移动系统来说，这种日志记录功能尤为重要，它们很可能不需要获得许可就可以发送数据。

18.6 总结

移动系统拥有广泛的形式和应用，从智能手机、平板电脑到汽车和飞机等交通工具。我们将移动系统和固定系统之间的差异归类为五个方面的特性：能源、网络连接、传感器和执行器、资源及生命周期。

　　许多移动系统的能源来自电池。对电池进行监控，以确定电池的剩余电量和各个应用程序的使用情况。可以通过限制单个应用程序来控制电源使用。应用程序应该能够在电源失效后生存，并在电源恢复时无缝重启。

　　网络连接意味着通过无线方式连接到其他系统和互联网。无线通信可以通过短距离协议（如蓝牙）、中距离协议（如 Wi-Fi 协议）和长距离蜂窝协议进行。当从一个协议切换到另一个协议时，通信应该是无缝的，带宽和成本等考虑因素有助于架构师决定支持哪些协议。

　　移动系统利用多种传感器。传感器提供外部环境的数据，然后架构师使用这些数据在外部环境的系统中开发一种表示。传感器数据是由特定于每个操作系统的传感器栈处理的，这些栈将提供对表示有意义的数据。开发一个有意义的表示可能需要多个传感器，并对这些传感器数据进行融合（集成）。传感器也可能随着时间的推移而老化，因此可能需要多个传感器来获得被测量环境的准确表示。

　　资源具有物理特性（如大小和重量），能完成特定功能，并花费一定的成本。做出设计选择涉及这些因素之间的权衡。关键功能可能需要更强大和可靠的资源。一些功能可能会在移动系统和云之间共享，一些功能可能会在某些模式下关闭，以便为其他功能腾出资源。

　　生命周期关注点包括硬件选择、测试、部署更新和日志记录。在移动系统中测试用户界面可能比在固定系统中更复杂。同样，由于带宽、安全考虑和其他问题，部署也更加复杂。

18.7　进一步阅读

　　Battery University（https：//batteryuniversity.com/）介绍了各种类型的电池和它们的测量数据。

　　你可以在以下网站了解更多有关网络协议的信息：

❑ link-labs.com/blog/complete-lists-iot-network-protocols

❑ https://en.wikipedia.org/wiki/Wireless_ad_hoc_network

❑ https://searchnetworking.techtarget.com/tutorial/Wireless-protocols-learning-guide

❑ https://en.wikipedia.org/wiki/IEEE_802

你可以在文献 [Gajjarby 17] 中找到更多关于传感器的信息。

移动应用程序的一些测试工具可以在以下两个站点找到：

❑ https://codelabs.developers.google.com/codelabs/firebase-test-lab/index.html#0

❑ https://firebase.google.com/products/test-lab

"自动驾驶汽车安全历险记"（Adventures in Self Driving Car Safety）中讨论了实现自动驾驶汽车安全性的一些困难，这是 Philip Koopman 在 Slideshare 的演讲：slideshare.net/ PhilipKoopman1/adventures-in-self-driving-car-safety? qid=eb5f5305-45fb-419e-83a5-

998a0b667004&v=&b=&from_search=3。

你可以在 automotivespice.com 上找到关于汽车 SPICE 的信息。

ISO 26262 "道路车辆：功能安全性"，是汽车电气和电子系统功能安全的国际标准（iso.org/standard/68383.html）。

18.8 问题讨论

1. 为了设计一个能够容忍完全断电并在不损害数据完整性的情况下重新启动的系统，你会选择哪种架构呢？

2. 网络切换中涉及的架构问题是什么？比如通过蓝牙开始文件传输，然后移出蓝牙范围，切换到 Wi-Fi，同时保持传输无缝进行。

3. 确定一个移动系统中电池的重量和大小。你认为架构师因为重量和大小要做出什么妥协？

4. CSS 测试工具可以发现哪些类型的问题？错过哪些类型的问题？这些考虑因素如何影响移动设备的测试？

5. 考虑一个星际探测器，比如在美国宇航局火星探测计划中使用的探测器。它是否符合移动设备的标准？描述其能量特征、网络连接问题（显然，18.2 节中讨论的任何网络类型都不能胜任此任务）、传感器、资源问题和特殊生命周期考虑。

6. 将移动性视为一种质量属性，而不是一类计算系统，就像防护性或可修改性一样。为移动性编写一个通用场景。为你选择的移动设备编写一个特定的移动场景。描述一套实现"移动性"质量属性的战术。

7. 18.5 节讨论了在移动系统中更具挑战性的测试的几个方面。第 12 章中哪些可测试性战术有助于解决这些问题？

第四部分

可扩展架构实践

第 19 章　架构重要性需求

架构的存在是为了构建满足需求的系统。所谓"需求"，我们不一定指使用需求工程提供的最佳技术生成的文档目录。相反，我们指的是一组属性，如果你的系统不满足这些属性，将导致系统失败。需求的存在形式与软件开发项目的存在形式一样多，从完善的规范到主要利益相关者之间的口头共识（真实的或想象的）。项目需求实践的技术、经济和哲学论证超出了本书的范围。我们讨论的内容是，无论如何捕获需求，它们都建立了成功或失败的标准，架构师需要了解它们。

对于架构师来说，并不是所有的需求都是平等的。有些需求对架构的影响要比其他的大得多。**架构重要性需求**（Architecturally Significant Requirement, ASR）是一种对架构有深远影响的需求，也就是说，如果没有这种需求，架构可能会有很大的不同。

如果不了解 ASR，就不要指望设计出成功的架构。ASR 通常（但并非总是）采用质量属性（QA）需求的形式，即架构必须向系统提供的性能、防护性、可修改性、可用性、易用性等。在第 4 ～ 14 章中，我们介绍了实现 QA 的模式和战术。每次选择要在架构中使用的模式或战术，都是为了满足 QA 需求。QA 需求越是困难和重要，就越有可能对架构产生重大影响，从而成为 ASR。

通常是在做了大量工作并发现候选 ASR 之后，架构师必须识别 ASR。称职的架构师知道这一点。事实上，当我们观察到经验丰富的架构师履行职责时，我们会注意到他们做的第一件事就是开始与重要的利益相关者进行交谈。他们正在收集所需的信息，以生成能够响应项目需求的架构，无论这些信息之前是否已被识别。

本章提供了一些系统化的技术，用于识别 ASR 和其他影响架构的因素。

19.1　从需求文档中收集 ASR

寻找候选 ASR 的一个明显地方是需求文档或用户文档。毕竟，我们正在寻找需求，而需求应该出现在需求文档中。不幸的是，通常情况并非如此，尽管需求文档中的信息肯定是有用的。

1. 不要抱太大希望

许多项目并不像软件工程课程教授或传统软件工程书籍的作者喜欢的那样，预先创建或维护需求文档。此外，没有一个架构师只是坐着等待，直到需求"完成"后才开始工作。

架构师必须在需求仍在变化时开始工作。因此,当架构师开始工作时,QA 需求很可能是不确定的。即使需求存在且稳定,需求文档也经常在两个方面让架构师感到挫败:

- 需求说明书中的大部分信息不会影响架构。正如我们反复看到的,架构主要是由 QA 需求驱动或"塑造"的,QA 需求决定并约束最重要的架构决策。即便如此,大多数需求规范的绝大部分都集中在系统所需的特性和功能上,这对架构的形成影响很小。最佳软件工程实践确实规定了捕获 QA 需求。例如,软件工程知识体系(SoftWare Engineering Body of Knowledge,SWEBOK)指出,QA 需求与任何其他需求一样:如果它们很重要,就必须捕获它们,同时它们应该被明确地说明并且是可测试的。

  但是在实践中,我们很少看到对 QA 需求的充分捕获。你肯定见过很多次这样的需求:"系统应该是模块化的"或者"系统应该表现出高可用性"或者"系统应该满足用户的性能期望"。这些不是有用的需求,因为它们是不可测试的,也不可证伪。但是,从好的方面看,它们可以被视为邀请架构师开始讨论这些领域的需求到底是什么。

  即使在最好的需求文档中也找不到很多对架构师有用的东西。许多驱动架构的关注点在指定的系统中根本没有表现出可观察性,因此也不是需求文档的主题。ASR 通常来自开发组织本身的业务目标,我们将在 19.3 节探讨这种联系。开发质量也超出了范围,你很少会看到描述团队假设的需求文档。例如,在收购场景中,需求文档代表的是收购方的利益,而不是开发人员的利益。利益相关者、技术环境和组织本身都在影响架构。当我们在第 20 章讨论架构设计时,将更详细地探讨这些需求。

2. 从需求文档中嗅探 ASR

虽然需求文档不会告诉架构师全部情况,但它们仍然是 ASR 的重要来源。当然,ASR 不会随便地贴上这样的标签;架构师应该进行一些调查和考古工作才能将它们发掘出来。

需要寻找的具体信息有以下几类:

- 使用。用户角色与系统模式、国际化、语言差异。
- 时间。时效性和元素协同。
- 外部元素。外部系统、协议、传感器或执行器(设备)、中间件。
- 网络。网络属性和配置(包括其防护性属性)。
- 编排。处理步骤,信息流。
- 防护性属性。用户角色、权限、认证。
- 数据。持久性和现时性。
- 资源。时间、并发性、内存占用、调度、多用户、多活动、设备、能源使用、软资源(例如缓冲区、队列)和可扩展性需求。

❑ 项目管理。团队计划、技能组合、培训、团队协调。

❑ 硬件的选择。处理器、处理器族、处理器的演进。

❑ 功能适应性、可移植性、校准、配置。

❑ 指定的技术、商业包。

任何关于它们计划或预期演化的信息都将是有用的信息。

这些类别本身不仅在架构上具有重要意义，而且每个类别的可能变更和演进也可能在架构上具有重要意义。即使你挖掘的需求文档没有提到演进，也要考虑前面列表中的哪些项可能会随着时间的推移而变化，并相应地设计系统。

19.2　通过访谈利益相关者来收集 ASR

假设项目没有产生全面的需求文档。或者可能是，在你开始设计工作时，QA 还没有确定下来。你要做什么呢？

首先，利益相关者通常不知道他们的 QA 需求实际上是什么。在这种情况下，需要架构师帮助梳理系统的 QA 需求。认识到合作的必要性并鼓励合作的项目比那些没有认识到合作必要性并鼓励合作的项目更有可能成功。享受这个机会吧！再多的唠叨也不会突然灌输给利益相关者必要的洞察力，如果你坚持定量的 QA 需求，你可能会得到任意的数字，甚至其中一些需求很难满足，并且最终会影响系统的成功。

经验丰富的架构师通常能够深入了解类似系统展示了哪些 QA 响应，以及在当前环境下哪些 QA 响应是合理的。架构师通常还可以快速反馈哪些 QA 响应可以直接实现，哪些可能有问题，甚至是禁止的。

例如，利益相关者可能要求 7×24 可用性，谁不想要？然而，架构师可以解释该需求可能需要的成本，这将为利益相关者提供信息，以便在可用性和可承受性之间进行权衡。此外，在对话中，架构师是唯一可以说"我实际上可以提供一个比你想象的更好的架构，这对你有用吗"的人。

访谈相关的利益相关者是了解他们所知和所需的最可靠的方法。同样，项目应该以系统、清晰和可重复的方式捕获这些关键信息。从利益相关者处收集这些信息可以通过多种方法实现。其中一种方法是侧栏中描述的质量属性研讨会（Quality Attribute Workshop，QAW）。

质量属性研讨会

QAW 是一种方便的、以利益相关者为中心的方法，用于在软件架构完成之前生成、排序和细化质量属性场景。它强调系统级的关注点，特别是软件在系统中所扮演的角色。QAW 严重依赖于系统利益相关者的参与。

在介绍和概述研讨会步骤后，QAW 包括以下要素：

- **业务 / 使命陈述**。代表系统背后的业务关注点的利益相关者（通常是管理者或管理者代表）花费大约一个小时来解释系统的业务背景、广泛的功能需求、约束和已知的 QA 需求。后续步骤中将要完善的 QA 的主要来源是本步骤中提出的业务 / 使命陈述。
- **架构计划陈述**。虽然详细的系统或软件架构可能不存在，但可能已经创建了广泛的系统描述、上下文示意图或其他制品来描述系统的一些技术细节。在研讨会的这个环节上，架构师将陈述系统架构当前的计划。这让利益相关者知道现在的架构思想，如果它是存在的。
- **识别架构驱动因素**。主持人将分享他们在前两个步骤中收集的关键架构驱动因素列表，并要求利益相关者进行澄清、添加、删除和更正。其思想是在架构驱动因素的列表上达成共识，其中包括总体需求、业务驱动因素、约束和质量属性。
- **场景头脑风暴**。每个利益相关者都表达了一个场景，表示他对系统的关注。主持人通过指定明确的刺激和响应，确保每个场景都解决了一个 QA 问题。
- **场景整合**。在场景头脑风暴之后，在合理的情况下整合类似场景。主持人要求利益相关者识别内容非常相似的场景。类似的场景就会被整合，只要场景提出人同意并认为他们的场景不会在此过程中被稀释。
- **场景优先级**。场景的优先级是通过给每个利益相关者分配相当于合并后生成的场景总数 30% 的选票来实现的。利益相关者可以将任意数量的选票投给任何场景或场景组合。通过计算选票，对场景优先级进行排序。
- **场景细化**。在确定优先级后，将优化和详细说明最重要的场景。主持人帮助利益相关者将场景置于我们在第 3 章中描述的来源 – 刺激 – 制品 – 环境 – 响应 – 响应度的六部分场景形式中。随着场景的细化，围绕它们的满意度问题将会出现，并且应该被记录下来。只要时间和资源允许，这个步骤就会持续。

利益相关者访谈的结果应包括一份架构驱动因素列表和利益相关者（作为一个群体）优先考虑的一组 QA 场景。此信息可用于以下目的：

- 细化系统和软件需求。
- 理解并阐明系统的架构驱动因素。
- 为架构师后面做出的某些设计决定提供理由。
- 指导原型和模拟系统的开发。
- 影响架构开发的顺序。

我不知道需求应该是什么

在访谈利益相关者并调查 ASR 时，他们经常会抱怨：“我不知道这个需求应该是什么。”虽然这是他们的真实**感受**，但他们也经常知道一些关于该需求的**东西**，特别是如果利益相关者在该领域有经验的话。在这种情况下，引出这个“东西”要比简单地自己编造需求好得多。例如，你可能会问，"系统应该以多快的速度响应这个事务请求？"如果答案是"我不知道"，我的建议是装糊涂。你可以说，"那么……24 h 可以吗？"他们的回答往往是愤怒而惊讶的"不行！""那么, 1 h 怎么样？""不！""5 min？""不！""10 s 怎么样？""嗯，（抱怨，咕哝）我想我可以接受……"

通过装糊涂，你通常可以让人们至少给你一个可接受的值范围，即使他们不确切地知道需求应该是什么。这个范围通常足以让你选择架构机制。24 h、10 min、10 s 和 100 ms 的响应时间，对架构师来说，意味着选择了非常不同的架构方法。有了这些信息，你现在就可以做出明智的设计决策了。

——Rick Kazman

19.3　通过理解业务目标来收集 ASR

业务目标是构建系统的理由。任何组织都不会无缘无故地建立一个系统；相反，相关人员希望实现组织和自身的使命和抱负。当然，常见的商业目标包括盈利，但大多数组织关心的不仅仅是盈利。还有一些组织（如非营利组织、慈善机构、政府）视盈利为最不关心的事情。

业务目标是架构师感兴趣的，因为它们常常帮助获取 ASR。业务目标和架构之间有三种可能的关系：

1）业务目标通常导致质量属性需求。每一个质量属性需求，比如用户可见的响应时间、平台灵活性、坚固的防护性或其他十几种需求中的任何一种，都源自某种可以用附加价值来描述的更高目标。想要将产品与竞争对手拉开距离，并帮助组织获得市场份额，可能会导致要求异常快速的响应时间。此外，了解一个特别严格的需求背后的业务目标可以使架构师以一种有意义的方式对需求提出质疑，或组织资源来满足它。

2）业务目标可能会影响架构，但不会产生任何质量属性需求。一位软件架构师告诉我们，几年前他向他的经理提交了架构的早期草案。经理指出架构中缺少一个数据库。架构师很高兴经理注意到了这一点，并解释了他（架构师）是如何设计出一种方案，从而避免了对庞大、昂贵的数据库的需要。但是，管理人员极力要求在设计中包括数据库，因为该组织有一个数据库部门，该部门雇用了一些目前空闲而需要工作的高薪技术人员。任何需求规范都不会捕获这样的需求，也没有任何管理者会允许捕获这样的动机。然而，如果在没有数据库的情况下交付该架构，从管理人员的角度来看，这个架构同样是有缺陷的，就像它没有交付重要的功能或 QA 一样。

3）业务目标对架构没有影响。并非所有业务目标都会导致质量属性。例如，"降低成本"的业务目标可以通过在冬季降低工厂的恒温器温度或者降低员工的工资或养老金来实现。

图 19.1 说明了本次讨论的要点。在图中，箭头表示"导致"。实心箭头突出显示了架

构最感兴趣的关系。

架构师通常通过渗透研究（工作、倾听、交谈和吸收组织中工作的目标）来了解组织的

业务和业务目标。渗透研究并非没
有好处，但更系统地确定这些目标
是可能的，也是可取的。此外，明
确地捕获业务目标是值得的，因为
业务目标通常意味着 ASR，否则这
些 ASR 将无法被发现，直到解决它
们太晚或太昂贵时。

图 19.1　一些业务目标可能导致质量属性需求，或者直
接导致架构决策，或者导致非架构解决方案

一种方法是使用 PALM 方法，这需要与架构师和关键业务利益相关者举行研讨会。
PALM 的核心由以下步骤组成：

❑ 业务目标的引出。使用本节后面给出的类别来指导讨论，从利益相关者那里获取该
系统的重要业务目标集。详细阐述业务目标并将其表示为业务目标场景⊖。合并几乎
相同的业务目标以消除重复。让参与者对结果集进行优先级排序，以确定最重要的
目标。

❑ 从业务目标中识别潜在的 QA。对于每个重要的业务目标场景，让参与者描述有助
于实现目标的 QA 和响应度值（如果需要架构实现）。

获取业务目标的过程可以通过一组候选业务目标来很好地进行，这些目标可以作为对
话开始的由头。例如，如果你知道许多业务希望获得市场份额，那么你可以利用这种动机
来吸引组织中正确的利益相关者："我们对该产品的市场份额有什么雄心壮志，架构如何有
助于满足它们？"

我们在业务目标的研究中采用了以下列表中所示的类别。这些类别有助于头脑风暴和
启发。通过使用类别列表，并询问利益相关者每个类别中可能的业务目标，可以获得一定
的覆盖率保证。

1）组织的成长和连续性

2）实现财务目标

3）实现个人目标

4）履行对员工的责任

5）履行社会责任

6）履行对国家的责任

7）履行对股东的责任

8）管理市场地位

9）改善业务流程

⊖　业务目标场景是一个结构化的由七部分组成的表达式，用于捕获业务目标，其意图和用法与 QA 场景类似。
本章的"进一步阅读"部分包含了一个详细描述 PALM 和业务目标场景的参考文献。

10）管理产品的质量和信誉

11）管理环境随时间的变化

19.4　在效用树中捕获 ASR

在理想的情况下，19.2 和 19.3 节中描述的技术将在开发过程的早期应用：采访关键的利益相关者，引出他们的业务目标和驱动架构需求，并让他们为你确定所有这些输入的优先级。当然，令人遗憾的是，现实世界并不完美。通常情况下，当你需要这些利益相关者时，由于组织或业务原因，你不能访问他们。那么怎么办呢？

当需求的"主要来源"不可用时，架构师可以使用称为效用树（utility tree）的结构。作为架构师，效用树是对系统成功至关重要的 QA 相关的 ASR 的自顶向下表示。

效用树以单词"效用"作为根节点开始。效用是系统整体"好处"的一种表达。然后，通过列出系统需要展示的主要 QA 来详细说明这个根节点。（你可能还记得我们在第 3 章中说过，QA 名字本身并不是很有用。不要担心，它们只是用作后续思考和细化的中间占位符！）

在每个 QA 下，记录该 QA 的具体改进。例如，性能可以分解为"数据延迟"和"事务吞吐量"，或者"用户等待时间"和"刷新网页时间"。你所选择的改进应该与你的系统相关。在每个改进下，你可以记录特定的 ASR，表示为 QA 场景。

一旦 ASR 被记录为场景并放在树的叶节点上，你就可以根据两个标准来评估这些场景：候选场景的业务价值和实现它的技术风险。你可以使用任何你喜欢的量表，但我们发现一个简单的"H"（高）、"M"（中）和"L"（低）评分系统足以满足每个标准。对于业务价值，"高"表示必须具备的需求，"中"表示重要但不会导致项目失败的需求，而"低"表示需要满足但不值得付出太多努力的良好需求。对于技术风险，"高"表示风险会让你夜不能寐，"中"表示满足此 ASR 会让你担心，但不会带来高风险，"低"表示你有信心有能力满足该 ASR。

表 19.1 显示了一个效用树示例的一部分。每一个 ASR 都被标上了业务价值和技术风险的指标。

表 19.1　医疗保健领域系统的效用树表格形式

质量属性	属性改进	ASR 场景
性能	交易响应时间	当系统处于峰值负载时，用户更新患者账户中的地址信息，事务在 0.75 s 内完成。（H，H）
	吞吐量	在峰值负载下，系统每秒能够完成 150 个标准事务。（M，M）
易用性	能力训练	具有两年或两年以上业务经验的新员工可以通过一周的培训，在不到 5 s 的时间内执行系统的任何核心功能。（M，L）
	操作效率	医院支付人员在与患者交互时为该患者启动支付请求，并在没有输入错误的情况下完成该流程。（M，M）

（续）

质量属性	属性改进	ASR 场景
可配置性	数据可配置性	医院增加某项服务的费用。配置团队在 1 个工作日内完成并测试变更，无须更改源代码。(H, L)
可维护性	例行变更	维护人员遇到响应时间缺陷，修复该漏洞，并以不超过 3 人天的工作量发布该修复。(H, M)
	升级到商用组件	数据库供应商发布了一个新的主版本，该版本在不到 3 人周的时间内成功测试和安装。(H, M)
	增加新特性	创建跟踪血库捐献者的功能，并在 2 人月内完成集成。(M, M)
防护性	机密性	物理治疗师可以看到患者有关整形外科治疗的部分记录，但不能看到其他部分或任何财务信息。(H, M)
	抵御攻击	系统拒绝未经授权的入侵企图，并在 90 s 内向主管单位报告。(H, M)
可用性	不停机时间	热替换数据库供应商发布了新版本，无须停机。(H, L) 该系统支持患者 7×24×365 基于 Web 的账户访问。(M, M)

一旦你完成效用树填写，就可以使用它进行重要的检查。例如：

❑ QA 或 QA 改进没有任何对应的 ASR 场景不一定是需要纠正的错误或遗漏，而是表明你应该检查是否存在未记录的 ASR 场景。

❑ 获得（H, H）评级的 ASR 场景显然是最值得你关注的场景，这些是最重要的需求。大量这样的场景可能会令人担忧系统实际上是否可实现。

19.5 变化发生了

在本章中，我们不应假定需求冻结这种不可思议的情况是可能存在的。需求（无论是否被捕获）始终在变化。架构师必须适应并跟上，以确保他们的架构仍然是为项目带来成功的正确架构。在第 25 章中，我们将讨论架构能力，我们会建议架构师需要成为伟大的沟通者，这意味着伟大的双向沟通者，接受和提供信息。始终向确定 ASR 的关键利益相关者开放渠道，这样才可以跟上不断变化的需求。本章提供的方法可以重复应用以适应变化。

除了跟上变化，更好的做法是保持领先一步。如果你听到关于 ASR 变化的风声，你可以采取初步的设计步骤，作为理解其影响的练习。如果变更的代价太高，那么与利益相关者共享这些信息将是有价值的，而且他们知道的越早越好。更有价值的建议可能是在不超过预算的情况下也能（几乎一样地）有效完成变更。

19.6 总结

架构是由架构重要性需求（ASR）驱动的。ASR 必须具备：

❑ 对架构有深刻影响。包含和不包含该需求可能会导致不同的架构。

❑ 高度的商业或使命价值。如果架构要满足这一需求——可能以不满足其他需求为代价，那么它对重要的利益相关者来说必须具有很高的价值。

ASR 可以从需求文档中提取，在研讨会（例如 QAW）期间从利益相关者处获取，在效用树中从架构师处获取，或者从业务目标中派生。将它们记录在一起是很有帮助的，以便它们可以被评审、引用、用于证明设计决策的合理性，并随着时间的推移或在发生重大系统变更的情况下被重新访问。

在收集这些需求时，你应该注意组织的业务目标。业务目标可以用通用的结构化形式表示，并表示为业务目标场景。这些目标可以通过 PALM（一种结构化的引导方法）引出并记录下来。

QA 需求的一个有用表示是效用树。这样的图形化描述有助于以结构化的形式捕获这些需求，从粗糙、抽象的 QA 概念开始，逐步细化到将其捕获为场景的程度。然后对这些场景进行优先级排序，这个优先级决定了你作为架构师的"前进顺序"。

19.7　进一步阅读

可在 opengroup.org/togaf/ 上获得 Open Group Architecture Framework，它提供的完整模板，用于记录包含大量有用信息的业务场景。尽管我们相信架构师可以使用更轻量级的方法来捕获业务目标，但这个还是值得一看。

质量属性研讨会（QAW）的权威参考来源是文献 [Barbacci 03]。

术语架构重要性需求是由 SARA（软件架构评审和评估）组创建的，可以在 http：//pkruchten.wordpress.com/architecture/SARAv1.pdf 检索到文档的一部分。

软件工程知识体系（SWEBOK）第 3 版可以在这里下载：computer.org/education/bodies-of-knowledge/software-engineering/v3。在本书付印时，第 4 版正在制定中。

PALM [Clements 10b] 的完整描述可以在这里找到：https：//resources.sei.cmu.edu/asset_files/TechnicalNote/2010_004_001_15179.pdf。

19.8　问题讨论

1. 针对贵公司或贵大学正在使用的业务系统，采访具有代表性的利益相关者，并获取至少三个业务目标。要做到这一点，请使用 PALM 的七部分业务目标场景大纲，参考 19.7 节中的内容。
2. 根据你在问题 1 中发现的业务目标，提出一套相应的 ASR。
3. 为 ATM 创建效用树。（如果你想让你的朋友和同事贡献 QA 的考虑和情景，对他们进行采访）考虑至少四个不同的 QA。确保在叶节点创建的场景具有明确的响应和响应度。

4. 找到一个你认为是高质量的软件需求规范。使用彩色笔（如果是纸质文档，则使用涂色笔；如果是在线文档，则使用虚拟笔），将你发现与该系统的软件架构完全无关的所有材料涂成红色。可能相关的材料都涂成黄色，但必须经过进一步的讨论和阐述。在架构上很重要的材料涂成绿色。完成后，文档中非空白部分应为红色、黄色或绿色。你的文档最终使用每种颜色的百分比大约是多少？结果会让你吃惊吗？

第 20 章　设计架构

Humberto Cervantes

设计，包括架构设计，是一项复杂的活动。它涉及考虑系统各个方面时做出的种种决策。在过去，这项任务只能交给拥有数十年来之不易经验的高级软件工程大师。现在，一种系统化的方法为完成这项复杂的活动提供了指南，帮助普通人学习并熟练地完成架构设计。

在本章中，我们将详细讨论一种方法——属性驱动设计（Attribute-Driven Desig，ADD），它允许以系统的、可重复的、经济高效的方式来设计架构。可重复性和可教学性是工程学科的特征。为了使一种方法具有可重复性和可教学性，我们需要一套任何经过适当培训的工程师都能遵循的步骤。

我们首先简要介绍 ADD 及其步骤。之后，再对一些关键步骤进行更详细的讨论。

20.1　属性驱动设计

软件系统的架构设计与一般设计没有什么不同：它涉及做出决策，使用可用的资料和技能来满足需求和约束。在架构设计中，我们将有关架构驱动因素的决策转化为结构，如图 20.1 所示。架构驱动因素包括架构重要性需求（ASR——第 19 章的主题），但也包括功能、

图 20.1　架构设计活动概述

约束、架构关注点和设计目的。生成的结构将在多个方面指导项目，包括在第 2 章中列出的诸如：指导项目分析和构建，充当新成员培训基础，指导项目成本和进度估算、团队结构设计、风险分析和应对，当然还包括项目实施。

在开始架构设计之前，确定系统的范围是很重要的——什么在你创建的系统内部，什么在系统外部，以及系统将与哪些外部实体进行交互。这个背景可以使用系统上下文关系图来表示，如图 20.2 所示。上下文关系图将在第 22 章中进行更详细的讨论。

图 20.2　系统上下文关系图的示例

在 ADD 中，架构设计是分轮进行的，每轮次都可能包含一系列的设计迭代，涵盖设计周期中执行的架构设计活动。通过一次或多次迭代，你将生成适合这一轮既定设计目标的架构。

在每次迭代中，都要执行一系列的设计步骤。ADD 提供了每次迭代中需要执行步骤的详细指导。图 20.3 显示了 ADD 相关的步骤和制品。在图中，步骤 1 ～ 7 组成了一轮次。

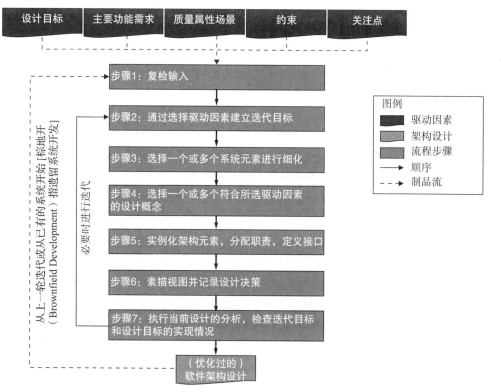

图 20.3　ADD 的步骤和制品

在一个轮次中，步骤 2 ～ 7 构成轮次内的一次或多次迭代。在下面的小节中，我们将对每个步骤进行概述。

20.2 ADD 步骤

下面的小节描述 ADD 的步骤。

1. 步骤 1：复检输入

在开始一轮设计之前，你需要确保架构驱动因素（设计过程的输入）是可用的和正确的。这包括：

- ❏ 本轮设计的目标
- ❏ 主要功能需求
- ❏ 主要质量属性（QA）场景
- ❏ 任何约束
- ❏ 任何关注点

为什么我们要明确地抓住设计目标？你需要确保自己清楚一个轮次的目标。在包含多轮次的增量设计环境中，一个轮次的设计目标可能是：比如，生成用于早期评估的设计，改进现有设计以构建系统的新增量，或设计和生成原型以缓解某些技术风险。此外，如果这不是绿地（Greenfield，指全新的意思）开发，你还需要了解现有的架构设计。

在这个点上，主要功能（通常通过一组用例或用户故事捕获）和 QA 场景应该被优先考虑，理想情况下优先级应由最重要的项目利益相关者来确定。（如第 19 章所述，你可以使用几种不同的技术来获取它们并对其进行优先级排序）。作为架构师，你现在必须"拥有"它们。例如，你需要检查是否有任何重要的利益相关者在最初需求获取过程中被忽略，以及是否有任何业务条件在执行优先级排序后发生了变化。这些输入确实"驱动"了设计，所以正确地输入和正确地选择优先顺序是至关重要的。这一点我们再怎么强调也不为过。软件架构设计，像软件工程中的大多数活动一样，是一个"垃圾进垃圾出"的过程。如果输入处理不好，ADD 的结果就不会好。

驱动因素要成为架构设计 backlog 的一部分，你应该使用它来执行不同的设计迭代。当你完成了 backlog 中所有条目的设计决策时，你就完成了这一轮次的设计。（我们将在 20.8 节更深入地讨论 backlog 的概念。）

步骤 2 ～ 7 组成了本设计轮中执行的每个设计迭代的活动。

2. 步骤 2：通过选择驱动因素建立迭代目标

每次设计迭代都聚焦实现一个特定的目标。这样的目标通常是为了满足驱动因素子集而做的设计。例如，迭代目标可以是为实现特定性能场景或用例而从元素中创建结构。因此，在执行设计活动时，你需要在开始特定的设计迭代之前建立一个目标。

3. 步骤 3：选择一个或多个系统元素进行细化

要满足驱动因素，你就要做出架构设计决策，然后在一个或多个架构结构中表现出来。这些结构由相互关联的元素、模块和组件组成，如第 1 章中定义的那样，这些元素通常是通过细化之前在早期迭代中确定的其他元素而获得的。细化可能意味着将元素分解为更细粒度元素（自上而下的方法）、将元素组合为更粗粒度元素（自下而上的方法）或对先前识别的元素进行改进。对于绿地开发，你可以从建立系统上下文开始，然后选择唯一可用的元素，即系统本身，通过分解进行细化。对于现有系统或绿地系统的后续设计，你通常会选择细化之前迭代中确定的元素。

你要选择的元素应是与满足特定驱动因素相关的元素。由于这个原因，当设计涉及现有系统时，你需要很好地理解系统竣工架构中的一部分元素。获取这些信息可能涉及一些"侦查工作"、逆向工程或与开发人员的讨论。

在某些情况下，你可能需要颠倒步骤 2 和 3 的顺序。例如，在设计绿地系统或实例化某些类型的参考架构时，至少在设计的早期阶段，你将关注系统的元素，并通过选择特定元素开始迭代，然后再考虑你想要解决的驱动因素。

4. 步骤 4：选择一个或多个符合所选驱动因素的设计概念

选择设计概念可能是你在设计过程中面临的最困难的决策，因为它要求你识别各种可能用于实现迭代目标的设计概念，然后从这些备选方案中进行选择。有许多不同类型的设计概念可用（例如战术、模式、参考架构和外部开发的组件），对于每种类型，可能存在许多选项。这就要求你在做出最终选择之前对大量备选方案进行分析。在 20.3 节中，我们将更详细地讨论设计概念的识别和选择。

5. 步骤 5：实例化架构元素，分配职责，定义接口

一旦你选择了一个或多个设计概念，你就必须做出另一种类型的设计决策：如何从你选择的设计概念出发实例化元素。例如，如果你选择层模式作为设计概念，就必须决定使用多少层，以及它们允许的关系，因为模式本身并没有规定这些关系。

在实例化元素之后，你需要为每个元素分配职责。例如，在应用程序中，通常至少存在三个层：表示层、业务层和数据层。这些层的职责有所不同：表示层管理所有用户交互，业务层管理应用程序逻辑并实施业务规则，数据层管理数据的持久性和一致性。

实例化元素只是部分创建了满足驱动因素或关注点的结构。已实例化的元素也需要连接，从而使它们能彼此协作。这就要求元素之间存在关系，并通过某种接口交换信息。接口是一个约定的规范，定义信息应如何在元素之间流动。在 20.4 节中，我们将详细介绍不同类型的设计概念是如何实例化的，结构是如何创建的，接口是如何定义的。

6. 步骤 6：素描视图并记录设计决策

走到这一步，你已经完成了迭代的设计活动。但是，你可能还没采取任何行动来确保

视图（你创建的结构的表示）被保存。例如，如果你在一个会议室执行步骤 5，你可能会在白板上完成一系列图表。该信息对于流程的其余部分是必不可少的，你必须捕获它，以便以后用于分析并与其他利益相关者进行交流。捕获视图可能就像给白板拍张照片一样简单。

你创建的视图几乎肯定是不完整的；因此，这些图需要在后续迭代中重新审视和细化。这通常是为了适应其他设计决策产生的元素，这些设计决策将支持其他驱动因素。这就是为什么我们在 ADD 中提到"素描"视图，其中"素描"指的是初步类型的文档。如果你选择生成这些视图，则这些视图的更正式、更全面的文档（参见第 22 章）仅在设计迭代完成后（作为架构文档活动的一部分）才会出现。

除了捕获素描视图外，你还应记录设计迭代中做出的重要决策，和做出这些决策的原因（即根本原因），用于以后对这些决策进行分析和理解。例如，此时应记录有关重要权衡的决策。在设计过程中，主要在步骤 4 和 5 中做出决策。在 20.5 节中，我们将解释如何在设计过程中创建初步文档，包括记录设计决策及其根本原因。

7. 步骤 7：执行当前设计的分析，检查迭代目标和设计目标的实现情况

到了第 7 步，你应该已经创建了部分设计，以完成迭代所建立的目标。确保结果确实如此是一个好主意，以避免不愉快的利益相关者和以后返工的出现。你可以通过查看捕获的素描视图和设计决策来执行分析，但更好的办法是让其他人帮助你检查此设计。我们这样做的原因和组织经常有一个单独的测试 / 质量保证小组的原因是相同的：另一个人不会分享你的假设，并且会有不同的经验基础和不同的观点。这种多样性有助于发现代码和架构中的"bug"。我们将在第 21 章更深入地讨论架构分析。

一旦分析了迭代中完成的设计，就应该根据已确定的设计目标来检查架构的状态。这意味着你要考虑，此时此刻，是否已经执行了足够的设计迭代以满足与设计轮次相关的驱动因素。这还意味着要考虑设计目标是否已经实现，或者在未来的项目增量中是否需要额外的设计轮次。在 20.6 节中，我们将讨论跟踪设计进度的简单技术。

8. 必要时进行迭代

你应该对每个考虑的驱动因素执行额外的迭代并重复步骤 2 ~ 7。但是，由于时间或资源的限制，这种重复通常是不可能的，因为这些限制迫使你停止设计活动并转向实现。

是否需要更多的设计迭代，判断的标准是什么？让风险成为你的向导。你至少关注最高优先级的驱动因素。理想情况下，你应该确定关键驱动因素得到了满足，或者至少设计"足够好地"满足了它们。

20.3　更多关于 ADD 步骤 4：选择一个或多个设计概念

大多数情况下，作为架构师，你不需要，也不应该重新发明轮子。相反，你的主要设计活动是识别和选择设计概念，以满足最重要的挑战，并在设计迭代中解决关键驱动因素。

设计仍然是一种原创和创造性的努力，但创造性在于正确识别这些现有的解决方案，然后将它们组合起来解决当前问题。即使有现成的解决方案可供选择（我们并不总是有幸拥有丰富的解决方案），这仍然是设计中最难的部分。

1. 识别设计概念

因为有大量选项，设计概念的识别可能显得令人望而却步。针对任何特定问题可能有几十种设计模式和外部开发的组件。更糟糕的是，这些设计概念分散在许多不同的来源：从业者博客和网站、研究文献和书籍。此外，许多情况下，没有一个规范的概念定义。例如，不同的站点将以不同的、大部分是非正式的方式定义代理模式。最后，一旦识别了可能帮助你实现迭代设计目标的一些备选方案，你还需要为你的目标选择最佳方案。

为了解决特定的设计问题，你可以并且经常会使用和组合不同类型的设计概念。例如，要构建防护性，你可以使用防护性模式、防护性战术、防护性框架或它们的组合。

一旦你对要使用的设计概念类型有了更多的了解，你仍然需要确定替代方案，即设计候选方案。你可以通过几种方法实现这一点，也可能会使用这些方法的组合，而不是单一方法：

- ❏ 利用现有的最佳实践。你可以通过使用现成目录来确定备选方案。一些设计概念（例如模式）被广泛地记录下来；其他设计概念（如外部开发的组件）则以不那么彻底的方式记录。这种方法的好处是，你可以确定许多备选方案，并利用他人的大量知识和经验。缺点是，搜索和研究信息可能需要相当长的时间，文档化知识的质量通常不好保证，作者的假设和偏见也不清楚。

- ❏ 利用自己的知识和经验。如果你正在设计的系统与你过去设计的其他系统相似，那么你可能从以前使用过的一些设计概念开始。这种方法的好处是可以快速而自信地确定替代方案。缺点是，你可能最终会重复使用相同的思想，即使它们不是最适合你所面临的设计问题，或者它们已经被更新、更好的方法所取代。俗话说：如果你只有一把锤子，那么整个世界看起来就像一颗钉子。

- ❏ 利用他人的知识和经验。作为一名架构师，你拥有多年积累的背景和知识。这种背景和知识因人而异，特别是如果过去处理的设计问题类型不同的话。你可以利用这些信息，通过头脑风暴与一些同行一起进行设计概念的识别和选择。

2. 设计概念的选择

一旦确定了备选设计概念的列表，就需要选择哪一个备选方案最适合解决手头的设计问题。你可以通过相对简单的方式实现这一点，方法是创建一个表格，列出与每个备选方案的优点和缺点，并根据这些标准和驱动因素来选择一个备选方案。该表格还可以包含其他标准，例如与使用替代方法相关的成本。SWOT（优势、劣势、机会、威胁）分析等方法可以帮助你做出决策。

当识别和选择设计概念时，请记住约束也是架构驱动因素的一部分，因为某些约束会限制你选择特定的备选方案。例如，一个约束可能是只能使用获得许可证的库和框架。在这种情况下，即使你发现一个框架可能对你的需求有用，如果没有许可证，你可能不得不放弃它。

你还需要记住，由于不兼容性，你在之前迭代中所做的设计概念选择决定可能会限制你现在的设计概念选择。例如，在初始迭代中选择一个 Web 架构，然后在后续迭代中为本地应用选择一个用户界面框架。

3. 创建原型

如果前面提到的分析技术不能指导你选择适当的设计概念，你可能需要创建原型并从中收集评估信息。创建早期的"一次性"原型是一种有用的技术，有助于选择外部开发的组件。这种类型的原型通常是在不考虑可维护性、重用性或其他重要目标的情况下创建的。因此，这个原型不应作为进一步开发的基础。

尽管原型的创建成本可能很高，但在某些场景下强烈推荐使用。在考虑是否创建原型时，请回答以下问题：

❑ 项目是否包含新兴技术？

❑ 这项技术在公司里是新的吗？

❑ 是否存在某些驱动因素，尤其是 QA，使用所选技术对其满意度会带来风险（即不了解它们是否能被满足）？

❑ 是否缺乏可信的内部或外部信息，它们能在一定程度上确定所选技术将有助于满足项目驱动因素？

❑ 是否有与技术相关的配置选项需要测试或理解？

❑ 是否不清楚所选技术与项目中使用的其他技术进行集成的难易程度？

如果对这些问题的答案大多是"是"，那么强烈推荐考虑创建一个一次性原型。

创建原型还是不创建原型

架构决策通常必须在知识不完善的情况下做出。为了决定走哪条路，一个团队可以进行一系列的实验（比如构建原型），以减少选择的不确定性。问题在于实验可能会带来巨大的成本，而得出的结论可能仍然不确定。

例如，假设一个团队需要决定他们正在设计的系统是基于传统的三层架构还是微服务架构。由于这是该团队的第一个使用微服务的项目，他们对这种方法没有信心。他们对两个备选方案进行了成本估算，并预计开发三层架构的成本为 50 万美元，开发微服务的成本为 65 万美元。如果开发了三层架构，团队后来断定选择了错误的架构，那么重构成本估计将为 30 万美元。如果微服务架构是第一个开发出来的，并且需要稍后进行重构，那么估计其额外成本将为 10 万美元。

团队应该做什么？

为了决定是否值得进行这些实验，或者我们愿意在实验上花多少钱（与获得信心或出错的成本相关的），团队可以使用一种称为信息价值（Value of Information，VoI）的技术来解决这些问题。VoI 技术用于通过某种形式的数据收集活动（在本例中为构建原型）来计算减少决策不确定性的预期收益。要使用 VoI，团队需要评估以下参数：做出错误设计选择的成本、执行实验的成本、团队对每个设计选择的置信度以及他们对实验结果的置信度。VoI 利用这些估计，然后应用贝叶斯定理计算两个量：完美信息期望值（EVPI）和样本期望值或不完美信息期望值（EVSI）。

EVPI 表示在提供确定结果（例如，没有假阳性或假阴性）的情况下，人们愿意为实验支付的最大费用。EVSI 表示在知道实验结果可能无法 100% 确定正确的解决方案时，人们愿意花费多少。

由于这些结果代表了预期值，因此应根据团队的风险偏好对其进行评估。

——Eduardo Miranda

20.4　更多关于 ADD 步骤 5：生成结构

设计概念本身不会帮助你满足驱动因素，除非你生成结构；也就是说，你需要识别并连接来自所选设计概念的元素。这是 ADD 中对架构元素进行"实例化"的阶段：创建元素及其之间的关系，并将责任与这些元素关联起来。回想一下，软件系统架构是由一组结构组成的。正如我们在第 1 章中看到的，这些结构可分为三大类：

- ❏ 模块结构，由开发时存在的元素组成，如文件、模块和类。
- ❏ 组件和连接器（C&C）结构，由运行时存在的元素组成，如进程和线程。
- ❏ 分配结构，由软件元素（来自模块或 C&C 结构）和非软件元素（可能存在于开发时和运行时）组成，如文件系统、硬件和开发团队。

当你实例化一个设计概念时，实际上可能会影响多个结构。例如，在特定的迭代中，你可能实例化第 4 章中介绍的被动冗余（暖备）模式。这将影响 C&C 结构和分配结构。作为应用此模式的一部分，你需要选择冗余的数量、冗余节点与活动节点状态保持一致的程度、管理和传输状态的机制以及检测节点失效的机制。这些决策必须对应到模块结构中元素的职责。

1. 实例化元素

以下是每类设计概念的实例化方式：

- ❏ 参考架构。在参考架构的情况下，实例化通常意味着执行某种定制。这将要求你添加或删除作为参考架构定义的结构的部分的元素。例如，如果你正在设计一个需要与外部应用程序通信以处理支付的 Web 应用程序，那么你可能需要在传统的表示层、业务层和数据层旁边添加一个集成组件。
- ❏ 模式。模式提供了由元素及其关系和职责组成的通用结构。由于这种结构是通用的，你需要根据具体问题对其进行调整。实例化通常涉及将模式定义的通用结构转换为适合你正在解决的问题的特定结构。例如，考虑客户机 - 服务器架构模式。它建立了计算的基本元素（即客户机和服务器）及其关系（即连接和通信），但没有指定解决问题应该使用多少客户机或服务器，或者每个客户机或服务器的功能应该是什么，或者哪些客户机应该与哪些服务器对话，或者它们应该使用哪种通信协议。实例化用于填补这些空白。

❏ 战术，这个设计概念没有规定特定的结构。因此，为了实例化一个战术，你可以采用不同类型的（你已经在使用的）设计概念来实现该战术。或者，你可以利用一个设计概念，该概念不需要任何修改，已经实现了战术。例如，你可以选择一个认证参与者的安全战术，并通过自定义代码方式对其进行实例化，该解决方案将编排到已存在的登录过程中；或者采用包括参与者认证的防护模式；或者集成外部开发的组件，例如验证参与者的防护框架。

❏ 外部开发的组件。这些组件的实例化可能意味着创建新元素，也可能意味着不创建新元素。例如，在面向对象的框架中，实例化可能需要创建从框架中定义的基类继承的新类。这将产生新的元素。一个不涉及新元素创建的示例是为所选技术指定配置选项，例如线程池中的线程数。

2. 关联职责与识别属性

当你通过实例化设计概念来创建元素时，需要考虑分配给这些元素的职责。例如，如果你实例化微服务架构模式（参见第 5 章），你需要决定微服务将做什么，部署多少个，以及这些微服务的属性是什么。在实例化元素和分配职责时，你应该记住设计原则，即元素应具有高内聚性（内部），定义的职责要精简，并表现出低耦合性（外部）。

实例化设计概念时需要考虑的一个重要方面是元素的属性。这可能涉及所选技术的配置选项、状态、资源管理、优先级甚至硬件特性（如果你创建的元素是物理节点）等方面。识别这些特性有助于分析和记录设计的根本原因。

3. 建立元素之间的关系

结构的创建还需要根据元素及其属性之间存在的关系做出决策。再次考虑客户机 - 服务器模式。在实例化此模式时，你需要确定哪些客户机将通过哪些端口和协议与哪些服务器通信。你还需要决定通信是同步的还是异步的。谁发起交互？传输多少信息以及传输速率如何？

这些设计决策对实现 QA（如性能）具有重大影响。

4. 定义接口

接口建立了一个契约规范，允许元素间进行协作和交换信息，既可能是外部的，也可能是内部的。

外部接口是系统必须与之交互的其他系统的接口。这些可能会对你的系统形成约束，因为你通常无法影响它们的规范。如前所述，在设计过程开始时建立系统上下文对于识别外部接口非常有用。由于外部实体和开发中的系统通过接口进行交互，因此每个外部系统至少应有一个外部接口（如图 20.2 所示）。

内部接口是设计概念实例化产生的元素之间的接口。为了确定关系和接口细节，你需要了解元素如何进行交互以支持用例或 QA 场景。正如我们在第 15 章讨论软件接口时所说，"交互"意味着一个元素所做的任何可能影响另一个元素处理的事情。一种特别常见的交互类型是运行时信息交换。

行为表示，如 UML 序列图、状态图和活动图（参见第 22 章），允许你对执行期间在元素之间交换的信息进行建模。这种类型的分析对于确定元素之间的关系也很有用：如果两个元素需要直接交换信息或以其他方式相互依赖，那么这些元素之间就存在关系。交换的任何信息都将成为接口规范的一部分。

在所有的设计迭代中，接口的标识通常不能同样地执行。例如，当你开始设计一个新系统时，你的第一次迭代将只生成抽象元素（如层）；这些元素将在以后的迭代中被细化。抽象元素（如层）的接口通常没有指定。例如，在早期迭代中，你可以简单地指定 UI 层向业务逻辑层发送"命令"，业务逻辑层则返回"结果"。随着设计过程的进行，特别是当你创建用于处理特定用例和 QA 场景的结构时，你将需要细化参与这些交互的元素的接口。

在某些特殊情况下，识别适当的接口可能会大大简化。例如，如果你选择一个完整的技术栈或一组设计用于互操作的组件，那么这些接口已经由这些技术定义了。在这种情况下，接口规范是一项相对简单的任务，因为所选择的技术已经"融入"了许多接口假设和决策。

最后，请注意，并非所有内部接口都需要在任何给定的 ADD 迭代中定义。有些可以委托以后的设计活动来完成。

20.5　更多关于 ADD 步骤 6：在设计过程中创建初步文档

正如我们将在第 22 章中看到的，软件架构被记录为一组视图，它们表示构成架构的不同结构。这些视图的正式文档不是 ADD 的一部分。然而，结构是作为设计的一部分产生的。捕获它们，即使它们以非正式的方式表示（如素描），同时引导创建这些结构的设计决策，这些都是应该作为正常 ADD 活动的一部分来执行的任务。

1. 记录素描视图

当你通过实例化为解决特定设计问题而选择的设计概念来生成结构时，你通常不仅会在脑海中生成这些结构，还会创建它们的一些素描。在最简单的情况下，你将在白板、挂图、绘图工具甚至一张纸上绘制这些素描。此外，你可以使用建模工具以更严格的方式绘制结构。你生成的素描是你应该捕获的架构初始文档，如果需要，你可以在以后充实它们。

当你创建素描时，不一定需要使用更正式的语言，如 UML，但如果你对这个过程感到顺畅和舒适，那请这样做。如果你使用一些非正式的符号，你应该注意保持符号使用的一致性。最终，你需要在图表中添加图例，保证清晰性并避免歧义。

在创建结构时，你应该制定一套规程，记录分配给元素的职责。原因很简单：当你确定一个元素时，你就在头脑中确定该元素的一些职责。在那一刻把它们写下来，可以确保以后不必记住指定的职责。此外，逐步写下与元素相关的职责，要比以后一次性将它们全部记录在一起更容易。

在设计架构时创建这个初步文档需要一些规程。尽管如此，这样做是值得付出努力的，因为稍后你将能够相对轻松、快速地生成更详细的架构文档。记录职责的一种简单方法是拍摄你所绘制素描的照片，并将其粘贴到文档中，同时附上一张表格，该表格总结了素描中每个元素的职责（参见图 20.4 中的示例）。如果使用设计工具，可以选择要创建的元素，并使用通常出现在元素属性表中的文本区域来记录其职责，然后自动生成文档。

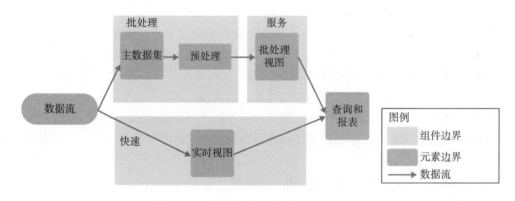

图 20.4　初步文档示例

该图还有一个描述元素职责的表格。表 20.1 适用于图 20.4 中确定的一些元素。

表 20.1　元素和职责

元素	职　责
数据流	该元素实时地从所有数据源收集数据，并将其分发给批处理组件和快速组件进行处理
批处理	它负责存储原始数据并预处理存储在服务组件中的批处理视图
……	……

当然，在这个阶段没有必要记录所有内容。文档的三个目的是分析、构建和培训。在进行设计时，你应该选择一个目的，然后根据你的风险缓解关注点来编写文档以实现该目的。例如，如果架构设计需要满足一个关键的 QA 场景，并且需要在分析中证明所建议的设计满足该标准，那么你必须注意记录与分析相关的信息，以使分析令人信服。同样，如果你预计必须培训新的团队成员，那么应该绘制一个系统的 C&C 视图，显示它如何运行以及运行时元素如何交互，或者绘制一个系统的模块视图，至少显示主要层或子系统。

最后，请记住，在编写文档时，设计最终可能会被分析。因此，你需要考虑应该记录哪些信息以支持分析。

2. 记录设计决策

在每个设计迭代中，你将做出重要的设计决策以实现迭代目标。当你研究一个表示架构的图表时，可能会看到一个思考过程的最终产物，但并不总是能够轻松理解为实现这个结果而做出的决策。除了所选元素、关系和属性的表示之外，记录设计决策是帮助阐明如何得到结果的基础，也就是记录设计的基本原理。我们将在第 22 章详细探讨这个主题。

20.6　更多关于 ADD 步骤 7：执行当前设计的分析，检查迭代目标和设计目标的实现情况

在迭代结束时，谨慎的做法是进行一些分析，以反思你刚刚做出的设计决策。我们将在第 21 章中介绍几种实现此目的的技术。此时需要执行一种分析来评估你是否完成了足够的设计工作。特别是：

❑ 你需要做多少设计？

❑ 到目前为止，你做了多少设计？

❑ 你完成了吗？

使用 backlog 和看板等可以帮助你跟踪设计过程并回答这些问题。

1. 架构 backlog 的使用

架构 backlog 是架构设计过程中仍然需要执行的未决活动的待办事项列表。最初，你应该使用驱动因素来填充设计 backlog，但也可以包括支持架构设计的其他活动，例如：

❑ 创建原型以测试特定技术或解决特定 QA 风险。

❑ 探索和理解现有资产（可能需要逆向工程）。

❑ 在对设计决策进行检查时发现的问题。

此外，你还可以在做出决策时向 backlog 中添加更多项。作为一个例子，如果你选择一个参考架构，你可能需要向架构设计 backlog 添加特定的关注点和从中派生的 QA 场景。例如，如果我们选择一个 Web 应用程序参考架构，并发现它不提供会话管理，那么这就成为一个需要添加到 backlog 中的问题。

2. 使用设计看板

另一个可以用来跟踪设计过程的工具是看板，如图 20.5 所示。看板建立了三类 backlog 项："未解决""部分解决"和"完全解决"。

在迭代开始时，设计输入成为 backlog 中的条目。初始状态（在步骤 1 中），本轮次设计的 backlog 中条目应该位于看板的"未解决"栏中。在步骤 2 中，当你开始设计迭代时，

与迭代目标中处理的驱动因素相对应 backlog 项应移动到"部分解决"栏。最后，一旦你完成了一次迭代，并且对设计决策的分析表明某个特定驱动因素已经得到了解决（步骤 7），相关条目应该被移到看板上的"完全解决"栏。

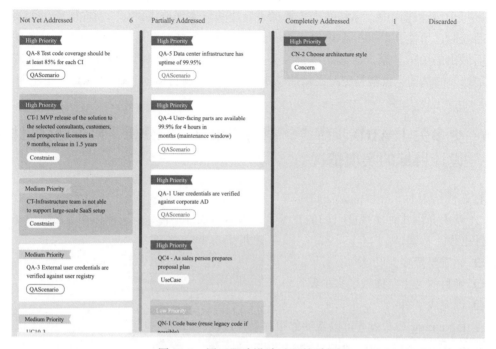

图 20.5　用于跟踪设计过程的看板

将驱动因素移动到"部分解决"或"完全解决"列需要建立清晰的标准，这很重要。"完全解决"的标准可能是，例如，驱动因素已经被分析，或者已经在原型中实现，并且你确定该驱动因素的需求已得到满足。为特定迭代选择的驱动因素在该迭代中可能不能完全解决。在这种情况下，它们应该留在"部分解决"列中。

选择一种能根据优先级区分看板中条目的方法是很有用的。例如，你可以根据优先级为条目赋予不同的颜色。

看板可以很容易地直观地跟踪设计的进展，因为你可以很快看到有多少（最重要的）驱动因素正在或已经在迭代中得到解决。这项技术还可以帮助你决定是否需要执行额外的迭代。理想情况下，当你的大多数驱动因素（或至少是具有最高优先级的驱动因素）位于"完全解决"列时，设计阶段就结束了。

20.7　总结

设计是很困难的。需要一些方法使其更易于跟踪（和可重复）。在本章中，我们详细讨论了属性驱动设计（ADD）方法，它以系统化和经济高效的方式设计架构。

我们还讨论了在设计过程各个步骤中需要考虑的几个重要方面。包括设计概念的识别和选择、概念在生成结构中的使用、接口的定义、初步文档的生成以及跟踪设计过程的方法。

20.8　进一步阅读

ADD 的第一个版本最初被称为"基于架构的设计"，记录在文献 [Bachmann 00b] 中。

ADD 2.0 随后于 2006 年发布。这是第一种通过选择不同类型的结构及其视图表示方式，专门关注 QA 及其解决方案的方法。ADD 2.0 版首先发表在 SEI 技术报告 [Wojcik 06] 中。

本章中描述的 ADD 版本为 ADD 3.0。与原始版本相比，一些重要的改进包括更多地考虑将选择实施技术作为主要设计概念，考虑其他驱动因素（比如设计目标和架构关注点），将初始文档和分析明确为设计过程中的步骤，以及就如何开始设计过程及如何在敏捷环境中使用提供指导。有一整本书 [Cervantes 16] 在介绍使用 ADD 3.0 进行架构设计。ADD 3.0 的一些概念首先在一篇 IEEE Software 的文章 [Cervantes 13] 中介绍。

George Fairbanks 写了一本引人入胜的书，描述了风险驱动的架构设计过程，书名为 *Just Enough Software Architecture：A Risk-Driven Approach* [Fairbanks 10]。

信息技术的价值可以追溯到 20 世纪 60 年代 [Raiffa 00]。更现代的观点可以在文献 [Hubbard 14] 中找到。

关于系统设计的一般方法，你可以阅读 Butler Lampson 的经典著作 [Lampson 11]。

看板是一种使用精益制造的概念安排系统生产的方法，如 Corey Ladas[Ladas 09] 所述。

20.9　问题讨论

1. 遵循成熟的设计方法的优点是什么？缺点是什么？
2. 执行架构设计是否与敏捷开发方法兼容？选择一种敏捷方法，并在这种情况下讨论 ADD。
3. 设计和分析之间的关系是什么？是否有些知识你只需要其中一种而不需要另一种？
4. 如果必须在设计过程中向你的经理说明创建和维护架构文档的价值，你会提出哪些论点？
5. 针对绿地开发或棕地开发，执行 ADD 步骤会有什么不同？

第 21 章　架构评估

在第 2 章中，我们说过架构之所以重要的一个主要原因是，**在构建系统之前**，你可以通过检查其架构来预测从它派生的任何质量属性。如果仔细想想的话，这是一笔不错的交易。在本章中，这种能力将得到充分的体现。

架构评估是确定架构符合其预期目标程度的过程。架构是系统和软件工程项目成功的重要因素，因此暂停一下并确保你设计的架构能提供所期望的一切是有意义的。这就是评估的作用，它基于对备选方案的分析。幸运的是，有成熟的方法来分析架构，它们使用了你在本书中已经学到的许多概念和技术。

为了有用，评估的成本需要低于它提供的价值。考虑到这种关系，一个重要的问题是"评估需要花费多少时间和资金？"不同的评估技术有不同的成本，但所有这些成本都可以根据参与准备、执行和跟踪评估活动的人员所花费的时间来衡量。

21.1　评估是一种降低风险的活动

每种架构都有风险。架构评估的输出包括对架构风险的识别。风险是一种既有影响又有概率的事件。风险预期损失等于事件发生的概率乘以影响成本。修复这些风险并不是评估的输出。一旦确定了风险，是否修复风险就像评估本身一样，是一个成本/收益问题。

将这个概念应用到架构评估中，你可以看到，如果正在构建的系统花费数百万或数十亿美元，或者具有重大的安全性关键影响，那么风险事件的影响将是巨大的。相比之下，如果系统是一款基于主机的游戏，需要花费数万或数十万美元的开发成本，那么风险事件的影响就会小得多。

风险事件的发生概率与所开发系统及其架构是闻所未闻的还是司空见惯的有关。如果你和你的组织在某一领域有着长期而深刻的经验，那么产生一个糟糕架构的可能性要比你第一次尝试项目的可能性小得多。

因此，评估就像一份保险单。你需要多少保险取决于面临不合理架构时你的风险暴露程度以及风险容忍度。

评估可以在整个开发过程的不同阶段进行，由不同的评估人员采用不同的评估方式执行——我们将在本章介绍其中一些方法。抛开具体细节不谈，评估都建立在你已经学到的概念之上：系统是用来满足业务目标的，业务目标是由质量属性场景来例证的，质量属性目标是通过战术和模式的应用来实现的。

21.2 关键的评估活动是什么

无论由谁及何时执行评估，评估都基于架构驱动因素——主要是以质量属性场景表示的架构重要性需求（ASR）。我们在第 19 章描述了如何确定 ASR。参与评估的 ASR 数量与环境因素和评估成本相关。接下来，我们将描述架构评估可能的环境因素。

评估可以在存在候选架构或者至少是候选架构中一致的可评审部分的设计过程中的任何地方进行。

每次评估都应包括（至少）以下步骤：

1）评审人员单独确保自己了解架构的当前状态。这可以通过共享文档、架构师的陈述或这些内容的某种组合来实现。

2）评审人员确定指导评审的若干驱动因素。这些驱动因素可以是文档中现成的，也可以由评审小组或其他利益相关者确定。通常，最重要的驱动因素是高优先级的质量属性场景（而不是纯粹的功能用例）。

3）对于每个场景，每个评审人员应确定该场景是否已满足。评审人员通过提问来确定两种类型的信息。首先，他们想确定场景实际是否被满足。这可以通过让架构师遍历架构并解释如何满足场景来实现。如果架构已经形成文档，那么评审人员也可以借助文档的帮助。其次，他们想确定是否有其他正在考虑的场景因所评审的架构决策而不能得到满足。评审人员可能会对当前设计的任何风险方面提出替代方案，以更好地满足场景。这些替代方案应进行相同类型的分析。应注意执行此步骤所用时间的限制。

4）评审人员捕获在上一步骤中暴露的潜在问题。这份潜在问题清单构成了后续评审工作的基础。如果潜在问题是实际存在的，要么必须对其进行修复，要么设计师和项目经理必须明确决定愿意接受风险。

你应该做多少分析？架构中关键部分的架构决策应该比其他决策进行更多的分析。一些具体考虑因素包括：

❏ 决策的重要性。决策越重要，就越要小心，确保它是正确的。

❏ 潜在替代方案的数量。选择越多，花在评估上的时间就越多。

❏ 足够好而不是完美。很多时候，两种可能的替代方案在结果上没有显著的差异。在这种情况下，做出选择并继续设计过程比绝对确定最佳选择更为重要。

21.3 谁能进行评估

评估人员应非常熟练地掌握所评估系统的领域和各种质量属性。优秀的组织和协调能力也是评估人员的必备技能。

1. 架构师评估

每次架构师做出关键设计决策以解决 ASR 或完成设计里程碑时，都会隐式或显式地进行评估。该评估包括在相互竞争的备选方案中做出选择。正如我们在第 20 章中所讨论的，架构师评估是架构设计过程的一个组成部分。

2. 通过同行评审进行评估

解决 ASR 的架构设计可以进行同行评审，就像代码可以进行同行评审一样。应该为同行评审分配固定的时间，通常几小时到半天。

如果设计师正在使用第 20 章中描述的属性驱动设计（ADD）过程，那么可以在每个 ADD 迭代的步骤 7 结束时进行同行评审。评审人员还应使用我们在第 4 ～ 13 章中提出的基于战术的调查问卷。

3. 外部评估

外部评估人员可以更客观地看待架构。"外部"是相对的；这可能意味着在项目之外，但同一公司内；项目所在业务单元之外；或者完全在公司之外。在某种程度上，如果评估人员是"局外人"，他们就不太可能害怕提出敏感问题，或因为组织文化或"我们总是这样做的"而变得不太明显的问题。

通常，选择外部人员参与评估是因为他们拥有专门的知识或经验，如有关所评估系统关键质量属性的知识、使用特定技术的技能或长期评估架构的成功经验。

此外，无论是否合理，管理者往往乐于倾听用相当大成本请来的外部团队发现的问题，而不是组织内团队成员发现的问题。这可能会让项目人员感到沮丧，这是可以理解的，因为他们可能已经对同样的问题抱怨了几个月，但毫无效果。

原则上，外部团队可以评估完整的架构、不完整的架构或架构的一部分。在实践中，因为使用外部评估是复杂的，而且通常是昂贵的，所以它往往用于评估完整的架构。

21.4 环境因素

对于同行评审或外部分析，在进行评估时，必须考虑一些环境因素：

❑ 有哪些制品可用？要执行架构评估，必须有一个既描述架构又随时可用的制品。某些评估可能在系统运行后进行。在这种情况下，可以使用一些架构复原和分析工具来帮助评估架构，发现架构设计缺陷，并测试竣工系统是否符合系统的设计。

❑ 谁关心结果？一些评估是在所有利益相关者充分了解和参与的情况下进行的。有些则是私下进行的。

❑ 哪些利益相关者参与？评估过程中应有一步来引出重要利益相关者对系统的目标和关注点。在这一步中，确定需要的人并确保他们参与评估是至关重要的。

❑ 业务目标是什么？评估应回答系统是否满足业务目标。如果在评估之前没有明确捕获业务目标并确定其优先级，那么评估的一部分应该专用于此任务。

同行和外部人员的评估非常普遍，因此我们有针对性的流程来指导评估。这些流程定义了评估期间要参与的人员及其开展的活动。流程正式化使流程更具可重复性，帮助利益相关者了解评估所需和交付的内容，培训新的评估人员，理解评估所需的费用。

我们首先描述外部评估人员的流程（架构权衡分析方法）；然后，我们再描述一个同行评审流程（轻量级架构评估）。

21.5 架构权衡分析方法

架构权衡分析方法（Architecture Tradeoff Analysis Method，ATAM）是正式定义的执行架构评估的过程。ATAM 已经有 20 多年历史，用于评估从汽车、金融到国防等领域的大型系统的软件架构。ATAM 的设计使评估者不需要事先熟悉架构或其业务目标，也不需要等到系统构建完成。ATAM 活动可以亲自进行，也可以远程进行。

1. ATAM 的参与者

ATAM 需要三个团队的参与和相互合作：

- ❑ 评估团队。这个团队位于要进行架构评估的项目的外部。通常由三到五个人组成。在评估过程中，团队的每个成员都被分配了特定的角色；一个人可以在 ATAM 评估中扮演多个角色。（关于角色的描述，请参见表 21.1。）评估团队可以是一个常设单位，定期进行架构评估，或者从一批熟悉架构的人中选择。他们可能与开发团队在同一个组织工作，或者他们是来自外部的顾问。在任何情况下，他们都需要被认为是有能力的、无偏见的局外人，没有隐含的议程或意图。
- ❑ 项目决策者。这些人被授权为开发项目说话，或者有权对其进行变更。通常包括项目经理，如果能找到一个客户为开发买单，那么该客户的代表也可能会在里面。架构师总是被包括在内——架构评估的一个基本规则是架构师必须欣然参与。
- ❑ 架构利益相关者。利益相关者对所宣称的架构具有既得利益。他们的工作是促进架构可修改性、防护性、高可靠性等。利益相关者包括开发人员、测试人员、集成商、维护人员、性能工程师、用户，以及与系统交互的系统构建者。他们在评估期间的工作是阐明架构应该满足的具体质量属性目标，以使系统被认定为是成功的。根据经验，一个大型企业关键架构的评估需要该招募 10 ~ 25 名利益相关者。与评估团队和项目决策者不同，利益相关者并不参与整个过程。

表 21.1 ATAM 评估团队角色

角色	职　责
团队领导	建立评估；与客户协调，确保客户需求得到满足；创建评估合同；组建评估小组；确保生成并交付最终报告
评估领导	执行评估；推动场景获取；管理场景优先级排序过程；推动根据架构评估场景
场景描述者	在场景获取过程中以共享的、公开的形式编写场景；捕获每个场景的一致描述，暂停讨论，直到获得准确的描述

（续）

角色	职　责
电子抄写员	以电子形式捕获过程中的产出——原始场景、激发每个场景的问题（通常在场景本身描述中找不到）和每个场景的分析结果；生成已采用方案的列表，分发给所有参与者
提问者	基于质量属性提出问题

2. ATAM 的输出

1）架构简明介绍。ATAM 的一个要求是，架构必须在 1 h 或更短的时间内呈现出来，这就要求架构介绍既简洁，又易于理解。

2）明确业务目标。通常，ATAM 中呈现的业务目标会被一些集中在一起的参与者第一次看到，并在输出中被捕获。这些对业务目标的描述在评估之后仍然存在，并成为项目资产的一部分。

3）以质量属性场景表示的优先质量属性需求。这些质量属性场景采用第 3 章中描述的形式。ATAM 使用优先质量属性场景作为评估架构的基础。这些场景可能已经存在（可能是之前的需求捕获活动或 ADD 活动的结果），但如果不存在，则作为 ATAM 活动的一部分由参与者生成。

4）一组风险点和无风险点。根据所陈述的质量属性需求，架构风险点是一种可能导致不受欢迎的结果的决策。类似地，架构无风险点是经过分析后被认为是安全的决策。已识别的风险点构成架构风险缓解计划的基础。这些风险点是 ATAM 活动的主要输出。

5）一组风险主题。当分析完成后，评估团队将检查发现的全部风险，寻找架构甚至架构过程和团队中系统性缺陷的首要主题。这些风险主题如果不加以处理，将威胁到项目的业务目标。

6）将架构决策映射到质量需求。架构决策可以根据它们支持或阻碍的驱动因素来解释。对于 ATAM 评估中检查的每个质量属性场景，确定并捕获那些有助于实现质量属性的架构决策。它们可以作为这些决策的根本原因来陈述。

7）一组识别出的敏感点和权衡点。敏感点是对质量属性响应有显著影响的架构决策。权衡点是当两个或多个质量属性响应对相同的架构决策敏感，但其中一个改善而另一个恶化时，就会出现矛盾，因此需要权衡。

ATAM 评估的输出可用于撰写最终报告，该报告概述了方法、总结了过程、捕获了场景和它们的分析，并对评估中的发现进行编目描述。

基于 ATAM 的评估也会产生不应忽视的无形成果。其中包括利益相关者的集体意识、架构师和利益相关者之间的开放式沟通渠道，以及所有参与者对架构及其优缺点有更好的全面理解。虽然这些结果很难衡量，但它们的重要性并不亚于其他结果。

3. ATAM 的各个阶段

基于 ATAM 的评估活动分为四个阶段：

- 在第 0 阶段 "伙伴关系和准备"，评估团队领导和关键项目决策者制定了 ATMA 活动的细节。项目代表向评估人员简要介绍项目情况，以便评估团队补充具备适当专业知识的人员。两个小组就评估计划和用于支持会议的技术等后勤保障达成一致。他们还就利益相关者的初步名单（按姓名，而不仅仅是角色）达成一致，并就何时以及向谁提交最终报告进行协商。他们处理工作说明书或保密协议等手续。评估团队检查架构文档，以理解架构及其包含的主要设计方法。最后，评估团队负责人讲解管理者和架构师在第 1 阶段需要展示哪些信息，并在必要时帮助他们编写演示文稿。

- 在第 1 和第 2 阶段（统称为 "评估"），每个人都开始着手进行分析。到目前为止，评估团队应该已经研究了架构文档，并对系统的内容、采取的主要架构方法以及最重要的质量属性有了很好的了解。在第 1 阶段，评估小组与项目决策者会面，开始信息收集和分析。在第 2 阶段，架构利益相关者将他们的输入添加到过程中，并继续分析。

- 在第 3 阶段 "跟进"，评估团队生成并提交最终报告。该报告可能是一份正式文档，也可能只是一套幻灯片，首先分发给关键利益相关者，以确保其中不包含理解错误。评审完成后，再提交给客户。

表 21.2 显示了 ATAM 的四个阶段、每个阶段的参与者，以及在活动上花费的典型累积时间——每个阶段可能有几个部分组成。

表 21.2　ATAM 阶段及其特征

阶段	活动	参与者	典型累积时间
0	伙伴关系和准备	评估团队领导和关键项目决策者	按要求非正式地进行，可能需要几个星期
1	评估	评估团队和项目决策者	1～2 天
2	评估（继续）	评估团队、项目决策者和利益相关者	2 天
3	跟进	评估团队和评估客户	1 星期

来源：改编自文献 [Clements 01b]。

4. 评估阶段的步骤

ATAM 分析阶段（第 1 和第 2 阶段）包括九个步骤。步骤 1 ～ 6 由评估团队和项目决策者（通常是架构团队、项目经理和客户）在第 1 阶段执行。在第 2 阶段，所有利益相关者都参与其中，总结步骤 1 ～ 6，并执行步骤 7 ～ 9。

（1）步骤 1：讲解 ATAM

步骤 1 要求评估负责人向项目代表集中讲解 ATAM。用于解释每个人都将遵循的流程，回答问题，并为后续活动设定背景和期望。评估负责人使用标准演示，简要描述 ATAM 步骤和评估的交付。

（2）步骤 2：讲解业务目标

参与评估的每个人（项目代表以及评估团队成员）都需要了解系统的背景和推动开发的

主要业务目标。在此步骤中，项目决策者（理想情况下是项目经理或客户代表）从业务角度概要介绍系统。这个介绍应描述项目的以下方面：

- ❏ 系统最重要的功能
- ❏ 任何相关的技术、管理、经济或政治限制
- ❏ 与项目相关的业务目标和环境
- ❏ 主要利益相关者
- ❏ 架构驱动因素（强调架构重要性需求）

（3）步骤3：讲解架构

首席架构师（或架构团队）以适当的详细程度对架构进行讲解。"适当的程度"取决于几个因素：设计和记录了多少架构，有多少演讲时间，以及行为和质量需求的性质。

在这个讲解中，架构师要介绍技术约束，如操作系统、指定使用的平台以及该系统必须与之交互的其他系统。最重要的是，架构师要描述满足需求的架构方法（或者模式、战术，如果架构师精通这些词汇的话）。

我们希望架构视图（在第1章中介绍并在第22章中详细描述的内容）成为架构师传达架构的主要工具。上下文关系图、组件和连接器视图、模块分解或分层视图以及部署视图在几乎所有的评估中都是有用的，架构师应该准备好展示它们。如果其他视图包含与当前架构相关的信息，特别是与满足重要质量属性需求相关的信息，则也可以展示其他视图。

（4）步骤4：识别架构设计方法

ATAM的重点是通过理解架构设计方法来分析架构。架构模式和战术对于已知的影响特定质量属性的方式是有用的。例如，分层模式倾向于为系统带来可移植性和可维护性，可能会以牺牲性能为代价。发布-订阅模式在数据的生产者和消费者的数量上是可伸缩的，而主动冗余模式促进了高可用性。

（5）步骤5：生成质量属性效用树

质量属性目标可以通过在19.4节中介绍的质量属性效用树进行详细阐述。效用树通过精确定义架构师努力提供的相关质量属性需求，使需求具体化。

在步骤2讲解业务目标时，架构的重要质量属性目标已经被命名或暗示，但还没达到可以分析的特定程度。广泛的目标，如"可修改性"或"高吞吐量"或"可移植到多个平台的能力"，可以帮助确定上下文和评估方向，并为后续信息的呈现提供背景。然而，它们不够具体，无法知道架构是否实现了这些目标。可以用什么方式修改？吞吐量有多高？移植到什么平台，需要多长时间？这些问题的答案被表示为质量属性场景，这些场景代表了架构重要性需求。

回想一下，效用树是由架构师和项目决策者构建的。它们共同决定了每个场景的重要性：架构师评估场景的技术难度或风险（以高、中、低表示），项目决策者评估场景的业务重要性。

（6）步骤 6：分析架构设计方法

评估团队一次检查一个优先级别最高的场景（按效用树确定的）；架构师被要求解释架构如何支持这个场景。评估团队成员（尤其是提问者）研究架构师用于执行场景的架构设计方法。在此过程中，评估团队记录相关的架构决策，识别和编目它们的风险点、非风险点和权衡点。对于一些众所周知的方法，评估团队询问架构师如何克服该方法中的已知弱点，或者如何获得该方法的足够保证。评估团队的目标是确信该方法的实例化适合于满足其预期的特定属性需求。

场景走查会引出对可能的风险点和非风险点的讨论。例如：

❑ 心跳频率影响系统检测到失效组件的时间。某些赋值将导致此响应值不可接受，这些都是风险。

❑ 心跳频率决定了检测故障的时间。

❑ 更高的频率可以提高可用性，但也会消耗更多的处理时间和通信带宽（可能导致性能下降）。这是一种权衡。

反过来，这些问题可能会引发更深入的分析，取决于架构师如何回应。例如，如果架构师无法描述客户机的数量，也无法说明如何通过将进程分配到硬件来实现负载平衡，那么进行任何性能分析都没有意义。如果这些问题能够得到回答，评估团队至少可以进行初步的分析，或者说粗略的分析，以确定这些架构决策相对于它们要解决的质量属性需求是否有问题。

步骤 6 中的分析并不是全面的。关键是为了获取足够的架构信息，以便在已经做出的架构决策和需要满足的质量属性需求之间建立某种联系。

图 21.1 显示了用于分析某个场景的架构设计方法的模板。如图所示，基于此步骤的结果，评估团队可以识别和记录一组风险点、非风险点、敏感点和权衡点。

在步骤 6 的末尾，评估团队应该对整个架构的最重要方面、关键设计决策的根本原因以及风险点、非风险点、敏感点和权衡点列表有一个清晰的认识。

至此，第 1 阶段结束。

（7）第 2 阶段的间歇和开始

评估团队总结了他们所了解到的知识，并在一个星期左右的间歇期间与架构师进行非正式的交流。如果需要，可以在此期间分析更多的场景，或者澄清第 1 阶段所提问题的答案。

第 2 阶段的会议扩大了与会者名单，其他利益相关者也加入了讨论。用编程来做个类比：阶段 1 类似于使用自己的标准测试自己的程序。第 2 阶段是将程序交给独立的质量保证小组，该小组可能会对你的程序进行更广泛的测试和环境验证。

在第 2 阶段，重复步骤 1，以便利益相关者理解方法和他们将要扮演的角色。然后，评估负责人回顾步骤 2 ～ 6 的结果，并分享风险点、非风险点、敏感点和权衡点的当前列表。在使利益相关者了解到目前为止的评估结果后，可以执行其余三个步骤。

场景#：A12	场景：检测主交换机硬件失效并从中恢复			
质量属性	可用性			
环境	正常操作			
刺激	一个CPU失效			
响应	0.999 999交换机可用性			
架构决策	敏感点	权衡点	风险点	非风险点
备份CPU	S2		R8	
无备份数据通道	S3	T3	R9	
看门狗	S4			N12
心跳	S5			N13
失效转移路由	S6			N14
推理	通过使用不同硬件和操作系统确保无共模失效（参见R8） 最坏情况下切换在4 s内完成，因为最坏情况下计算状态需要这么长的时间 保证根据心跳和看门狗的频率在2s内检测到失效 看门狗很简单，而且已经证明是可靠的 由于缺少备份数据通道，可用性要求可能面临风险……（参见R9）			
架构图	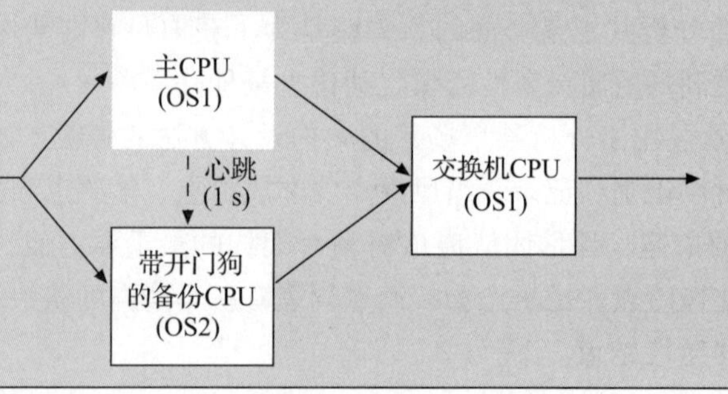			

图 21.1　架构设计方法分析示例（改编自文献 [Clements 01b]）

（8）步骤 7：头脑风暴并确定场景优先级

评估团队要求利益相关者对质量属性场景进行头脑风暴，这些场景对于利益相关者的个体角色具有操作上的意义。维护人员可能会提出一个可修改性场景，用户可能会想出一个易操作性场景，质量保证人员会提出一个测试系统或能够复制系统故障前状态的场景。

虽然效用树生成（步骤 5）主要用于了解架构师如何感知和处理质量属性架构驱动因素，但场景头脑风暴的目的是把准更广泛利益相关者群体的脉搏：了解系统成功对他们意味着什么。场景头脑风暴在较大的团队中效果很好，它创造了一个人的想法和观点激发了其他人的想法的氛围。

一旦收集了场景，就必须对它们进行优先级排序，原因与需要对效用树中的场景进行优先级排序的原因相同：评估团队需要知道将有限的分析时间用于何处。首先，要求利益相关者合并他们认为代表相同行为或质量关注的场景。接下来，他们投票给那些他们认为最重要的场景。每个利益相关者都被分配了相当于场景数量的 30% 的选票⊖，四舍五入。因此，如果收集了 40 个场景，每个利益相关者将得到 12 票。投票可以采用利益相关者认为合适的任何方式进行分配：所有 12 票投给 1 个场景，12 个不同场景各投 1 票，或者两者之间的任何形式。

将优先场景列表与效用树中的场景列表进行比较。如果它们是一致的，这表明架构师的想法与利益相关者的实际需求之间有很好的一致性。如果发现了额外的驱动因素场景（通常是这样），并且差异很大，这本身可能是一种风险。这些发现表明利益相关者和架构师之间对系统的重要目标存在一定程度的分歧。

（9）步骤 8：分析架构设计方法

在步骤 7 中收集场景并确定优先级后，评估团队将指导架构师分析排名最高的场景。架构师解释架构决策如何有助于实现每个场景。理想情况下，此活动将主要由架构师根据前面讨论的架构设计方法对场景进行解释。

在此步骤中，评估团队使用排名最高的新生成场景执行与步骤 6 相同的活动。通常，如果时间允许，此步骤可能涵盖前五到十个场景。

（10）步骤 9：讲解结果

在步骤 9 中，评估团队根据一些常见的潜在问题或系统缺陷，收集风险并分组为风险主题。例如，一组关于文档不完整或过时的风险可能被归为一个风险主题，说明文档没有得到充分考虑。面对各种硬件或软件失效时，与系统无法正常工作相关的一组风险可能引出对备份能力或提供高可用性不够重视的风险主题。

对于每个风险主题，评估团队确定步骤 2 中列出的哪些业务目标受到影响。确定风险主题，然后将它们与特定的驱动因素联系起来，通过将最终结果与最初的陈述联系起来，从而为评估提供一个令人满意的结束。同样重要的是，它提高了管理层对已发现风险的关注。在管理者看来，一个深奥的技术问题现在被明确地认定为对管理者所关心事情的威胁。

从评估中收集的信息将被汇总并展示给利益相关者。产出以下输出：

❑ 记录的架构设计方法

❑ 头脑风暴中设定的场景及其优先级

❑ 效用树

❑ 发现的风险点和非风险点

❑ 发现的敏感点和权衡点

❑ 风险主题和每个主题威胁到的业务目标

⊖ 这是一种常见的头脑风暴技巧。

抛开脚本

多年的经验告诉我们，没有一个架构评估工作是完全照搬书本的。尽管所有工作可能会以各种方式出错，尽管所有细节可能会被忽视，尽管所有脆弱的自尊心可能会受到伤害，尽管所有高风险都摆在桌面上，我们从未有过一次架构评估工作失控。依据我们从客户那里收集反馈这个标准来看，每一次评估都是成功的。

虽然它们都很成功，但也有一些令人难忘的扣人心弦的故事。

不止一次，我们在开始架构评估时，却发现开发组织竟没有要评估的架构。有时只有一堆类图或模糊的文字描述充当一个架构。我们曾获得在评估开始时架构将会准备好的承诺，尽管意愿良好，但总是事与愿违。（我们在评估前准备和先决条件方面并不总是那么谨慎。我们现在的勤奋就是这些经历的结果。）但是没关系。在这种情况下，评估的主要结果包括一组相关的质量属性、在评估间绘制的"白板"架构，以及架构师承诺的一组文档。所有情况下，客户都认为详细的场景、我们对所引出的架构执行的分析以及对需要完成的工作的认识都比评估本身更合乎情理。

好几次，我们开始评估后，在执行过程中却找不到架构师了。有一次，在准备和执行评估期间，架构师辞职了。这个组织处于混乱之中，而架构师只是在一个更平静的环境中得到了一个更好的工作机会。通常情况下，没有架构师的帮助我们是不会继续的，但是没关系，因为架构师的助手介入了。再给他些时间做好准备，我们就万事俱备了。评估按照计划进行，而助手为评估所做的准备工作对帮他接替架构师的位置起了很大的促进作用。

有一次，我们在ATAM评估的中途发现，我们准备评估的架构正在被抛弃，取而代之的是一个没有人愿意提及的新架构。在第1阶段的步骤6中，架构师对场景提出的问题做出了回应，他漫不经心地提到"新架构"不会受到该缺陷的影响。房间里的每个人，包括利益相关者和评估者，都在接下来的困惑沉默中看着对方。"什么新架构？"我茫然地问，然后新架构就出来了。开发组织（美国军方的一个承包商，已经委托进行评估）已经为系统准备了一个新的架构，以应对他们知道的将来会出现的更严格的要求。我们叫了暂停，与架构师和客户进行了协商，然后决定继续使用新架构作为主题，而不是旧的。我们重新回到步骤3（讲解架构），但表中的所有其他内容（业务目标、效用树、场景）仍然完全有效。评估仍像以前一样进行，在评估结束时，我们的军方客户对所获得的信息非常满意。

这可能是我经历的最离奇的评估了，我们在第2阶段的中失去了架构师。该评估的客户是一个正在进行大规模重组的组织中的项目经理。这位经理是一位和蔼可亲、文质彬彬的人，幽默感很强，但背地里大家都说不能与他作对。架构师在不久的将来被分配到组织的其他部门，这相当于从项目中被解雇。（我们直到评估之后才发现这一点。）经理说他想在架构师尴尬离开之前确定架构的质量。当我们进行ATAM评估时，经理建议初级设计师参加。"他们可能会学到一些东西，"他说。我们同意了。评估开始时，我们的日程安排（一开始就很紧张）一直被打乱。经理想让我们见见公司的主管。然后让我们和一个他说可以给出更多架构见解的人共进午餐。事实证明，在我们预定的会面时间，高管们都很忙。所以经理问我们是否可以晚些时候再和他们见面。

到目前为止，第 2 阶段的计划被打乱了，架构师不得不离开，飞回他在遥远城市的家，这让我们非常震惊。对于自己的架构在没有他的情况下进行评估，他很不高兴。他说，初级设计师永远无法回答我们的问题。在他离开之前，我们的团队聚在一起。这次评估似乎处于灾难的边缘。我们有一个离开的不愉快架构师，一个失败的时间表和可疑的专业知识。我们决定把评估小组分开。团队的一半将继续第 2 阶段，利用初级设计师作为信息资源，团队另一半人将在第二天通过电话与架构师继续进行第 2 阶段的工作。无论如何，我们会在逆境中尽力而为。

令人惊讶的是，项目经理似乎对事态的发展无动于衷。"我相信会有办法的，"他愉快地说，然后离开，去与各副总裁商讨重组事宜。

我带领团队采访了初级设计师。我们从来没从架构师那里得到一个完全令人满意的架构演示。文档中的差异被轻松地回应为"哦，好吧，这不是它真正工作的方式。"所以我决定从 ATAM 的步骤 3 开始。我们询问了大概六位设计师对这个架构的看法。"你能把它画出来吗？"我问他们。他们紧张地面面相觑，其中一个说："我想我可以画一部分。"他走到白板前，画了一个非常合理的组件和连接器视图。还有人自愿画一个过程视图。第三个人绘制了系统重要的离线部分的架构。其他人也加入进来帮忙。

当我们环顾房间时，每个人都在忙着抄写白板上的草图。到目前为止，这些草图与我们在文档中看到的任何内容都不相符。"这些图在哪里有记录吗？"我问到。其中一个设计师从他忙碌的涂鸦中抬起头来笑了一下说："现在正在记录啊。"

当我们继续到步骤 8，使用先前捕获的场景分析架构时，设计师们在合作回答我们的问题方面做得非常好。没有人知道一切，但每个人都知道一些事情。在半天的时间里，他们对整个架构做出了清晰而一致的描述，这比架构师在整整两天的评估前讨论中做出的任何描述都更加连贯和易于理解。在第 2 阶段结束时，设计团队完成了转型。这一过去缺乏信息、知识有限的团队成为了真正的架构团队。成员们相互交流并认可对方的专业知识。这些专业知识在每个人面前都得到了展示和验证——最重要的是，在他们的项目经理面前。项目经理已经溜回房间观察。他脸上有一种极其满意的神情。我开始意识到（你猜对了）一切都很好。

事实证明，这个项目经理知道如何以一种让马基雅维利（Machiavelli）印象深刻的方式操纵事件和人。架构师的离开不是因为重组，而仅仅是碰巧遇到了重组。这是项目经理精心策划的。经理觉得架构师变得过于专制和专横，他希望给初级设计人员一个成长和表现的机会。架构师的中途离职正是项目经理想要的。设计团队浴火成长才是评估工作的主要目的。尽管我们发现了一些与架构相关的重要问题，但项目经理在我们到达之前就已知道每一个问题。事实上，他通过在休息时或会议后发表一些谨慎的评论，确保我们发现这些问题。

这次评估成功吗？客户非常满意。他对架构优缺点的直觉得到了证实。我们帮助客户的设计团队，在公司重组的风浪中把握好系统，在正确的时间成为一个有效和有凝聚力的团队。客户对我们的最终报告非常满意，并确保公司董事会看到了报告。

这些扣人心弦的情节在我们的记忆中十分深刻。没有架构记录，没关系。这不是正确的架构，没关系。没有架构，也没关系。客户想做的是进行团队重组。在每个例子中，我们都尽可能理性地做出反应，每次都还可以。

为什么？为什么一次又一次结果都还好？我认为有三个原因。

首先，委托进行架构评估的人真的希望架构能够成功。在客户的邀请下聚在一起的架构师、开发人员和其他利益相关者也希望它成功。作为一个团队，他们推动评估朝着架构洞察的目标前进。

第二，我们总是诚实的。如果我们觉得这项工作正在脱轨，我们会叫暂停并进行协商，通常还会与客户进行协商。虽然少量的虚张声势可以在评估中派上用场，但我们从不试图在评估中虚张声势。参与者可以本能地察觉到虚假信息，评估团队决不能失去其他参与者的尊重。

第三，方法本身是为了在整个评估过程中建立并保持稳定的共识。不要发生意外。参与者制定了构成合理架构的基本规则，并在每一步中为发现风险做出贡献。

所以要尽你所能做好工作。要诚实。相信方法。相信你召集的这些人的善意和良好意愿。一切都会好起来的。

——PCC（改编自文献 [Clements 01b]）

21.6　轻量级架构评估

轻量级架构评估（Lightweight Architecture Evaluation，LAE）方法旨在用于项目内部环境，由同行进行定期评审。它使用与 ATAM 相同的概念，并定期执行。可以召开 LAE 会议，重点讨论自上次评审以后架构或架构驱动因素发生的变化，或者检查架构之前漏掉的内容。由于范围有限，ATAM 的许多步骤可以省略或缩短。

LAE 评估的持续时间取决于生成和检查的质量属性场景的数量，而这些数量又取决于评估的范围。要检查的场景数量取决于所评估系统的重要性。因此，LAE 评估可以短到几个小时，长到一整天。它完全由组织内部的成员执行。

因为参与者都是组织内部的，而且人数少于 ATAM 的，所以给每个人发言权并达成共识所需的时间要少得多。此外，LAE 评估是一个轻量级的过程，可以定期进行；反过来，该方法的许多步骤可以省略或者只是简单地介绍一下。表 21.3 显示了 LAE 评估中的可能步骤，以及在评估中执行这些步骤的说明。LAE 通常由项目架构师召集和领导。

表 21.3 轻量级架构评估的典型过程

步骤	说 明
1：给出方法步骤	假设参与者熟悉流程，可以省略这一步
2：回顾业务目标	参与者应该了解系统及其业务目标和它们的优先级。可以做一个简短的回顾，以确保这些内容在每个人的脑海中都有印象，而不是过眼云烟
3：回顾架构	所有参与者都应熟悉系统，因此，至少使用模块和 C&C 视图对架构进行简要概述，要强调自上次评审以来的变化，并通过这些视图走查一两个场景
4：回顾架构方法	架构师重点讲解用于特定质量属性关注点的架构方法。这通常是作为步骤 3 的一部分完成的
5：回顾质量属性效用树	效用树应该已经存在，以便团队进行评审，并在必要时使用新场景、新响应目标、新场景优先级和风险评估对其进行更新
6：头脑风暴并对场景进行优先级排序	这时可以进行简短的头脑风暴，以确定是否有新的情况值得分析
7：分析架构方法	在该步骤中，要花费大量时间将高优先级场景映射到架构上，应该关注架构的最新变化，或者团队以前没有分析过的架构部分。如果架构发生了变化，则应根据这些变化重新分析高优先级场景
8：捕获结果	评估结束时，团队审查现有和新发现的风险点、无风险点、敏感点和权衡点，并讨论是否出现了任何新的风险主题

这里没有最终的报告，但（和 ATAM 一样）抄写员要负责捕获结果，然后共享这些结果并作为风险补救的基础。

整个 LAE 可以在不到一天甚至一个下午的时间内完成。结果取决于临时召集的团队对 LAE 方法的目标、技术和系统本身的理解程度。内部评估团队通常不如外部评估团队客观：人们倾向于听到较少的新想法和较少的反对意见，这可能会损害其结果的价值。尽管如此，此版本的评估成本低廉，易于召集，并且涉及的仪式相对较少，因此只要项目需要架构质量保证检查，就可以快速使用它。

基于战术的调查问卷

我们在第 3 章讨论的另一种（更轻的）轻量级评估方法是基于战术的调查问卷。基于战术的调查问卷关注单一质量属性。架构师可以使用它来帮助反思和内省，也可以使用它来组织评估人员（或评估团队）和架构师（或设计师团队）之间的问答环节。这种会议通常很短——每个质量属性大约 1 h，但可以揭示为控制质量属性而做出的设计决策和未做出的设计决策，以及通常隐藏在这些决策中的风险。我们在第 4 ～ 13 章中提供了特定于质量属性的问卷，以帮助指导你完成评估。

基于战术的分析可以在很短的时间内产生令人惊讶的结果。例如，有一次我在分析一个管理医疗数据的系统，对其防护性质量属性展开分析。在会议期间，我尽职尽责地浏览了基于防护性策略的调查问卷，依次询问每个问题（你可能还记得，在这些调查问卷中，每个战术都转化为一个问题）。例如，我问，"系统是否支持入侵检测？""系统是否支持消息完整性验证？"等等。当我问到"系统是否支持数据加密"时，架构师停下来微笑了一下。然后，他（不好意思地）承认，该系统有一个要求，即在没有加密的情况下，任何数据都不能通过网络"公开"传递。因此，他们在通过网络发送数据之前对所有数据进行了异或运算。

这是一个很好的例子，说明了基于战术的调查问卷可以非常快速且廉价地发现这种风险。是的，在严格意义上，他们满足了要求，他们没有以明文形式发送任何数据。但是他们选择的加密算法，一个能力一般的高中生就可以破解！

——Rick Kazman

21.7　总结

如果一个系统重要到足以让你明确设计其架构，那么就应该对架构进行评估。

评估的次数和每次评估的范围可能因项目而异。设计师应该在做出重要决策的过程中进行评估。

ATAM 是一种评估软件架构的综合方法。它通过让项目决策者和利益相关者明确质量属性需求的精确列表（以场景的形式）以及阐明与分析每个高优先级场景相关的架构决策来工作。然后，根据风险点或非风险点来理解决策，并发现架构中的任何问题点。

轻量级评估方法可以作为项目内部同行评审活动的一部分定期进行。基于 ATAM 的 LAE 提供了一种廉价、少仪式的架构评估方法，可以在不到一天的时间内完成。

21.8　进一步阅读

有关 ATAM 更全面的介绍，请参阅文献 [Clements 01b]。

有多个采用 ATAM 方法的案例研究。可以通过访问 sei.cmu.edu/library 并搜索"ATAM case study"找到它们。

已经开发了几种轻量级架构评估方法。可以在文献 [Bouwers 10]、文献 [Kanwal 10] 和文献 [Bachmann 11] 中找到它们。

从 ATAM 中得出的各种见解的分析可在文献 [Bass 07] 和文献 [Bellomo 15] 中找到。

21.9　问题讨论

1. 想想你正在开发的软件系统。准备 30 min 的演示文稿，介绍该系统的业务目标。

2. 如果你要评估此系统的架构，你希望谁参与？利益相关者的角色是什么？你可以找谁来代表这些角色？

3. 计算基于 ATAM 的大型企业级系统架构评估的成本。假设参与者的全负荷劳动费率为每年 25 万美元。假设评估发现了一个架构风险并降低了该风险可以节省 10% 的项目成本，那么在什么情况下，采用 ATAM 是项目的明智选择？

4. 研究一个或多个糟糕的架构决策导致的代价高昂的系统失效。你认为架构评估能抓住风险吗？如果是这样，将失效的成本与评估的成本进行比较。

5. 一个组织评估两个相互竞争的架构并不少见。你将如何修改 ATAM 以产生有助于这种比较的定量输出？

6. 假设你被要求对系统的架构进行秘密评估。架构师不在，也不允许与系统的任何利益相关者讨论评估。你将如何进行？

7. 在什么情况下，你希望使用完整的 ATAM，在什么情况下，你希望使用 LAE？

第 22 章　记录架构

仅仅创建一个架构是不够的。架构必须以某种方式进行沟通，让利益相关者正确地使用它来完成他们的工作。如果你费心创建一个强大的架构，一个希望经得起时间考验的架构，那么你**必须**精心对它进行足够详细的描述，没有歧义，井然有序，以便其他人能够快速找到或更新所需的信息。

文档代表架构师发声。当架构师要做其他事情，不能回答关于架构的各种问题时，它代表了今天的架构师。当已经忘记了架构包括哪些细节，或者当这个人离开了项目而其他人现在是架构师时，它代表了明天的架构师。

最好的架构师生成好文档，并不是因为文档是"必需的"，而是因为他们明白文档对于他们手头的事情至关重要——能够预测并尽可能减少返工，产出高质量的产品。他们把直接的利益相关者（开发人员、部署人员、测试人员、分析人员）视为与这项工作最密切相关的人。

但是架构师也把文档看作是为他们自己提供价值。当主要设计决策**被确认时**，文档就像容器一样保存它们。经过深思熟虑的文档计划可以使设计过程更加顺利和系统化。无论是六个月的设计阶段还是六天的敏捷冲刺阶段，文档都可以帮助架构师在设计过程中对架构设计进行推理和沟通。

请注意，"文档化"并不一定意味着制作一个物理的、印刷的、像书一样的制品。托管方式的在线文档（如 wiki）提供了讨论、反馈和搜索的功能，是架构文档的理想论坛。另外，不要认为文档是与设计截然不同并遵循设计的步骤。在你开展设计工作时，文档是你向他人解释架构的语言。理想情况下，设计和文档是同一件工作。

22.1　架构文档的用途和受众

架构文档必须服务于不同的目的。它应该足够透明，便于新员工快速理解。它应该足够具体，可以作为构建或取证的蓝图。它应该有足够的信息，可以作为分析的基础。

架构文档可以看作是规定性和描述性的。对一些受众来说，它规定了什么应该是正确的，对尚未做出的决策施加限制。对于其他受众，它描述了什么是正确的，说明了已经做出的系统设计决策。

许多不同类型的人都对架构文档感兴趣。他们希望这些文档能够帮助他们完成各自的工作。了解架构文档的用途是至关重要的，因为这些用途决定了要捕获的重要信息。

基本上，架构文档有四种用途。

1）架构文档作为一种培训手段。培训用途包括向人们介绍系统。这些人可能是团队的新成员、外部分析师，甚至是新架构师。在许多情况下，你第一次向其展示解决方案的"新"人是客户，你希望通过该展示来获得资金或批准。

2）架构文档作为利益相关者之间的主要沟通工具。文档作为沟通工具的准确用途取决于和哪些利益相关者进行沟通。

也许架构文档最热心的使用者之一正是项目未来的架构师。这可能是同一个人，也可能是一个接替者，但无论哪种情况，未来的架构师肯定与文档有巨大的利害关系。新架构师感兴趣的是了解前任架构师如何解决系统的难题，以及为什么要做出特定的决策。即使未来的架构师是同一个人，他也会将文档作为思想的宝库，一个设计决策的储存库，其数量之多，且不可救药地交织在一起，仅凭记忆是无法复制的。

在 22.8 节中，我们列举了架构及其文档的利益相关者。

3）架构文档作为系统分析和构建的基础。架构告诉实现者要实现哪些模块以及这些模块是如何连接在一起的。这些依赖关系决定了模块开发团队必须与哪些其他团队进行沟通。

对于那些对满足系统质量目标的设计能力感兴趣的人来说，架构文档可以作为评估的素材。它必须包含评估各种属性（如防护性、性能、易用性、可用性和可修改性）所需的信息。

4）架构文档作为事件发生时的取证基础。当事件发生时，有人负责追查事件的直接原因和根本原因。事件发生前的控制流信息将提供给"执行时"架构。例如，接口规范将为控制流提供上下文，组件描述将说明事件轨迹中每个组件内部应该发生的事情。

为了使文档随着时间的推移持续提供价值，它需要保持最新。

22.2 表示法

用于记录视图的表示法在其正式程度上有很大差异。大致来说，有三类主要的表示法：

❑ 非正式表示法。可以使用通用的图表和编辑工具以及为手头上系统选择的视觉约定来描绘视图（通常是图形化的）。你见过的大多数框线图可能都属于这一类，比如 PowerPoint 或类似的工具，或者白板上的手绘草图。描述的语义采用自然语言，无法进行形式化分析。

❑ 半正式表示法。视图可以用一种标准化的表示法来表示，这种表示法规定了图形元素和构造规则，但不提供对这些元素含义的完整语义处理。可以应用初步分析来确定一个描述是否满足语法属性。在这个意义上，UML 及其系统工程软件 SysML 是半正式化表示法。大多数广泛使用的商用建模工具都采用此类表示法。

❑ 正式表示法。视图可以用具有精确（通常基于数学的）语义的表示法来描述。可以进行语法和语义的正式分析。有多种软件架构正式表示法可用。通常称为架构描述语言（Architecture Description Language，ADL），它们通常为架构表示提供图形词汇表和底层语义。在某些情况下，这些表示法专用于特定的架构视图。在其他情况下，它们支持许多视图，甚至提供正式定义新视图的能力。ADL 还具有相关的自动化能力——自动提供对架构的分析，或协助生成代码。不过在实践中，很少使用正式表示法。

通常，更正式的表示法需要花费更多的时间和精力来创建和理解，但作为回报，这种努力减少了歧义，增加了分析的机会。相反，越非正式的表示法越容易创建，但提供的保证越少。

不管正式程度如何，永远要记住，不同的表示法对于表达不同种类的信息更好（或更差）。撇开形式不谈，UML 类图不能帮助你推理可调度性，序列图也不能告诉你系统按时交付的可能性。你应该选择表示法和表示语言，同时牢记你需要捕获和推理的重要问题。

22.3　视图

也许与软件架构文档相关的最重要的概念就是视图了。软件架构是一个复杂的实体，不能用简单的一维方式来描述。视图是对一组系统元素和它们之间关系的表示，不是所有系统元素，而是特定类型的系统元素。例如，系统的分层视图将显示"层"类型的元素；也就是说，它将显示系统分解为多个层，以及层之间的关系。同时，纯分层视图不会显示系统的服务、客户机和服务器、数据模型或任何其他类型的元素。

因此，视图帮我们将软件架构的多维实体划分为许多（我们希望的）有趣且可管理的系统表示。视图的概念引出架构文档的基本原则：

记录架构就是记录相关的视图，然后添加适用于多个视图的文档。

相关视图是什么？这完全取决于你的目标。正如我们前面所看到的，架构文档可以用于许多目的：实现者的任务陈述、分析的基础、代码自动生成的规范、系统理解和逆向工程的起点，或者项目评估和规划的蓝图。

不同的视图也会在不同程度上暴露不同的质量属性。反过来，在系统开发中，你和其他利益相关者最关心的质量属性将影响你选择记录哪些视图。例如，模块视图可以让你对系统的可维护性进行推理，部署视图可以让你对系统的性能和可靠性进行推理，等等。

因为不同的视图支持不同的目标和用途，所以我们不提倡使用任何特定的视图或视图集合。你要记录的视图取决于你对文档的预期用途。不同的视图将突出不同的系统元素和关系。记录多少不同的视图取决于成本 / 收益评估。每个视图都有成本和收益，你应该确保创建和维护视图的预期收益大于其成本。

视图的选择是由设计中记录特定模式的需要驱动的。有些模式由模块组成，有些模式由组件和连接器组成，还有一些模式需要考虑部署问题。模块视图、组件和连接器（C&C）视图以及分配视图分别是表示这些事项的适当机制。当然，这些视图类别对应于第 1 章中描述的三类架构结构。（回想一下第 1 章，结构是元素、关系和属性的集合，而视图是一个或多个架构结构的表示。）

在本节中，我们将探讨这三类基于结构的视图，然后介绍一个新类别：质量视图。

1. 模块视图

模块是提供一组一致责任的实现单元。模块采用的形式可以是类、类集合、层、方面或实现单元的任何分解。典型的模块视图包括分解视图、使用视图和层视图。每个模块视图都有匹配的属性集合。这些属性表示与每个模块、模块之间的关系以及模块上的约束相关的重要信息。典型的属性包括责任、可见性信息（其他模块可以使用它）和修改历史。模块之间的关系包括：是……一部分（is-part-of）、依赖……（depends-on）和是……（is-a）。

将系统的软件分解为可管理单元仍然是系统架构的重要形式之一。至少，它确定了系统的源代码如何分解为单元，每个单元为其他单元提供的服务而做出的假设，以及这些单元如何聚合为更大的集合。它还包括影响多个单元并受多个单元其影响的共享数据结构。模块结构通常决定了对系统某个部分的变更如何影响其他部分，从而决定了系统支持可修改性、可移植性和重用性的能力。

如果连模块视图都没有，任何软件架构的文档都不可能完整。表 22.1 总结了模块视图的特点。

表 22.1　模块视图总结

元素	模块，是软件的实现单元，提供一组一致的责任
关系	是……一部分，定义子模块（部分）与聚合模块（整体）之间的部分 / 整体关系 依赖……，定义两个模块之间的依赖关系 是……，定义了一个更具体模块（子模块）和一个更抽象模块（父模块）之间的泛化 / 具象化关系
约束	不同的模块视图可能会施加拓扑约束，比如模块之间的可见性限制
用途	• 构建代码的蓝图 • 分析变更的影响 • 规划增量开发 • 需求可追溯性分析 • 沟通系统的功能及其代码库的结构 • 支持工作分配、实施计划和预算信息的定义 • 显示数据模型

模块的属性有助于指导实施或分析，应作为文档的一部分记录在模块视图中。属性清单可能有所不同，但可能包括以下内容：

❑ 名称。模块的名称当然是引用它的主要方式。模块的名称通常暗示其在系统中的角色。此外，模块的名称可以反映其在分解层次结构中的位置；例如，名称 A.B.C 是指模块 C，同时意味着它是模块 B 的子模块，而模块 B 是 A 的子模块。

❑ 责任。模块的责任属性是一种识别其在整个系统中的角色并为其建立名称之外标识的方法。一个模块的名字可能暗示它的角色，而责任声明则更明确地描述了这个角色。责任描述应该足够详细，以便读者清楚地了解每个模块的功能。模块的责任通常通过跟踪项目的需求规范（如果有的话）来获取。

❑ 实现信息。模块是实现单元。因此，从管理它们的开发和构建包含它们的系统的角度，记录与实现相关的信息是非常有用的。这可能包括：

- 与源代码的映射。标识与模块代码实现相关的文件。例如，如果用 Java 实现，Account 模块可能由几个文件构成：`IAccount.Java`（接口）、`AccountImpl.Java`（账户功能的实现），甚至可能还有一个单元测试文件 `AccountTest.Java`。

- 测试信息。模块的测试计划、测试用例、测试工具和测试数据都很重要。这里记录的可能只是指向这些内容的索引。

- 管理信息。管理人员可能需要有关模块进度计划和预算的信息。该信息可能只是指向这些内容的索引。

- 实施约束。在许多情况下，架构师会考虑模块的实现策略，或者了解实现必须遵循的约束条件。

- 修订历史。了解模块的历史（包括其作者和具体的变更）可能会对你开展维护活动有帮助。

模块视图可用于向不熟悉系统的人解释系统的功能。模块的不同粒度分解提供了系统自上而下的责任说明，因此可以指导对系统的学习。对于已经实现的系统，模块视图（如果保持最新）对新开发人员很有帮助，因为可以向他们解释代码库的结构。

相反，很难使用模块视图来推断运行时行为，因为这些视图只是软件功能的静态分解。因此，模块视图通常不用于分析性能、可靠性和许多其他运行时质量。对于这些目的，要依赖于组件和连接器以及分配视图。

2. 组件和连接器视图

C&C 视图显示具有某些运行时状态的元素，如进程、服务、对象、客户机、服务器和数据存储。这些元素称为组件。此外，C&C 视图将交互路径作为元素，如通信链路和协议、信息流以及对共享存储的访问。此类交互在 C&C 视图中表示为连接器。C&C 视图的示例包括客户机 – 服务器、微服务和通信流程。

C&C 视图中的组件可以代表一个复杂的子系统，该子系统本身可以被描述为 C&C 子架构。组件的子架构可能采用与组件不同的模式。

连接器的简单示例包括服务调用、异步消息队列、支持发布 - 订阅交互的事件多播，以及表示异步、保序数据流的管道。连接器通常还表示更复杂的交互形式，例如数据库服务器和客户机之间面向事务的通信信道，或者协调服务调用者和服务提供者之间交互的企业服务总线。

连接器无须成对出现；也就是说，它们不需要正好有两个相互作用的组件。例如，发布 – 订阅连接器可能具有任意数量的发布者和订阅者。即使连接器最终是成对（如过程调用）实现的，在 C&C 视图中采用 n 元连接器表示也是有用的。连接器体现了一种交互协议。当两个或多个组件交互时，它们必须遵守关于交互顺序、控制点以及错误和超时处理的约定。交互协议应记录在案。

C&C 视图中的主要关系是附属（attachment）。附属表示哪些连接器附属到哪些组件，从而将系统绘制为组件和连接器组成的图形。关系的兼容性通常是根据信息类型和协议来定义的。例如，如果 Web 服务器希望通过 HTTPS 进行加密通信，则客户机必须执行加密。

C&C 视图的元素（组件或连接器）具有与其关联的各种属性。具体而言，每个元素都应该有一个名称和类型，其附加属性取决于组件或连接器的类型。作为架构师，你应该为支持特定 C&C 视图预期分析的属性赋值。以下是一些典型属性及其用途的示例：

- ❏ 可靠性。给定组件或连接器失效的可能性有多大？此属性可用于帮助确定整个系统的可用性。
- ❏ 性能。组件在什么负载下提供什么样的响应时间？对于给定的连接器，预期的带宽、延迟或抖动是什么？此属性可与其他属性一起使用，以确定整个系统的属性，如响应时间、吞吐量和缓冲大小。
- ❏ 资源需求。组件或连接器需要什么样的处理器和存储？如果相关的话，它会消耗多少能源？此属性可用于评估建议的硬件配置是否足够。
- ❏ 功能性。元素执行什么功能？此属性可用于推理系统执行的端到端计算。
- ❏ 防护性。组件或连接器是否强制执行或提供防护特性，如加密、审计跟踪或身份验证？此属性可用于确定潜在的系统防护漏洞。
- ❏ 并发性。该组件是否作为单独的进程或线程执行？此属性有助于分析或模拟并发组件的性能，并识别可能的死锁和瓶颈。
- ❏ 运行时可扩展性。消息结构是否支持不断演进的数据交换？连接器是否可以调整以处理这些新消息类型？

C&C 视图通常用于向开发人员和其他利益相关者展示系统的工作方式：可以动态跟踪 C&C 视图，显示端到端的活动线程。C&C 视图还用于推理运行时系统质量属性，如性能和可用性。特别是，一个文档化良好的视图允许架构师根据单个元素及其交互属性的评估或度量，来预测整个系统的属性，如系统延迟或可靠性。

表 22.2 总结了 C&C 视图的特点。

表 22.2　C&C 视图总结

元素	• 组件：关键处理单元和数据存储。 • 连接器：组件之间相互作用的路径
关系	• 附属：组件和连接器进行关联以生成图形表示
约束	组件只能附属到连接器，并且连接器只能附属到组件。 • 附属关系只能在兼容的组件和连接器之间建立。 • 连接器不能单独出现，连接器必须附属到一个组件
用途	展示系统是如何工作的。 • 通过指定运行时元素的结构和行为来指导开发。 • 帮助推理运行时系统质量属性，如性能和可用性

C&C 视图的表示法

一如既往，方框和线条图可用于表示 C&C 视图。尽管非正式表示法在其所能传达的语义方面受到限制，但遵循一些简单的指导原则可以使描述更加严谨和深入。主要指导原则很简单：为每个组件类型和每个连接器类型指定一个单独的符号，并在图例中列出每个类型。

UML 组件在语义上与 C&C 组件非常匹配，因为它们都允许直观地记录重要信息，如接口、属性和行为描述。UML 组件还区分组件类型和组件实例，这在定义特定于视图的组件类型时非常有用。

3. 分配视图

分配视图描述了软件单元到开发或执行软件的环境元素的映射。这个视图中的环境可能是硬件、执行软件的操作环境、支持开发或部署的文件系统或开发组织。

表 22.3 总结了分配视图的特征。这些视图包括软件元素和环境元素。环境元素包括处理器、磁盘阵列、文件或文件夹、一组开发人员等。软件元素来自模块或 C&C 视图。

表 22.3　分配视图总结

元素	软件元素和环境元素。软件元素具有环境请求的属性。环境元素具有提供给软件的属性
关系	分配给：（Allocated-to）：软件元素映射到（分配给）环境元素
约束	根据视图变化
用途	用于对性能、可用性、防护性和安全性进行推理。用于对分布式开发进行推理并将工作分配给团队。用于对软件版本的并发访问进行推理。用于对系统安装的形式和机制进行推理

分配视图中的关系是分配给。我们通常根据软件元素到环境元素的映射来讨论分配视图，尽管反向映射也可能有意义并且可能很有趣。单个软件元素可以分配给多个环境元素，多个软件元素可以分配给单个环境元素。如果这些分配在系统执行期间随时间而变化，则架构对于该分配就是动态的。例如，进程可能会从一个处理器或虚拟机迁移到另一个处理器或虚拟机。

软件元素和环境元素在分配视图中具有属性。分配视图的一个目标是将软件元素所需的属性与环境元素提供的属性进行比较，以确定分配是否成功。例如，为了确保其请求的响应时间，组件必须在（分配给）提供足够快处理能力的处理器上执行。另一个例子是，计算平台可能不允许任务使用超过 10 KB 的虚拟内存；可以使用软件元素执行模型来确定所需的虚拟内存使用量。类似地，如果要将模块从一个团队转交到另一个团队，则需要确保新团队具有该模块相关的技能和背景知识。

分配视图可以是静态视图或动态视图。静态视图描述环境中资源的固定分配。动态视图显示资源发生变更的条件和触发器。例如，随着负载的增加，一些系统会提供并利用新的资源。比如在负载均衡系统中，在另一台机器上创建新的进程或线程。在这个视图中，需要记录分配视图变更的条件、运行时分配的软件以及动态分配机制。

回顾第 1 章，其中一种分配结构是工作分配结构，它将模块分配给团队进行开发。这种分配也可以改变，这取决于"负载"——当前开发团队的工作强度。

4. 质量视图

模块、C&C 和分配视图都是结构视图：它们主要显示架构师在架构中设计的用来满足功能和质量属性需求的结构。

这些视图是指导和约束下游开发人员的最佳选择，下游开发人员的主要工作是实现这些结构。然而，在某些质量属性（或者，就此而言，任何利益相关者的关注点）特别重要和普遍的系统中，结构视图可能不是为这些需求提供架构解决方案的最佳方式。原因是解决方案可能会分散到多个难以组合的结构中（比如，每个结构中显示的元素类型是不同的）。

另一种视图，我们称之为质量视图，可以针对特定的利益相关者或解决特定的问题进行定制。质量视图是通过提取结构视图的相关部分并将它们打包在一起而形成的。以下是五个例子：

- ❑ 防护性视图可以显示为提供防护性而采取的所有架构措施。用于描述具有某种防护性角色或责任的组件、这些组件的通信方式、防护性信息的任何数据存储库以及防护性相关的存储库。视图的属性将包括系统环境中的其他防护措施（例如，物理防护）。防护性视图还将显示防护性协议的操作，以及人们在何处如何与防护性元素交互。最后，它将描述系统如何响应特定的威胁和漏洞。

- ❑ 通信视图可能对全球分布和异构的系统特别有用。此视图将显示所有组件到组件信道、各种网络信道、服务质量参数值和并发区域。这种视图可用于分析某些类型的性能和可靠性，例如死锁或竞态条件检测。此外，它还可以显示（例如）网络带宽是如何动态分配的。

- ❑ 异常或错误处理视图有助于阐明并提请注意错误报告和解决机制。这样的视图将显示组件如何检测、报告和解决故障或错误。它将帮助架构师识别错误的来源，并为每个错误指定适当的纠正措施。最后，它将有助于对这些情况进行根本原因分析。

- 可靠性视图将对可靠性机制（例如复制和切换等）进行建模。它还用于描述时序问题和事务完整性。
- 性能视图包括有助于推理系统性能的架构元素。这样的视图可以显示网络流量模型、操作最大延迟等。

这些以及其他质量视图反映了 ISO/IEC/IEEE 标准 42010：2011 的编制理念，即推荐创建由架构利益相关者关注点驱动的视图。

22.4　组合视图

用一组独立视图记录架构的基本方法会带来分而治之的优势。当然，如果这些视图彻底不同，彼此之间没有联系，那就没有人能够理解整个系统了。然而，由于架构中的所有结构都是同一架构的一部分，并且都是为了实现一个共同的目标而存在，因此许多结构彼此之间具有很强的关联性。管理架构结构的关联方式是架构师工作的重要部分，与这些结构是否存在任何文档无关。

有时，显示两个视图之间强关联的最方便的方法是将它们合并为单个组合视图。组合视图包含来自两个或多个其他视图的元素和关系。这样的视图非常有用，只要你不试图用太多的映射来组合它们。

合并视图最简单的方法是创建一个覆盖层，将原本出现在两个独立视图中的信息合并在一起。如果两个视图之间的关系很紧密，也就是说，如果一个视图中的元素和另一个视图中的元素之间有很强的关联，那么这种方法就可以很好地工作。在这种情况下，组合视图所描述的结构将比单独看到的两个视图更容易理解。在覆盖层中，元素和关系保持在其组成视图中定义的类型。

以下视图组合的出现通常非常自然：

- C&C 视图相互组合。因为所有 C&C 视图都用于显示各种类型组件和连接器之间的运行时关系，所以它们往往很好组合。不同（单独）的 C&C 视图侧重显示系统的不同部分，或侧重于显示其他视图中组件的分解细化。其成果通常是一组可以轻松组合的视图。
- 部署视图和任何显示进程的 C&C 视图组合。进程是部署到处理器、虚拟机或容器上的组件。因此，这些视图中的元素之间有很强的关联。
- 分解视图和任何工作分配、实现、使用或分层视图组合。分解的模块构成了工作、开发和使用的单元。此外，这些模块可以填充到分层视图。

图 22.1 显示了一个组合视图的示例，该视图是客户机 – 服务器、多层和部署视图的组合。

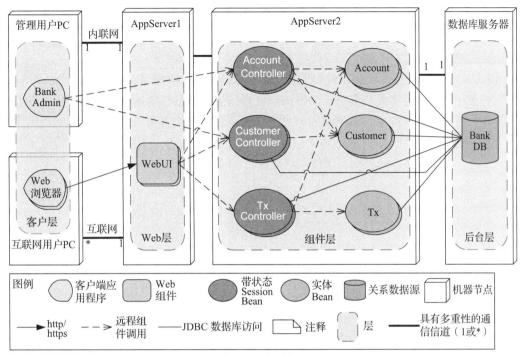

图 22.1 组合视图

22.5 记录行为

记录架构需要记录行为，行为文档通过描述架构元素如何相互作用来丰富结构视图。如果要对诸如系统死锁的可能性、系统在预期时间内完成任务的能力或最大内存消耗等特征进行推理，就需要架构描述提供关于单个元素及其资源消耗特征的信息，以及它们之间的相互作用模式——它们彼此之间的行为关系。在本节中，我们将告诉你要记录哪些类型的内容来得到这些好处。

有两种类型的表示法可用于记录行为：面向轨迹的和综合的。

轨迹是描述系统处于特定状态时响应特定刺激的活动或交互序列。轨迹描述了系统结构元素之间的一系列活动或交互。尽管人们可能会想当然地描述所有可能的轨迹，以生成综合行为模型的等价物，但面向轨迹的文档并没有真正试图这样做。这里我们介绍记录轨迹的四种表示法：用例、序列图、通信图和活动图。尽管还有其他可用的表示法（如消息序列图、时序图和业务流程执行语言），我们还是选择了这四种具有代表性的面向轨迹的表示法作为示例。

❏ 用例描述了参与者如何使用系统来实现他们的目标，它们经常用于捕获系统的功能需求。UML 为用例图提供了图形表示法，但并没有指定用例文本应该如何编写。

UML 用例图是说明参与者和系统行为概览的好方法。它的描述（采用文本方式）应该包括以下内容：用例名称和简要描述、发起用例的参与者（主要参与者）、参与用例的其他参与者（次要参与者）、事件流程、选择性流程和不成功案例。

❑ UML 序列图显示了从结构文档中提取的元素实例之间的交互序列。在设计系统时，它有助于确定需要在哪里定义接口。序列图仅显示参与所记录场景的实例。它有两个维度：垂直维度，表示时间；水平维度，表示各种实例。相互作用按时间顺序从上到下排列。图 22.2 是基本 UML 表示法的序列图示例。序列图不能明确显示并发性。如果这是你的目标，请使用活动图。

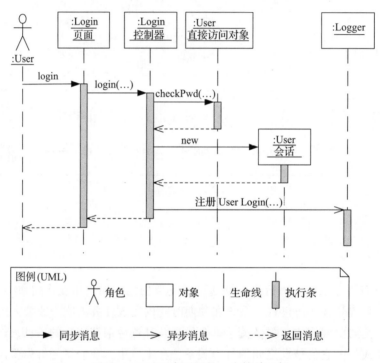

图 22.2　UML 序列图的一个简单示例

如图 22.2 所示，对象（即元素实例）有一条生命线，沿时间轴以垂直虚线绘制。这个序列通常由最左边的角色开始。实例通过发送消息进行交互，消息显示为水平箭头。消息可以是通过网络发送的消息、函数调用或通过队列发送的事件。消息通常映射到接收方实例接口中的资源（操作）。图中的实线实心箭头表示同步消息，而实线开放箭头表示异步消息，虚线箭头是返回消息。沿着生命线的执行条表示实例正在处理或被阻止等待返回。

❑ UML 通信图显示了正在交互的元素，并用数字对每个交互的顺序进行注释。与序列图类似，通信图中显示的实例是附带结构文档中描述的元素。通信图对于验证架构是否能够满足功能需求是非常有用的。然而当把并发操作当做重要问题进行性能分析时却没有作用。

❑ UML 活动图类似于流程图。它们将业务流程显示为一系列步骤（称为操作），包含表示条件分支和并发的表示法，以及表示发送和接收事件的表示法。操作之间的箭头表示控制流。可选地，活动图可以指示执行操作的架构元素或参与者。值得注意的是，活动图可以表示并发性。fork 节点（用与流箭头正交的粗条表示）将流程拆分为两个或多个并发操作流。这些并发流稍后可以通过 join 节点（也用正交条表示）同步到单个流中。join 节点等待所有输入流完成后再继续执行。

与序列图和通信图不同，活动图并不显示在特定对象上执行的实际操作。因此，这些图对于广泛描述特定工作流中的步骤是有用的。条件分支（用菱形符号表示）允许一个图表示多个轨迹，但活动图通常不会试图显示系统（或其一部分）的所有可能轨迹或完整行为。图 22.3 显示了活动图。

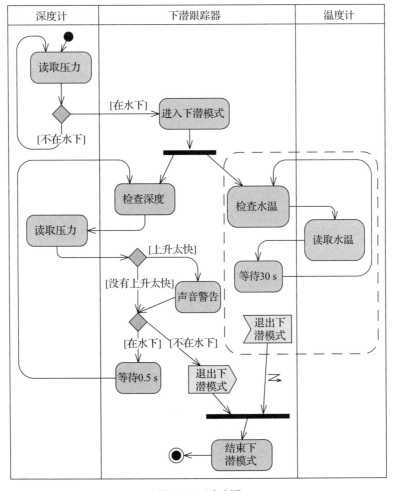

图 22.3　活动图

与轨迹表示法相反，综合表示法显示结构元素的完整行为。有了这种类型的文档，就可能推断出从初始状态到最终状态的所有可能路径。状态机是许多综合表示法使用的一种形式。因为每个状态都是所有可能导致该状态的历史抽象,所以这种形式表示了架构元素的行为。状态机语言允许你使用交互约束和对内部和环境刺激的定时反应来补充系统元素的描述。

给定特定的输入,UML 状态机允许你跟踪系统的行为。这样的图表使用方框表示状态,使用箭头表示状态之间的转换。因此,状态机对架构元素进行建模,并帮助说明它们运行时的相互作用。图 22.4 是显示了汽车音响状态的状态机示例。

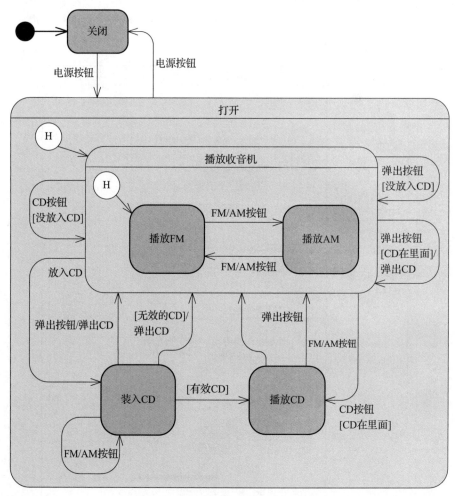

图 22.4　汽车音响系统的 UML 状态机

状态机图中的每个状态转换都用导致转换的事件进行表示。例如,在图 22.4 中,转换对应于驾驶员可以按下的按钮或影响巡航控制系统的驾驶动作。可选地,转换可以指定保护条件,括在括号中表示。当发生与转换对应的事件时,将判断保护条件,并且只有在条件为 true 时才执行转换。转换也可以有结果，称为动作或效果，用斜杠表示。斜杠后的动作，表示在转换发生时要执行的行为。状态机还可以指定进入和退出的动作。

22.6 不只是视图

除了视图和行为，关于架构的全面信息还包括以下内容：

❑ 视图之间的映射。因为一个架构的所有视图都描述同一个系统，所以任何两个视图都有很多共同之处。组合视图（如 22.4 节所述）可以生成一组视图。阐明这些视图之间的关联可以帮助读者深入了解架构作为统一的概念整体是如何工作的。

架构中跨视图的元素之间的关联通常是多对多的。例如，每个模块可以映射到多个运行时元素，每个运行时元素可以映射到多个模块。

视图到视图的关联可以方便地用表格记录。要创建这样的表格，请以某种方便查找的顺序列出第一个视图的元素。表格本身应该加上注释或描述，以说明关联关系——跨两个视图的元素之间的关系。例如，从组件和连接器视图映射到模块视图的"通过……实现"关系，从模块视图映射到组件和连接器视图的"实现……"关系，从分解视图映射到分层视图的"包含在……"关系，等等。

❑ 记录模式。如果按照第 20 章中的建议在设计中使用模式，则应在文档中标识这些模式。首先，实事求是地记录正在使用的模式，然后说明选择这种解决方案的原因——为什么该模式适合当前的问题。使用模式涉及做出连续的设计决策，最终完成模式实例化。这些设计决策可能表现为新实例化的元素以及它们之间的关系，而这些应有序地记录在结构视图中。

❑ 一个或多个上下文关系图。上下文关系图显示了系统或系统的一部分如何与其环境相关联。此图的目的是描述视图的范围。这里"上下文"指系统（或部分系统）与之交互的环境。环境中的实体可能是人、其他计算机系统或物理对象，如传感器或受控设备。可以为每个视图创建上下文关系图，显示不同类型的元素如何与系统环境交互。上下文关系图对于呈现系统或子系统如何与其环境交互的初始图景非常有用。

❑ 可变性指南。可变性指南显示了如何使用视图中显示的任何架构变化点。

❑ 根本原因。根本原因解释了为什么视图中反映的设计会是这样的。目的是解释为什么设计是当前的形式，并提供令人信服的理由以说明它是合理的。22.7 节对记录根本原因进行了更详细的描述。

❑ 术语表和缩略语表。大概率你的架构包含许多专门术语和缩略语。为读者解释这些词语将确保所有的利益相关者都使用同样的语言。

❑ 文档控制信息。列出发布机构、当前版本号、发布日期和状态、变更历史，以及向文档提交变更请求的程序。通常情况下，这些信息是在前面的内容中捕捉到的。变更控制工具可以提供很多这样的信息。

22.7 记录根本原因

在设计时，你会做出重要的设计决策，以实现每次迭代的目标。这些设计决策包括：

❑ 从多个备选方案中选择一个设计概念。

❑ 通过实例化选定的设计概念来创建结构。

❑ 建立元素之间的关系并定义接口。

❑ 分配资源（如人员、硬件、计算资源）。

当你研究一个表示架构的示意图时，你看到的是一个思考过程的最终产品，但是你不总是能够很容易地理解为实现这个结果而做出的决策。记录所选元素、关系和属性之外的设计决策是帮助理解如何得到结果的基础；换句话说，它列出了设计的根本原因。

当迭代目标涉及满足一个重要的质量属性场景时，你所做的一些决策将在满足场景响应度量中发挥重要作用。因此，你在记录这些决策时应格外小心：它们对于帮助分析你创建的设计、促进实施以及稍后帮助理解架构（例如，在维护期间）至关重要。考虑到大多数设计决策都"足够好"，而且很少是最优的，你还需要证明所做的决策是正确的，并记录与你的决策相关的风险，以便对其进行回顾和可能的重审。

你可能认为记录设计决策是一项乏味的任务。不过，根据正在开发系统的关键程度，你可以调整记录的信息量。例如，要记录最少的信息，可以使用如表 22.4 的简化表格。如果你决定记录更多信息，以下信息可能会很有用：

❑ 提供了什么证据来证明决策是正确的？

❑ 谁做了什么？

❑ 为什么要采用捷径？

❑ 为什么要进行权衡？

❑ 你做了什么假设？

正如我们建议你在识别元素时记录责任一样，你应该在做出设计决策时记录这些信息。如果你把它留到以后，你可能无法记得为什么做这些事了。

表 22.4 记录设计决策示例表

设计决策和位置	根本原因和假设（包括废弃的替代方案）
在 TimeServerConnector 和 FaultDetectionService 中引入并发（战术）	应引入并发，以便能够同时接收和处理多个事件（陷阱）
通过在通信层中引入消息队列来使用消息模式	尽管使用消息队列会带来性能损失，但选择消息队列是因为某些实现具有高性能，而且这将有助于支持质量属性场景 QA-3

22.8　架构利益相关者

在第 2 章中，我们说过架构的关键目的之一是实现利益相关者之间的交流。在本章中，我们已经说过，架构文档是在为架构利益相关者服务过程中生成的。那么利益相关者是谁呢？

根据组织和项目的不同，利益相关者群体也会有所不同。本节中的利益相关者列表具有启发性，但并不完整。作为架构师，你的主要职责之一是确定项目的真正利益相关者。同样，我们在这里为每个利益相关者列出的文档需求是典型的，但不是确定的。你应该将以下讨论作为起点，并根据项目的需要进行调整。

架构的主要利益相关者包括：

❏ 项目经理关心进度计划、资源分配，可能还有出于业务原因发布系统子集的应急计划。为了创建进度计划，项目经理需要关于要实施的模块及其顺序的信息，以及关于其复杂性的一些信息，例如责任列表，以及它们对其他模块的依赖关系。依赖关系可能启发某个实现顺序。项目经理对元素或接口的设计细节不感兴趣，除了想知道它们的任务是否已经完成之外。然而，此人对系统的总体目标和约束感兴趣；对与其他系统的交互作用感兴趣，这可能意味着他必须建立一个组织到组织的界面；对可能必须采购的硬件环境感兴趣。项目经理可能会创建或帮助创建工作分配视图，在这种情况下，他将需要一个分解视图来完成这项工作。因此，项目经理可能会对以下视图感兴趣：

  ● 模块视图。分解视图、使用视图和分层视图。

  ● 分配视图。部署视图和工作分配视图。

  ● 其他。显示系统交互、系统概述和用途的顶层上下文关系图。

❏ 开发团队的成员，架构为其提供了前进指令，并对他们如何完成工作给予约束。有时，开发人员要接管他人开发的软件，例如商业软件或遗留系统。要有人对这部分负责，确保它能像宣传的那样运行，并根据需要进行定制。此人希望了解以下信息：

  ● 系统背后的总体思路。尽管这些信息属于需求领域，而不是架构领域，但顶层上下文关系图或系统概述在提供必要信息方面大有帮助。

  ● 为开发人员分配了哪些要实现的元素，也就是说，功能应该在哪里实现。

  ● 指定元素的详细信息，包括它必须操作的数据模型。

  ● 分配了接口的元素以及这些接口是什么。

  ● 开发者可以利用的代码资产。

  ● 必须满足的约束条件，如质量属性、遗留系统接口和预算（资源或财务方面）。

因此，开发人员可能希望看到：

  ● 模块视图。包括分解视图、使用视图和分层视图，以及泛化视图。

- 组件和连接器（C&C）视图。各种各样，显示了分配给开发人员的组件以及与其交互的组件。
- 分配视图。部署视图、实现视图和安装视图。
- 其他。系统概述，包含分配给开发人员的模块上下文关系图，要开发元素的接口文档以及与之交互元素的接口文档，实现所需可变性的可变性指南，根本原因和约束。

□ 测试人员和集成人员，作为利益相关者，架构为他们说明了各部分配合在一起的正确黑盒行为。黑盒测试人员需要访问元素的接口文档。集成人员和系统测试人员需要查看接口、行为规范和用例视图的集合，以便能够处理增量子集。因此，测试人员和集成人员可能希望看到以下视图：

- 模块视图。分解视图、使用视图和数据模型。
- C&C 视图。所有的。
- 分配视图。部署视图；安装视图；实现视图，以便找到构建模块的资产。
- 其他。显示待测试或集成模块的上下文关系图，模块的接口文档和行为规范以及与之交互元素的接口文档。

测试人员和集成人员值得特别关注，因为一个项目花费大约一半精力进行测试并不罕见。确保顺利、自动化和无错误的测试过程将对项目的总体成本产生重大的积极影响。

□ 其他系统（必须与之互操作的）的设计者也是利益相关者。对于这些人，架构定义了提供的和请求的操作集，以及操作协议。这些利益相关者可能希望看到以下制品：

- 系统与之交互的其他元素（可以在模块或 C&C 视图中找到）的接口文档。
- 系统与之交互的其他系统的数据模型。
- 显示交互的各种视图的顶层上下文关系图。

□ 维护人员将架构作为维护活动的起点，用于揭示预期变更将影响的领域。维护人员希望与开发人员一样看到相同的信息，因为二者都必须在相同的约束条件下进行变更。但是，维护人员还希望看到分解视图，帮助他们精确定位需要执行变更的位置，还可能需要一个视图来帮助他们全面进行变更影响分析。此外，他们还希望了解设计原理，这将使他们能够从架构师的原始思维中获益，识别已经废弃的设计备选方案，减少选择时间。因此，维护人员可能希望与系统开发人员一样看到相同的视图。

□ 最终用户不需要看到架构，毕竟，架构对他们来说基本上是不可见的。尽管如此，通过检查架构，他们通常可以对系统、系统的功能以及如何有效地使用系统获得有效的深刻见解。如果最终用户或他们的代表检查了架构，还有可能尽早发现设计差异，否则这些差异有可能直到部署时才会被注意到，最终用户可能对以下视图感兴趣：

- C&C 视图。强调控制流和数据转换的视图，用于查看输入如何转换为输出以及分析感兴趣的属性结果（例如性能或可靠性）。
- 分配视图。用于理解如何将功能分配给与用户交互的平台。
- 其他。上下文关系图。

❑ 分析人员对设计是否满足系统的质量目标感兴趣。架构作为架构评估方法的素材，必须提供评估质量属性所需的信息。例如，架构包括驱动诸如速率单调实时调度分析、可靠性框图、仿真和仿真生成器、定理证明器和模型检查器等分析工具的模型。这些工具需要有关资源消耗、调度策略、依赖关系、组件失效率等信息。因为分析几乎可以涵盖任何主题领域，所以分析师可能需要访问架构文档中的任何信息。

❑ 基础设施支持人员设置并维护支持系统的开发、集成、模拟和生产环境的基础设施。可变性指南对于设置软件配置环境特别有用。基础设施支持人员可能希望看到以下视图：

- 模块视图。分解视图和使用视图。
- C&C 视图。用于了解基础设施上运行内容的各种 C&C 视图。
- 分配视图。部署视图和安装视图，用于查看软件（包括基础设施）将在何处运行、实现。
- 其他。可变性指南。

❑ 未来的架构师是架构文档最热心的读者，对所有内容都有既得利益。一段时间后，你或你的接替者（当你升迁并分配到一个更复杂的项目时）会想知道所有关键的设计决策，以及做出这些决策的原因。未来的架构师对这一切都感兴趣，特别是渴望获得全面、坦诚的根本原因和设计信息。记住，未来的架构师可能就是你！不要期望你能在脑子中记住所有这些微小的设计决策。记住，架构文档是你写给未来自己的情书。

22.9　实践中的考虑

到目前为止，本章一直关注架构文档应该包含的信息。然而，除了架构文档的内容之外，还有关于其形式、分发和展示的问题。在本节中，我们将讨论其中一些问题。

1. 建模工具

许多商业建模工具支持以定义的表示法进行架构建模，其中 SysML 是一种广泛使用的工具。许多工具提供了在工程环境中大规模使用的功能：支持多用户的界面、版本控制、模型语法和语义一致性检查、模型与需求或模型与测试之间的关联跟踪，以及在某些情况下，自动生成实现模型的可执行源代码。在许多项目中，这些都是必须具备的功能，因此在某些情况下，工具的购买价格并不重要，应根据项目自身实现这些功能的成本进行评估。

2. 在线文档、超文本和 wiki

系统的文档可以结构化为 Web 网页。面向 Web 的文档通常由具有更深层结构的短页面（适合一屏展示）组成。通常，一个页面提供总览信息，其中包含指向更详细信息的链接。

使用 wiki 等工具，可以创建一个共享文档，多名利益相关者可以参与其中。托管组织需要决定给不同利益相关者不同的权限，使用的工具必须支持所选的权限策略。对于架构文档，我们希望选定的利益相关者对架构进行评论并添加澄清信息，但只有选定的团队成员才能够真正变更它。

3. 遵循发布策略

你的项目开发计划应规定保持重要文档（包括架构文档）更新的流程。像任何其他重要的项目制品一样，文档应该受到版本控制。架构师应该做好文档发布计划，以配合关键项目里程碑，这通常意味着要足够早于里程碑，以便给开发人员时间让架构能投入工作。例如，可以在每次迭代或 sprint 结束时，或者在每次增量发布时，向开发团队提供修改后的文档。

4. 记录动态变化的架构

当你的 Web 浏览器遇到以前从未见过的文件类型时，它很可能会转到 Internet 搜索并下载适当的插件，安装插件，并重新配置自身以处理该文件。甚至不需要重启，更不用经历代码 – 集成 – 测试的开发周期，浏览器就可以通过添加新插件来改变自己的架构。

面向服务的利用动态服务发现和绑定的系统也拥有这样的特性。更具挑战性的高度动态、自组织和反射（意味着自我意识）的系统已经存在。在这些情况下，任何静态架构文档中都无法确定相互交互的组件身份，更不用说它们的交互了。

另一种架构动态性表现为快速重建和重新部署系统，从文档角度来看同样具有挑战性。一些商业网站的开发组织，每天都会多次构建和"上线"它们的系统。

无论它们是在运行时变更，还是由于频繁的发布和部署周期而变更，所有动态架构在文档方面都有一个共同点：它们的变更频率比文档周期快得多。在上述两种情况下，没有人会去等待新架构文档生成、审查和发布。

即便如此，了解这些不断变化的系统的架构也同样重要，甚至比了解那些遵循传统生命周期的系统更重要。如果你是一名处于高度动态环境中的架构师，你可以执行以下操作：

- ❏ 记录系统所有版本中不变的内容。当你的网络浏览器需要一个新的插件时，它不会随意抓取一个软件；插件必须具有特定属性和特定接口。新软件也不是可插在任何地方，它要插入架构预定的位置。记录这些不变的内容。此过程会使你的架构文档更像是对系统任何兼容版本必须遵循的约束或准则的描述。这很好。

- ❏ 记录架构允许的变更方式。在前面提到的示例中，这通常意味着添加新组件并用新组件进行替换。执行此操作的位置是在 22.6 节中讨论的可变性指南中描述的。

❑ 自动生成接口文档。如果使用明确的接口机制，如 protocol buffers（如第 15 章所述），则总是有更新的组件接口定义；否则，系统将无法工作。将这些接口定义合并到数据库中，以便记录修订历史，并且可以检索接口以确定在哪些组件中使用了哪些信息。

5. 可追溯性

当然，架构不是生活在泡沫中，而是生活在正在开发系统的信息环境中，包括需求、代码、测试、预算和进度计划等。每个领域的承办者都必须问自己，"我的部分正确吗？我怎么知道？"这些问题在不同领域有不同的具体形式，例如，测试者会问，"我测试的东西正确嘛？"正如我们在第 19 章中看到的，架构是对需求和业务目标的响应，如果让架构回答"我的部分正确吗？"，就是在问需求和业务目标是否得到满足。可追溯性意味着将特定的设计决策与对应的需求或业务目标关联起来，这些关联应该在文档中加以记录。如果在结束的那一天，所有 ASR 都在架构的跟踪链中被考虑（"覆盖"）到了，那么我们就可以保证架构部分是正确的。跟踪链可以非正式地表示，例如用一张表，也可以通过项目使用的工具支持。无论哪种情况，跟踪链都应该是架构文档的一部分。

22.10　总结

编写架构文档与其他类型的写作非常相似。黄金法则是：了解你的读者。你必须了解文章的用途和读者。架构文档是各种利益相关者之间进行沟通的一种手段：上到管理层，下到开发人员，还有同行。

架构是一个复杂的制品，最好通过关注特定的视角（称为视图）来表达，这些视角取决于要传递的信息。你必须选择要记录的视图，并选择记录这些视图的表示法。这可能涉及组合具有较大重叠性的各种视图。你不仅要记录架构的结构，还必须记录其行为。

此外，还应记录视图之间的关系、使用的模式、系统上下文、架构中内置的任何可变性机制以及主要设计决策的根本原因。

创建、维护和发布架构文档还有其他实际考虑事项，例如选择发布策略、选择类似 wiki 的传播工具，以及为动态变化的架构创建文档。

22.11　进一步阅读

Documenting Software Architectures: Views and Beyond [Clements 10a] 是本章中描述的架构记录方法的综合参考。它详细介绍了许多不同的视图和表示法。还描述了如何将文档打包成一个连贯的整体。附录 A 介绍了如何使用统一建模语言（Unified Modeling Language，UML）来记录架构和架构信息。

ISO/IEC/IEEE 42010：2011（简称 ISO 42010）是 ISO（和 IEEE）标准 *Systems and Software Engineering: Architecture Description*。该标准聚焦于两个关键思想：一个架构描述的概念框架，以及在任何符合 ISO/IEC/IEEE 42010 标准的架构描述中都能找到的声明：使用由利益相关者关注点驱动的多个视角。

AADL（addl.info）是一种架构描述语言，已成为 SAE 记录架构的标准。SAE 是航空航天、汽车和商用车辆行业工程专业人士的组织。

SysML 是一种通用系统建模语言，旨在支持广泛的系统工程应用程序的分析和设计。也是可以指定足够的细节来支持各种自动化分析和设计的工具。SysML 标准由对象管理组（Object Management Group，OMG）维护，该语言由 OMG 与国际系统工程理事会（International Council on Systems Engineering，INCOSE）合作开发。SysML 是作为 UML 配置文件开发的，这意味着它重用了 UML 的大部分内容，但也提供了满足系统工程师需求所必需的扩展。关于 SysML 的大量信息可以在线获得，但文献 [Clements 10a] 的附录 C 讨论了如何使用 SysML 来记录架构。本书出版时，SysML 2.0 正在开发中。

在文献 [Cervantes 16] 中可以找到在设计时记录架构决策的扩展示例。

22.12　问题讨论

1. 访问你最喜欢的开源系统的网站，查找其架构文档。有什么？少了什么？这将如何影响你为该项目贡献代码的能力？

2. 银行有理由对防护性问题保持谨慎。简述 ATM 所需的文档，以说明其防护性架构。

3. 如果你正在设计基于微服务的架构，你需要记录哪些元素、关系和属性，才能对端到端延迟或吞吐量进行推理？

4. 假设你的公司刚刚收购了另一家公司，你的任务是将你公司的系统与该公司的类似系统合并。你希望看到该公司系统架构的哪些视图，为什么？你会要求两套系统的相同视图吗？

5. 你何时会选择使用轨迹表示法记录行为，何时会使用综合表示法？你得到什么样的回报，每一个都需要付出什么样的努力？

6. 你会将多少项目预算用于软件架构文档？为什么？你如何衡量成本和收益？如果你的项目是一个安全关键性系统或高防护性系统，情况会发生什么变化？

第 23 章　管理架构债

Yuanfang Cai

如果没有小心谨慎和尽心竭力，随着时间的推移，设计将变得难以维护和发展。我们将这种形式的熵称为"架构债"，它是一种重要且代价高昂的技术债形式。十多年来，技术债的广泛领域已经得到深入研究——主要集中在代码债上。架构债通常比代码债更难检测和更难根除，因为它涉及非局部关注点。用于发现代码债的工具和方法（代码检测、代码质量检查工具等）通常不适用于检测架构债。

当然，并非所有债都是负担，也并非所有债都是坏账。有时，当存在有价值的权衡时也会违反原则，例如，牺牲低耦合或高内聚来提高性能或加快上市时间。

本章将介绍已有系统架构债的分析过程，为架构师提供识别和管理此类债务的知识和工具。该过程通过识别与设计问题相关的架构元素并分析其维护成本模型来工作。如果该模型提示存在问题，通常表现为不正常的大量变更和错误，则表明存在架构债。

一旦确定了架构债，并且足够糟糕，就应该通过重构来消除它。如果没有回报的定量证据，通常很难让项目利益相关者同意这一点。如果商业提案（不经过架构债分析）是这样的："我将用三个月的时间重构这个系统，并且不给你提供新的功能。"哪个经理会同意？但是，借助我们在此介绍的各种分析方法，你可以向你的经理提出截然不同的建议，以投资回报率和提高的生产力来说明重构工作的好处，甚至在短时间内获得更多。

我们倡导的过程需要三类信息：

❏ 源代码。用于确定结构依赖关系。

❏ 变更历史。它从项目的版本控制系统中提取，这用于确定代码单元变更过程。

❏ 问题信息。它从问题控制系统中提取，用于确定变更的原因。

债务分析模型可以确定架构中出现异常高的错误率和代码扰动率（churn）（根据提交的代码行）的区域，并尝试将这些症状与设计缺陷联系起来。

23.1　确定是否有架构债问题

在管理架构债的过程中，我们将聚焦架构元素的物理表现形式，即存储源代码的文件。我们如何确定一组文件在架构上是相关联的呢？一种方法是根据项目文件之间的静态依赖关系，例如，一文件中的方法调用另一文件中的方法。可以使用静态代码分析工具来找到这些关系。第二种方法是捕获文件之间的进化依赖关系。当两个文件需要一起变更时，即称之存在进化依赖关系，你可以从变更控制系统中提取这些信息。

我们可以使用一种称为设计结构矩阵（Design Structure Matrix，DSM）的特殊邻接矩阵来表示文件依赖关系。虽然其他表示法也是可能的，但 DSM 已经在工程设计中使用了几十年，目前得到了许多工程工具的支持。在 DSM 中，感兴趣的实体（在我们的例子中是文件）放在矩阵的行上，同时也按相同顺序放在列上。在行列交叉点的单元格中记录依赖类型。

我们可以用信息来注释 DSM 单元格，这些信息可以表示行上的文件继承自列上的文件，或者是调用列上的文件，或者与列上的文件共同变更。前两种注释是结构性依赖，第三个是进化（或历史）依赖。

重复一下：DSM 中的每一行表示一个文件。一行中的条目表示该文件对系统中其他文件的依赖关系。如果系统耦合度低，则 DSM 矩阵是稀疏的；也就是说，任何给定的文件都依赖较少的其他文件。此外，你应希望 DSM 是下对角线的；也就是说，所有条目都出现在对角线下方。这意味着文件仅依赖于较低级别的文件，而不依赖于较高级别的文件，并且你的系统中没有循环依赖项。

图 23.1 显示了来自 Apache Camel 项目（一个开源集成框架）的 11 个文件及其结构依赖关系（用标签"dp""im"和"ex"分别表示依赖、实现和扩展关系）。例如，图 23.1 第 9 行的文件 MethodCallExpression.java 依赖并扩展了第 1 列的文件 Expression-Definition.java，第 11 行的文件 AssertionClause.java 依赖第 10 列的文件 MockEndpoint.java。这些静态依赖项是通过对源代码的逆向工程提取的。

图 23.1 所示的矩阵非常稀疏。这意味着这些文件在结构上彼此之间没有严重耦合，因此，你可以认为独立变更这些文件是相对容易的。换句话说，这个系统似乎拥有相对较少的架构债。

现在考虑图 23.2，它在图 23.1 上叠加了历史共同变更信息。历史共同变更信息是从版本控制系统中提取的，表示两个文件在提交中一起变更的频率。

图 23.2 显示了 Camel 项目一幅完全不同的图景。例如，第 8 行第 3 列的单元格标有"4"：这意味着 BeanExpression.java 和 MethodNotFoundException.java 之间没有结构关系，但它们却有四次一起变更的历史。同时带有数字和文本的单元格表示这对文件同时具有结构和进化耦合关系。例如，第 22 行第 1 列的单元格被标记为"dp，3"：这意味着 XMLTokenizerExpression.java 依赖于 ExpressionDefinition.java，并且它们一起变更了 3 次。

图 23.2 中的矩阵相当密集。虽然这些文件通常不会在结构上相互耦合，但它们在进化上是强耦合的。此外，我们在矩阵对角线上方的单元格中看到了许多注释。这意味着耦合不仅仅是从高层文件到低层文件，而是全方位的。

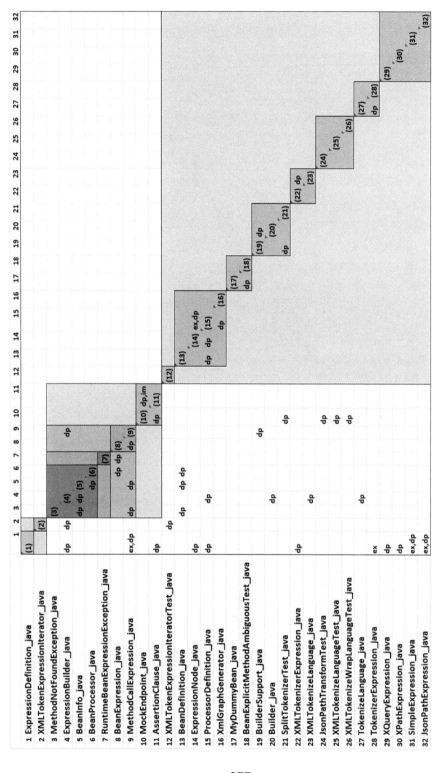

图 23.1　显示结构依赖关系的 Apache Camel 的 DSM

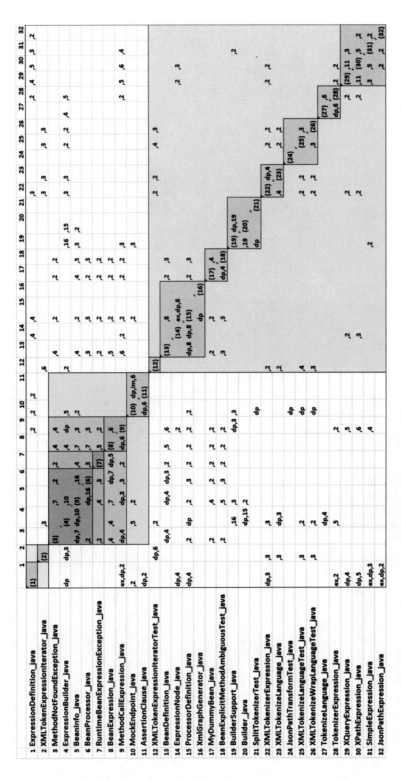

图 23.2　覆盖了进化依赖关系的 Apache Camel 的 DSM

事实上，这个项目承受着高额的架构债。架构师证实了这一点。他们的报告说，项目中的几乎每一项变更都代价高昂且复杂，预测新功能何时准备就绪或错误何时修复具有挑战性。

虽然这种定性分析本身对架构师或分析人员有价值，但我们可以做得更好：我们可以实际量化代码库已经承担的债务成本和影响，并且可以完全自动化地做到这一点。为此，我们使用"热点"概念，即存在设计缺陷的架构区域，有时称为架构反模式或架构缺陷。

23.2　发现热点

如果你怀疑你的代码库有架构债（也许错误率在上升而特性发布速度在下降），你需要识别导致债务的特定文件及其与缺陷的关系。

与基于代码的技术债相比，架构债通常更难识别，因为其根本原因分布在多个文件及其相互关系中。如果你有一个循环依赖关系，其中依赖的循环通过六个文件，那么你的组织中的任何人都不可能完全理解这个循环，也不容易观察到这个问题。对于这类复杂的情况，我们需要自动化的形式来帮助识别架构债。

我们把对系统维护成本有巨大影响的元素集称为热点。由于高耦合和低内聚，架构债会导致高维护成本。因此，为了识别热点，我们要寻找导致高耦合和低内聚的反模式。这里重点介绍了六种几乎在每个系统中都会出现的常见反模式：

❑ 不稳定的接口。一个有影响力的文件（代表系统中重要服务、资源或抽象的文件）正如在变更历史记录中反映的那样，随着它的依赖项频繁变更。"接口"文件是其他系统元素使用服务或资源的入口点。由于内部原因、API 变更或两者兼而有之，它经常被修改。要识别这种反模式，请搜索具有大量依赖项且经常与其他文件一起修改的文件。

❑ 违反模块化。结构上分离的模块经常一起变更。要识别此反模式，请搜索一起频繁变更的两个或多个结构上独立的文件（即彼此之间没有结构依赖关系的文件）。

❑ 不健康的继承。基类依赖于它的子类，或者客户端类依赖于基类和它的一个或多个子类。要确定不健康的继承实例，请在 DSM 中搜索以下两组关系中的任意一组：
  ● 在继承层次结构中，父类依赖于其子类。
  ● 在继承层次结构中，类层次结构的一个客户端同时依赖于父类和其一个或多个子类。

❑ 循环依赖或派系依赖。一组文件紧密相连。为了识别这个反模式，搜索能形成强关联图的文件集，强关联图中的任意两个元素之间存在结构依赖路径。

❑ 包循环。两个或多个包相互依赖，但不是像它们应该的那样形成层次结构。检测这种反模式类似于检测派系依赖：通过发现形成强关联图的包来确定包循环。

- ❑ 交叉。一个文件既有大量要依赖的文件，也有大量文件依赖于它，并且经常与这两种文件一起变更。要确定处于依赖交叉中心的文件，请搜索与其他文件同时具有高扇入和高扇出并且与这些其他文件具有实质性共同变更关系的文件。

不是热点中的每个文件都会与其他文件紧密耦合。相反，一个文件集可能彼此紧耦合，但与其他文件不耦合。每一个这样的文件集都是一个潜在的热点，也是通过重构消除债务的潜在候选者。

图 23.3 是 Apache Cassandra（一种广泛使用的 NoSQL 数据库）中文件的 DSM。它显示了一个派系依赖（循环依赖）的示例。在这个 DSM 中，你可以看到第 8 行的文件（`locator.AbstractReplicationStrategy`）依赖于文件 4（`service.WriteResponse-Handler`）和聚合文件 5（`locator.TokenMetadata`）。文件 4 和文件 5 依次依赖于文件 8，从而形成一个派系依赖。

	1	2	3	4	5	6	7	8	9	10	11	12	13	14	15	16	17	18
1 config.DatabaseDescriptor	(1)	dp,44	,14	,10	,10	,6	,14	,36	,118	,12	,	,16	,12	,42	,52	,4	,18	,30
2 utils.FBUtilities	dp,44	(2)	,40	,4	,6	,10	,6	,12	,38	,28	,12	,8	,14	,24	,46	,6	,18	,28
3 utils.ByteBufferUtil	,14	dp,40	(3)	,		,	,	,4	,10	,20	,4	,4		,10	,26		,12	,4
4 service.WriteResponseHandler	,10	dp,4	,2	(4)	,4	,6	,18	dp,22							,6	,		,
5 locator.TokenMetadata	,10	,6		,4	(5)	,4	,10	dp,24	,	,8					,4	,6	,4	,
6 locator.NetworkTopologyStrategy	,6	dp,10	,2	,6	dp,4	(6)	,10	ih,22	,4	,	,				,16	,		,8
7 service.DatacenterWriteResponseHandler	dp,14	dp,6	,2	ih,18	,10	dp,10	(7)	,20		,	,				,6	,6		,
8 locator.AbstractReplicationStrategy	,36	dp,12	,4	dp,22	ag,24	,22	dp,20	(8)	,6						,16	,10	,	,10
9 config.CFMetaData	,118	dp,38	dp,10	,	,	,4		,6	(9)			,16		,36	,46			,56
10 dht.RandomPartitioner	,12	dp,28	dp,20		,8	,	,			(10)	dp,4			,4	,16		,50	
11 utils.GuidGenerator	,	dp,12	,4			,	,			,4	(11)				,4		,	
12 io.sstable.SSTable	,16	,8	dp,4						ag,16			(12)	,4	dp,68	,10			,
13 utils.CLibrary	,12	dp,14										,4	(13)	,12	,			
14 io.sstable.SSTableReader	dp,42	,24	dp,10						,36	,4		ih,68	dp,12	(14)	,22	,4	,	,10
15 cli.CliClient	,52	dp,46	dp,26	,6	,4	,16	,6	,16	,46	,16	,4	,10	,	,22	(15)	,6	,14	,48
16 locator.PropertyFileSnitch	,4	dp,6		,	dp,6	,	,6	,10						,4	,6	(16)		,4
17 dht.OrderPreservingPartitioner	dp,18	dp,18	dp,12		,4			,		,50	,			,	,14		(17)	
18 thrift.ThriftValidation	dp,30	,28	dp,4	,	,	,8	,	dp,10	dp,56			,		,10	,48	,4		(18)

图 23.3　一个派系依赖的示例

Cassandra 的第二个示例展示了不健康继承的反模式。图 23.4 中的 DSM 显示了从 `io.sstable.SSTable`（第 12 行）继承的 `io.sstable.SSTableReader` 类（第 14 行）。DSM 中用 “ih” 符号表示继承关系。但是请注意，`io.sstable.SSTable` 依赖于 io.sstable.SSTableR `eader`，如单元格（12，14）中的 “dp” 注释所示。这个依赖关系是一个调用关系，这意味着父类调用子类。请注意，单元格（12，14）和（14，12）都用数字 68 注释。这表示根据项目变更历史记录，`io.sstable.SSTable` 和 `io.sstable.SSTableR eader` 在变更中共同提交的次数。这种过高的共同变更是一种债务形式。这种债务可以通过重构来消除，也就是说，将一些功能从子类移到父类。

问题跟踪系统中的大多数问题可以分为两大类：bug 修复和功能增强。bug 修复以及 bug 和变更相关的代码扰动都与反模式和热点高度相关。换句话说，那些参与反模式并需要频繁修复 bug 或频繁变更的文件可能是热点。

对于每个文件，我们确定 bug 修复和变更的总数，以及该文件所经历的扰动总量。接下来，我们汇总每个反模式中的文件所经历的 bug 修复、变更和扰动数。这样可以计算出每种反模式对架构债的贡献权重。通过这种方式，可以识别所有负债累累的文件及其所有关系，并对其债务进行量化。

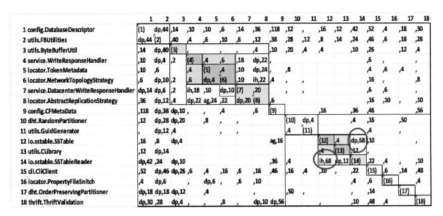

图 23.4　Apache Cassandra 中的架构反模式

基于这一过程，债务削减战略（通常通过重构实现）非常简单。了解债务中涉及的文件及其与缺陷的关系（由识别的反模式确定），可以让架构师制定并强制执行重构计划。例如，如果存在派系依赖，则需要删除或反转依赖关系，以打破依赖关系的循环。如果存在不健康的继承，则需要移动某些功能，通常是从子类移到父类。如果发现模块性冲突，则需要将文件之间共享的未封装的"秘密"封装为其自身的抽象。等等。

23.3　示例

我们用一个案例研究来说明这个过程，我们称之为 SS1，它是由一家跨国软件外包公司 SoftServe 完成的。在分析时，SS1 系统包含 797 个源文件，我们收集了它两年内的变更历史和问题列表。SS1 由六名全职开发人员和更多的临时贡献者来维护。

1. 识别热点

在我们研究 SS1 期间，其 Jira 问题跟踪系统中记录了 2756 个问题（其中 1079 个是bug），Git 版本控制存储库中记录了 3262 次提交。

我们使用刚才描述的过程确定了热点。最后，三组架构相关的文件被认定包含最有害的反模式，是项目最多的债。这三组的债涉及整个项目 797 个文件中的 291 个文件，略多于三分之一。与这三组文件相关的缺陷数量占项目总缺陷的 89%（265）。

该项目的首席架构师认可这些文件组存在问题，但无法解释原因。在展示这些分析时，他承认这些都是真实的设计问题，违反了多种设计规则。架构师随后精心设计了一系列重构，重点是修复热点中找到的文件之间有缺陷的关系。这些重构是基于删除热点中的反模式，因此架构师在如何实现这一点上可以给出大量的指导。

但是进行这种重构是否值得呢？毕竟，并非所有债务都值得偿还。这是下一小节的主题。

2. 量化架构债

由于分析建议的补救措施非常具体，架构师可以很容易地根据热点中的反模式估计每个重构所需的人月数。成本／收益等式的另一边是重构的收益。为了估计获得的收益，我们做了一个假设：重构后的文件在未来的 bug 修复数量将与过去的平均数量大致相同。这实际上是一个非常保守的假设，因为过去 bug 修复的平均数量被找到的热点中的那些文件放大了。此外，此计算未考虑其他重大 bug 成本，例如声誉损失、销售损失以及额外的质量保证和调试工作。

我们根据修复 bug 而提交的代码行来计算债务成本。这些信息可以从项目的变更控制和问题跟踪系统中检索。

对于 SS1，我们计算的债务如下：

1. 架构师评估重构三个热点所需工作量是 14 人月。
2. 我们计算出整个项目文件的年均 bug 修复次数为 0.33。
3. 我们计算出热点文件的年均 bug 修复次数为 237.8。
4. 根据这些结果，我们估计重构后热点中文件的年均 bug 修复次数为 96。
5. 热点文件实际扰动量与重构后的预期扰动量之间的差值是预期节省量。

经过重构的文件（使用公司的平均生产率数字）估计每年可节省 41.35 人月。考虑到步骤 1 ～ 5 中的计算，我们发现，对于 14 人月的成本，该项目预计每年可节省超过 41 人月。

在一个又一个案例中，我们看到了这种投资回报。一旦确定了架构债，就要偿还这些债，从特性发布速度和 bug 修复时间来看，项目获得了比付出更多的回报，变得更好。

23.4 自动化

这种形式的架构分析可以完全自动化。23.2 节中介绍的每个反模式都可以自动识别，并且可以将工具构建到一个持续集成工具套件中，以便持续监控架构债。这个分析过程需要以下工具：

- ❏ 从问题跟踪系统中提取一组问题的工具
- ❏ 从变更控制系统中提取日志的工具
- ❏ 对代码库进行逆向工程的工具（用来确定文件之间的语法依赖关系）
- ❏ 从提取的信息中构建 DSM 并通过遍历 DSM 寻找反模式的工具
- ❏ 计算每个热点的债务的工具

该过程所需的唯一专用工具是构建 DSM 和分析 DSM 的工具。项目可能已经有了问题跟踪系统和变更历史记录，并且有很多逆向工程工具可用，包括一些开源工具。

23.5　总结

本章介绍了识别和量化项目中架构债的过程。架构债是一种重要且代价高昂的技术债形式。与基于代码的技术债相比，架构债通常更难识别，因为其根本原因分布在多个文件及其相互关系中。

本章概述的过程涉及从项目的问题跟踪系统、版本控制系统和源代码本身收集信息。利用这些信息，可以识别架构反模式，将其分组为热点，并且可以量化这些热点的影响。

这种架构债监控过程可以自动化并内置到系统的持续集成工具套件中。一旦确定了架构债，如果它足够糟糕，就应该通过重构来消除。这个过程的输出提供了必要的定量数据，以便为项目管理的重构提供商业评估。

23.6　进一步阅读

目前，技术债领域拥有丰富的研究文献。技术债一词是 Ward Cunningham 在 1992 年创造的（尽管当时他只是称之为"债务"[Cunningham 92]）。这一想法得到了许多其他人的完善和阐述，其中最杰出的是 Martin Fowler [Fowler 09] 和 Steve McConnell [McConnell 07]。George Fairbanks 在其《IEEE 软件》文章"Ur-Technical Debt"（你是技术债）[Fairbanks 20] 中描述了债务的迭代性质。在文献 [Kruchten 19] 中可以找到对技术债管理问题的全面介绍。

本章中架构债的定义是从文献 [Xiao 16] 借用来的。SoftServe 案例研究发表在文献 [Kazman 15] 上。

文献 [Xiao 14] 中描述了一些用于创建和分析 DSM 的工具。文献 [Mo 15] 中介绍了检测架构缺陷的工具。

已经在多篇论文中讨论并实证研究了架构缺陷的影响，包括文献 [Feng 16] 和文献 [Mo 18]。

23.7　问题讨论

1. 你如何区分一个有架构债的项目和一个正在实现许多特性的"繁忙"项目？

2. 找一些经过重大重构的项目例子。哪些证据可以作为重构动机和理由？

3. 在什么情况下积累债务是合理的策略？怎么知道你已经债台高筑了？

4. 与其他类型的债务（例如代码债、文档债或测试债）相比，架构债是否更有害？

5. 与第 21 章讨论的方法相比较，讨论进行此类架构分析的优势和劣势。

第五部分

架构和组织

第24章 架构师在项目中的角色

任何在教室外进行的架构实践都是在开发项目的大背景下进行的，开发项目是由一个或多个组织中的员工规划和执行的。尽管架构很重要，但它只是实现更远大目标的手段。在本章中，我们将讨论架构和架构师职责的各个方面，这些方面来自开发项目的实际情况。

我们首先讨论一个关键的项目角色——项目经理，作为架构师，你可能与之有着密切的工作关系。

24.1 架构师和项目经理

团队中最重要的关系之一是软件架构师和项目经理之间的关系。项目经理负责项目的整体绩效——通常是保证项目在预算内、按计划进行，并配备正确的人员做正确的工作。为了履行这些职责，项目经理通常会向项目架构师寻求支持。

项目经理主要负责项目面向外部的工作，而软件架构师负责项目内部技术方面的工作。外部看法需要准确反映内部情况，内部活动也需要准确反映外部利益相关者期望。也就是说，项目经理应该知道，并向高层管理者反映项目中的进展和风险，而软件架构师应该知道，并向开发人员反映外部利益相关者的关注点。项目经理和软件架构师之间的关系对项目的成功有很大的影响。他们应该有良好的工作关系，并注意他们所扮演的角色和这些角色的界限。

项目管理知识体系（Project Management Book Of Knowledge，PMBOK）为项目经理列出了许多知识领域。这些是项目经理可能会向架构师寻求帮助的领域。表 24.1 说明了项目管理知识体系描述的知识领域以及软件架构师在该领域中的角色。

表 24.1 架构师在支持项目管理知识领域中的角色

PMBOK 领域	描述	架构师角色
项目集成管理	确保项目中各个元素彼此协作	创建设计团队，围绕设计组织团队；管理依赖关系。获取度量指标。协调变更请求
项目范围管理	确保项目包括所有必需的工作，并且只包括必需的工作	获取、协商和审查运行时需求，并生成开发需求。估算与满足需求相关的成本、进度和风险
项目时间管理	确保项目按时完成	帮助定义工作分解结构。定义跟踪措施。提出给软件开发团队分配资源的建议
项目成本管理	确保项目在所需预算内完成	从各个团队收集成本数据；就构建／购买和资源分配提出建议

（续）

PMBOK 领域	描述	架构师角色
项目质量管理	确保项目满足其承担的需求	针对质量进行设计，并根据设计跟踪系统。定义质量指标
项目人力资源管理	确保项目最有效地利用人力资源	定义所需的技能集。指导开发人员职业道路。推荐培训。面试候选人
项目沟通管理	确保及时、适当地生成、收集、传播、存储和处置项目信息	确保开发人员之间的沟通和协作。征求有关进展、问题和风险的反馈。监督文档
项目风险管理	识别、分析和应对项目风险	识别和量化风险；调整架构和流程以降低风险
项目采购管理	从组织外部获取商品和服务	确定技术要求；推荐技术、培训和工具

给架构师的建议

与项目经理保持良好的工作关系。了解项目经理的任务和关注点，作为架构师，你可能被要求支持这些任务和关注点。

24.2　增量架构和利益相关者

敏捷方法建立在增量开发的基础上，每一次增量都为客户或用户提供价值。我们将在后续章节讨论敏捷和架构，但即使你的项目不是敏捷项目，你仍然应该按照项目测试和发布时间表的节奏，以增量的方式开发和发布架构。

增量架构是指以增量方式发布架构。具体而言，这意味着以增量形式发布架构文档（如第 22 章所述）。这反过来又需要决定要发布哪些视图（依据计划发布）以及发布的详细程度。使用我们在第 1 章中概述的结构，将它们视为第一次增量发布的候选者：

- ❑ 模块分解结构。这将影响开发项目的团队结构，帮助建立项目组织。团队将被定义、配备人员、执行预算和培训。团队结构是项目计划和预算的基础，因此这种技术结构决定了项目的管理结构。
- ❑ 模块"使用"结构。它支持对增量进行规划，这对于任何希望增量发布其软件的项目来说都是至关重要的。正如我们在第 1 章中所说，使用结构用于设计通过添加功能实现扩展的系统，或者从中提取有用的功能子集。如果你没有增量计划的具体内容，那么尝试创建一个支持增量开发的系统是有问题的。
- ❑ 最佳表达整体解决方案的组件和连接器（C&C）结构。
- ❑ 一个概括性的部署结构，至少能解决诸如系统是否部署在移动设备、云基础设施等重大问题。

然后，将架构利益相关者的需求用于指导后续版本内容的制定。

给架构师的建议

首先最重要的一点是，确保你知道利益相关者是谁以及他们的需求是什么，以便你能

够设计适当的解决方案和文档。此外:

- □ 与项目利益相关者合作,确定每个项目增量的发布节奏和内容。
- □ 你的第一个架构增量应该包括模块分解和使用视图,以及一个初步的 C&C 视图。
- □ 利用你的影响力确保早期版本处理系统最具挑战性的质量属性需求,从而确保在开发周期的后期不会出现令人不快的架构问题。
- □ 阶段性发布架构,以支持项目增量,并在开发人员处理每个增量时支持他们的需求。

24.3　架构和敏捷开发

敏捷开发一开始是对传统开发方法的反抗,传统方法在过程方面是僵化和重量级的,在所需文档方面是强制的,专注于预先的计划和设计,最终实现一次交付,所有人都希望这个交付满足客户的最初需求。敏捷主义者提倡将花在流程和文档上的资源更多地投入到明确客户需求上,并很早就开始通过小的、可测试的增量交付提供出来。

关键问题:在需求分析、风险缓释和架构设计方面,项目应该承担多少前期工作?这个问题没有唯一的正确答案,但是你可以为任何给定的项目找到一个"最佳点"。前期"正确的"工作量取决于几个因素,首先最主要的是项目规模,其他重要的因素还包括功能需求的复杂度、质量属性需求的规格、需求的稳定性(与领域的"先进性"或新颖性相关),以及开发的分布程度。

那么架构师如何实现适当的敏捷性呢?图 24.1 显示了你的选项。你可以选择瀑布式的"前期大设计"(Big Design Up Front,BDUF),如图 24.1a 所示。或者,你可以把架构上的谨慎抛到一边,相信敏捷人士所说的"紧急"方法,也就是说,最终架构出现在编码人员交付他们的增量时,如图 24.1b 所示。这种方法可能适用于小型、简单的项目,这些项目只需花费很少成本,就可以按需进行重构,但我们从未见过它适用于大型的、复杂的项目。

毫不奇怪,我们推荐的方法介于这两个极端之间:它是"迭代 0"方法,如图 24.1c 所示。在你对需求有一定理解的项目中,你应该考虑从执行一些属性驱动设计(ADD,见第 20 章)的迭代开始。这些设计迭代可以专注于选择主要的架构模式(包括参考架构)、框架和组件。按照 24.2 节的建议,通过帮助架构利益相关者的方式支持项目的增量。在早期,这将帮助你组织项目,决定工作分配和团队组成,并解决最关键的质量属性。当需求发生变化时,特别是当驱动质量属性的需求变化时,可以采用敏捷试验的方法,在这种方法中,spike(探针)被用来处理新的需求。spike 任务是一项有时间限制的任务,用于回答技术问题或收集信息;它不是为了得到最终产品。spike 在单独的代码分支中开发,如果成功,则合并到代码的主分支中。通过这种方式,可以从容应对和管理新出现的需求,而不会对整个开发过程造成太大的破坏。

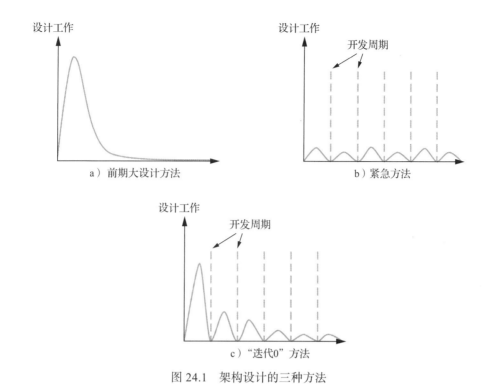

图 24.1 架构设计的三种方法

敏捷编程和架构并不总是处于最佳关系。2001 年的"敏捷宣言"是敏捷运动的"最高指示",暗示着架构是紧急产生的,不需要预先规划或设计。

我们很容易找到关于敏捷的公开论述,这些论述宣称,如果你没有交付工作软件,那么你就没有做任何有价值的事情。如果你在做一个架构,那么你就是从编程那里拿走了资源,所以,你没有做任何有价值的工作,架构师啊,拿什么拯救你!编写代码,架构就会自然地出现。

对于中大型系统,这种观点不可避免地在严酷的经验重压下崩溃。质量属性需求的解决方案不可能简单地在任意开发的后期阶段"嵌入"现有系统。防护性、高性能、安全性和更多问题的解决方案必须从一开始就设计到系统的架构中,即使前 20 个计划的增量交付没有使用这些功能。是的,你可以开始编码,是的,架构将会出现,但它将是错误的。

简而言之,敏捷宣言为敏捷和架构之间的"联姻"提供了一份非常糟糕的"婚前协议"。然而,伴随宣言而来的是 12 条敏捷原则,如果仔细阅读的话,暗示了这两个阵营的中间立场。表 24.2 列出了这些原则,并对每个原则提供了以架构为中心的观点。

表 24.2 敏捷原则和以架构为中心的观点

敏捷原则	以架构为中心的观点
我们的首要任务是通过尽早、持续地交付有价值的软件来满足客户	对极了

（续）

敏捷原则	以架构为中心的观点
欢迎不断变化的需求，即使是在开发后期。敏捷流程利用变化实现客户的竞争优势	对极了，这一原则要求提供高度可修改性（第8章）和可部署性（第5章）的架构
频繁交付能工作的软件，从几周到几个月不等，优先选择较短的时间周期	对极了，只要这一原则不被视为排除深思熟虑的架构。DevOps在这里扮演着重要的角色，我们在第5章中看到了架构如何支持DevOps
在整个项目中，业务人员和开发人员必须每天一起工作	正如我们在第19章中讨论的那样，业务目标引出了质量属性需求，而架构的主要职责就是满足这些需求
围绕有工作动力的个人建立项目。给他们环境和他们需要的支持，并相信他们能完成工作	虽然我们原则上同意，但许多开发人员缺乏经验。因此，请确保包括一名技术熟练、经验丰富、积极主动的架构师来帮助指导这些人
在开发团队中传递信息的最有效方法是面对面交谈	对于重要系统来说，这是胡说八道。人类发明写作是因为我们大脑不能记住需要记住的一切。接口、协议、架构等都需要写下来，重复指令的低效和无效，以及由于误解而产生的错误，都不符合这一原则。根据这一观点，任何人都不应该制作用户手册，而应该公开开发者的电话号码，并邀请他们随时通话。对于任何有维护阶段（几乎所有系统都有维护阶段）的系统来说，这也是毫无意义的，因为在维护阶段，根本找不到原始团队。为了了解重要细节，你将与谁进行面对面的对话？在这个问题上，我们的指导意见见第22章
能工作的软件是进度的主要衡量标准	是的，只要是"主要"而不是"唯一"的标准，只要这个原则不被用作排斥编码之外所有工作的借口
敏捷过程促进可持续发展。赞助商、开发人员和用户应该能够持续保持恒定的进度	对极了
持续关注可以增强敏捷性的卓越技术和良好设计	对极了
简单化（最大化未完成工作的艺术）至关重要	是的，当然，只要我们理解不做的工作实际上可以安全地抛弃，而不会损害正在交付的系统
最好的架构、需求和设计来自自组织团队	不，他们没有。正如我们在第20章中所描述的，最好的架构是由熟练、有才华、训练有素和经验丰富的架构师有意识设计的
团队定期思考如何变得更有效，然后相应地改变和调整其行为	对极了

所以这是六项"对极了"，四项一般性赞同，两项强烈反对。

敏捷，正如它最初被编纂的那样，似乎在构建小型产品的小型组织中最为有效。希望将敏捷应用于大型项目的中大型组织很快发现，协作大量小型敏捷团队是一项艰巨的挑战。在敏捷中，小团队在很短的时间间隔内完成一些小的工作。一个挑战是确保这么多（几十到几百）个小团队适当地分配工作，以确保不会忽略任何工作，也不会重复任何工作。另一个挑战是对这些团队的许多任务进行排序，以便能够频繁、快速地合并它们的结果，从而产生一个合理的能工作系统的下一个小增量。

在企业范围内应用敏捷的一个例子是规模化敏捷框架（Scaled Agile Framework，

SAFe），它出现在 2007 年左右，并从那时起不断完善。SAFe 提供了一个工作流、角色和流程的参考模型，在此模型下，大型组织可以协作许多团队的活动，每个团队都以经典的敏捷方式运作，从而系统地、成功地生成大型系统。

SAFe 认可架构的作用。它承认"有意为之的架构"，它的定义将引起本书读者的共鸣。有意为之的架构"定义了一组有目的的、计划好的架构策略和计划，增强了解决方案的设计、性能和可用性，并为团队间的设计和同步提供了指导。"但 SAFe 也强烈建议使用一种叫作"紧急设计"的制衡力量，它"为完全演进和增量实现方法提供技术基础"（scaledagileframework.com）。我们认为，这些品质也会来自有意为之的架构，因为如果没有仔细的预先思考，就不会有快速发展能力和支持增量实现能力。事实上，本书涵盖了实现这些目标的方法。

24.4　架构和分布式开发

如今，大多数实质性项目都是由分布式团队开发的，其中"分布式"可能意味着分布在建筑物的各个楼层、工业园区的各个建筑、一个或两个不同时区的校园，或者分布在全球各地的不同部门或分包商之间。

分布式开发既有好处也有挑战：

❑ 成本。劳动力成本因地而异，有一种观点认为，将一些开发转移到低成本的地点必然会降低项目的总体成本。事实上，经验表明，从长远来看，这是可以节省成本的。然而，在低成本的开发人员具备足够的领域专业知识之前，在克服分布式开发的困难之前，必须进行大量的返工，从而让整个工作得不偿失。

❑ 技能和劳动力。组织可能无法在一个地点雇用开发人员：迁移成本可能很高，开发人员池的规模可能很小，或者所需的技能集过于专业无法在一个地点找到。以分布式方式开发系统允许工作移动到员工所在的位置，而不是强迫员工移动到工作地点，尽管这是以额外的通信和协作为代价的。

❑ 本地市场知识。客户化一个在开发者所在市场上销售的系统，开发者对合适的功能和可能出现的文化问题更有发言权。

分布式开发如何在项目中发挥作用？假设模块 A 使用模块 B 的接口。随着情况的变化，该接口可能需要修改。因此，负责模块 B 的团队必须与负责模块 A 的团队协作，如图 24.2 所示。如果在自动售货机旁进行简短的对话，这种协作是很容易的，但如果需要在某个团队的午夜召开预先计划好的网络会议，协作就没那么容易了。

更广泛地说，协作方法包括下列选项：

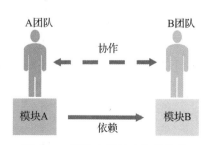

图 24.2　团队和模块之间的协作

- ❏ 非正式接触。只有团队同地协作时，才能进行非正式接触，如在咖啡间或走廊里开会。
- ❏ 文档。文档如果写得好、组织得好并适当地发布，就可以当作协调团队的一种手段，无论他们是在同地还是异地。
- ❏ 会议。团队可以举行会议，可以是预定的或临时的，也可以是面对面的或远程的，帮助团队聚在一起能提高对问题的共识。
- ❏ 异步电子通信。各种形式的异步电子通信可以用作协作机制，如电子邮件、新闻组、博客和 wiki。

协作方法的选择取决于许多因素，包括组织的基础设施、企业文化、语言技能、涉及的时区以及依赖于特定模块的团队数量。在组织建立了在分布式团队之间进行协作的工作方法之前，团队之间的误解可能会导致项目延期，在某些情况下，甚至是严重的缺陷。

这对架构和架构师意味着什么？这意味着在分布式开发中，架构师将责任分配给团队比在同地协作（指所有开发人员都在一个办公室内，或者至少在很近的距离内开发）中更为重要，这还意味着，与其他质量属性（如可修改性和性能）相比，架构师给了模块依赖关系更多的关注：全球分布团队拥有的模块之间的依赖关系更有可能出现问题，应尽可能地最小化。

此外，文档在分布式开发中尤为重要。同地协作的团队有各种非正式协作的可能性，例如在咖啡间或大厅面谈。远程团队没有这些非正式的机制，因此他们必须依赖更正式的机制，如文档，当出现疑问时，团队成员必须主动交流。

在本书准备出版的过程中，世界各地的公司都在学习如何适应新冠疫情导致的远程交互和居家办公。现在就断言疫情对商业世界的长期影响还为时过早，但它有可能导致分布式开发成为常态。为了继续工作，每个人都在学习适应分布式开发范式。看看这是否会引起新的架构趋势，这将是一件非常有趣的事情。

24.5 总结

软件架构师在某种类型的开发项目环境中工作。因此，他们要从这个角度理解自己的角色和责任。

项目经理和软件架构师可能被视为互补的角色：经理从管理的角度运行项目，而架构师从技术解决方案的角度运行项目。这两个角色以不同的方式交织在一起，架构师可以支持项目经理来提高项目成功的机率。

在一个项目中，架构不是从天上掉下来的，而是以对利益相关者有用的增量发布的。因此，架构师需要很好地理解架构的利益相关者及其需求。

敏捷方法论关注增量开发。随着时间的推移，架构和敏捷（尽管它们开始走在一起时很艰难）已经成为不可或缺的合作伙伴。

全球开发需要一个明确的协作策略，该策略要比同一地点开发所需的策略更正式。

24.6　进一步阅读

Dan Paulish 写了一本介绍如何在以架构为中心的环境中进行管理的好书——《软件项目管理实用指南——以体系结构为中心（*Architecture-centric Software Project Management: A Practical Guide*）⊖，本章中有关分布式开发的内容改编自他的书 [Paulish 02]。

你可以在 scaledagileframework.com 上阅读有关 SAFe 的信息。在 SAFe 之前，敏捷社区的一些成员已经独立实现了中等规模的管理过程，该过程提倡预先架构。请参见文献 [Coplein 10] 以了解在敏捷项目中架构的角色描述。

IEEE 指南《项目管理协会（PMI）标准的采用：项目管理知识体系指南》（*Adoption of the Project Management Institute（PMI）Standard: A Guide to the Project Management Body of Knowledge*）第六版 [IEEE 17] 涵盖了项目管理的基本概念。

软件架构度量通常属于架构师在项目上的权限范围。Coulin 等人的一篇论文对这一主题的文献进行了有益的概述，并对度量本身进行了分类 [Coulin 19]。

架构师在组织中占有独特的地位。他们被期望熟练地掌握系统生命周期的所有阶段。在项目的所有成员中，他们对项目和系统的所有利益相关者的需求最为敏感。他们之所以被选为架构师，部分原因是他们的沟通能力高于平均水平。*The Software Architect Elevator：Redefining the Architect's Role in the Digital Enterprise* [Hohpe 20] 描述了架构师与组织内外各级人员互动的独特能力。

24.7　问题讨论

1. 就像本书第二部分中概述的其他质量属性一样，将"适应全球分布式开发"作为一个能通过架构设计决策来增强或削弱的质量属性。为它构建一个通用场景，并列出帮助实现它的战术清单。

2. 一般项目管理实践通常提倡创建工作分解结构，作为项目产生的第一个制品。从架构的角度来看，这种做法有什么问题？

3. 如果你正在管理一个全球分布的团队，你希望首先创建哪些架构文档？

4. 如果你正在管理一个全球分布的团队，项目管理的哪些方面需要改变以适应文化差异？

5. 如何使用架构评估来帮助指导和管理项目？

6. 第 1 章描述了软件架构的工作分配结构，它可以被记录为工作分配视图。讨论如何为你的架构编制工作分配视图，帮助软件架构师和项目经理一起分配项目人员。对于编制工作分配视图，架构师和项目经理的分界线在哪里？

⊖　此书中文版已由机械工业出版社出版，ISBN 是 978-7-111-11626-7。——编辑注

第 25 章 架构能力

如果软件架构值得做，那么它肯定值得做好。大多数关于架构的文献都集中在技术方面。这并不奇怪；架构是一门技术性很强的学科。但同时架构是在群英荟萃的**组织**中由**架构师**创建的。与这些人打交道绝对不是一项技术性工作。我们可以做些什么来帮助架构师，尤其是培训中的架构师，在工作的这一重要方面做得更好？我们可以做些什么来帮助组织更好地鼓励架构师做出他们最好的作品？

本章介绍希望生成高质量架构的架构师和组织所需的能力。

由于组织的架构能力在某种程度上取决于架构师的能力，我们首先要问架构师应该做什么、知道什么、擅长什么。然后，我们再了解组织可以并且应该做些什么来帮助它们的架构师生成更好的架构。个人能力和组织能力相互交织。只了解其中一个是不行的。

25.1 个人能力：架构师的职责、技能和知识

架构师除了直接生成架构外，还要执行其他许多活动。这些被称为职责的活动构成了个人架构能力的支柱。与架构师能力有关的还有技能和知识。例如，清晰地传达想法和有效谈判的技能通常被归于称职架构师的能力。此外，架构师需要掌握有关模式、技术、标准、质量属性和许多其他主题的最新知识。

职责、技能和知识构成了一个三位一体，个人架构能力依赖于此。这三者之间的关系如图 25.1 所示，即技能和知识支持履行职责的能力。如果才华横溢的架构师不能（无论出于何种原因）履行该职位所要求的职责，那么他们将毫无用处；我们不会说他们有能力。

举例说明这些概念：

❑ "设计架构"是一种职责。

❑ "抽象思维能力"是一种技能。

❑ "模式和战术"构成了知识。

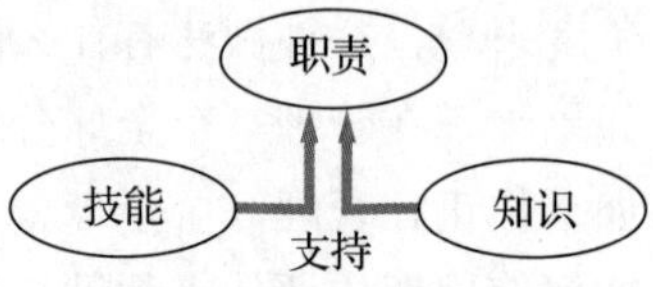

这些示例旨在说明技能和知识（仅）对于有效

图 25.1 支持履行职责的技能和知识

履行职责非常重要。再举一个例子，"记录架构"是一项职责，"清晰写作的才能"是一项技能，"ISO 标准 42010"是相关知识体系的一部分。当然，一个技能或知识领域可以支持多个职责。

了解架构师的职责、技能和知识（或者更准确地说，了解架构师在特定组织环境中所需的职责、技能和知识）有助于为架构师个人制定衡量标准和改进策略。如果你想提高个人

架构能力，应采取以下措施：

1）获得履行职责的经验。学徒制是获得经验的有效途径。光靠教育是不够的，因为没有在职实践的教育只是增加知识而已。

2）提高非技术技能。这方面的改进包括参加专业发展课程，例如领导力或时间管理课程。不是每个人都能成为真正伟大的领导者或沟通者，但我们都应该提高这些技能。

3）掌握知识体系。一个称职的架构师必须做的最重要的事情之一就是与时俱进地掌握知识体系。想想过去几年中架构师所需知识的快速发展，就能理解强调与时俱进的重要性。例如，支持云计算的架构（第 17 章）在几年前还没那么重要。要保持知识更新，参加课程、获得认证、阅读书籍和期刊、访问网站、阅读博客、参加架构相关会议、加入专业团体、与其他架构师会面，这些都是有效途径。

1. 职责

本节总结了架构师的各种职责。并非每个组织中的每位架构师都会在每个项目上履行这些职责。然而，称职的架构师发现自己参与此处列出的任何活动都不应感到惊讶。我们将这些职责分为技术职责（表 25.1）和非技术职责（表 25.2）。你应该立即观察到有大量的非技术性职责。对于那些想成为架构师的人来说，这显然意味着，必须充分关注非技术方面的相关教育和专业活动。

表 25.1 软件架构师的技术职责

通用职责领域	特定职责领域	示例
架构设计	创建架构	设计或选择一个架构。创建软件架构设计计划。构建产品线或产品架构。做出设计决策。展开细节并细化设计，以形成最终设计。识别模式和战术，并阐明架构原则和关键机制。对系统进行分区。定义组件如何组合和交互。创建原型
	评估和分析架构	评估架构（针对当前系统或其他系统），以确定用例和质量属性场景的满足度。创建原型。参与设计评审。审查初级工程师的组件设计。审查设计是否符合架构。比较软件架构评估技术。选择替代模型。执行权衡分析
	记录架构	准备对利益相关者有用的架构文档和演示文稿。记录或自动生成软件接口文档。制定文档标准或指南。记录可变性和动态行为
	使用和优化现有系统	维护并发展现有的系统及其架构。衡量架构债。将现有系统迁移到新技术和新平台上。重构现有架构以降低风险。对 bug、事件报告和其他问题进行检查，以确定对现有架构的修改
	执行其他架构职责	明确愿景。保持愿景的活力。参加产品设计会议。提供架构、设计和开发方面的技术建议。为软件设计活动提供架构指南。领导架构改进活动。参与软件过程定义和改进。提供软件开发活动的架构监督
与生命周期活动有关的非架构设计职责	管理需求	分析软件的功能和质量属性需求。了解业务、组织和客户的要求，并确保需求满足这些要求。倾听并理解项目的范围。了解客户的关键设计要求和期望。就软件设计选择和需求选择之间的权衡提供建议

（续）

通用职责领域	特定职责领域	示例
与生命周期活动有关的非架构设计职责	评估未来的技术	分析当前 IT 环境，并针对不足之处提出解决方案。代表组织与供应商进行合作，根据需求影响未来产品。开发和提供技术白皮书
	选择工具和技术	管理新软件解决方案的引入。对新技术和架构进行技术可行性研究。从架构的角度评估商业工具和软件组件。制定内部技术标准，并协助制定外部技术标准

表 25.2　软件架构师的非技术职责

通用职责领域	特定职责领域	示例
管理	支持项目管理	就项目的适当性和难度提供反馈。帮助制定预算和计划。遵循预算限制。管理资源。进行规模估算。执行迁移规划和风险评估。负责或监督配置管理。创建开发计划。使用指标衡量结果，促进个人绩效和团队生产力。确定并安排架构发布。充当技术团队和项目经理之间的"桥梁"
	管理架构师团队成员	建立"受信任的顾问"关系。协调、激励、倡导、培训。充当监督人。分配责任
与组织和业务相关的职责	支持本组织	在组织中培养架构评估能力。审查并促进研发工作。参与团队的招聘。帮助产品营销。制定成本效益和适当的软件架构设计评审。帮助开发知识产权
	支持业务	理解并评估业务流程。将业务战略转化为技术战略。影响业务战略。理解并传达软件架构的业务价值。帮助组织实现其业务目标。了解客户和市场趋势
领导力和团队建设	提供技术领导	做一个思想领袖。制定技术趋势分析或路线图。指导其他架构师
	建立团队	建立开发团队，并使其与架构愿景保持一致。指导开发人员和初级架构师。培训团队使用架构。促进团队成员的专业发展。指导软件设计工程师团队按批准的计划规划、跟踪和完成工作。训练和指导员工使用软件技术。在架构团队内外保持士气。监控和管理团队的动态

　　架构师还经常执行许多其他职责，例如领导代码审查或参与测试计划。在许多项目中，架构师会介入关键领域的实际实现和测试。虽然很重要，但严格来说这些并不是架构职责。

2. 技能

　　鉴于上一节列举的广泛职责范围，架构师需要具备哪些技能？已有很多文章介绍架构师在项目中的特殊领导作用；理想的架构师是有效的沟通者、管理者、团队建设者、远见者和导师。一些证书或认证计划强调非技术技能。它们共同之处在于领导力、组织动力和沟通方面的评估。

　　表 25.3 列举了对架构师最有用的技能集。

表 25.3　软件架构师的技能

通用技能领域	特定技能领域	示例
沟通技能	对外沟通（团队之外）	能够进行口头和书面交流和陈述。向不同受众展示和解释技术信息的能力。转移知识的能力。说服力。从多个角度看问题和推销观点的能力

（续）

通用技能领域	特定技能领域	示例
沟通技能	内部沟通（团队内部）	具备倾听、面谈、咨询和谈判能力。能够理解和表达复杂的主题
人际关系技能	团队关系	具有团队合作精神。与上级、下级、同事和客户有效合作的能力。维持建设性工作关系的能力。在多元化团队环境中工作的能力。激发创造性合作的能力。建立共识的能力。有外交手腕和尊重他人的能力。指导他人的能力。处理和解决冲突的能力
工作技能	领导力	决策能力。具有主动性和创新能力。有独立判断能力，有影响力，受人尊重
	工作负荷管理	压力下很好工作、计划、管理时间和评估的能力。支持广泛的问题和同时处理多个复杂任务的能力。在高压环境中有效划分优先级和执行任务的能力
	在企业环境中脱颖而出的技能	战略性思维能力。在监督和约束下工作的能力。组织工作流程的能力。发现权力在哪里以及权力如何在组织中流动的能力。完成工作的能力。具备创业精神，自信而不咄咄逼人，能接受建设性批评
	信息处理技能	注重细节，同时保持整体视野和重点的能力。看到全局的能力
	处理突发事件的技能	容忍分歧的能力。承担和管理风险的能力。解决问题的能力。具有适应能力，具有灵活性，思想开放，有韧性
	抽象思维技能	能够观察不同的事物，并知道如何发现，事实上它们只是同一事物的不同实例，并找到一种方法来了解它们的本来面目。这可能是架构师最重要的技能之一

3. 知识

称职的架构师对架构知识体系非常熟悉。表 25.4 列出与架构师相关的一组知识领域。

表 25.4　软件架构师的知识领域

通用知识领域	特定知识领域	示例
计算机科学知识	架构概念知识	了解架构框架、架构模式、战术、结构和视图、参考架构、与系统和企业架构的关系、新兴技术、架构评估模型和方法以及质量属性
	软件工程知识	软件开发领域的知识，包括需求、设计、开发、维护、配置管理、工程管理和软件工程过程。系统工程知识
	设计知识	熟悉工具、设计和分析技术。了解如何设计复杂的多产品系统。熟悉面向对象的分析和设计，以及 UML 和 SysML 图表
	编程知识	熟悉编程语言和编程语言模型。具备安全性、实时、防护性等专业编程技术知识
技术和平台知识	特定技术和平台	熟悉硬件 / 软件接口、基于 Web 的应用程序和互联网技术。具备特定软件 / 操作系统的知识
	对技术和平台的通用知识	了解 IT 行业的未来发展方向以及基础设施对应用程序的影响方式
组织环境和管理的知识	领域知识	了解最相关的领域和特定领域的技术
	行业知识	了解行业最佳实践和行业标准。了解如何在国内 / 海外团队环境中工作

(续)

通用知识领域	特定知识领域	示例
组织环境和管理的知识	业务知识	了解公司的业务实践及其竞争对手的产品、战略和流程。了解业务和技术战略，以及业务重组的原则和流程。具有战略规划、财务模型和预算的知识
	领导与管理方法	了解如何训练、指导和培训软件团队成员。项目管理知识。项目工程知识

4. 经验

几乎每个人都说经验是最好的老师。我们同意。然而，经验并不是唯一的老师——你仍然可以从真实的老师那里获得知识。很幸运，我们不需要把自己烫伤就知道触摸火炉是个坏主意。

我们认为经验可以增加架构师的知识储备，这就是为什么我们不割裂地看待它。随着你的职业发展，你将积累自己的丰富经验，并将其储备为知识。

正如老笑话所说，纽约的一个行人拦住了一个路人，问道："打扰一下。你能告诉我怎么去卡内基音乐厅吗？"这个路人碰巧是个音乐家，他重重地叹了一口气说，"练习，练习，练习。"

正是如此。

25.2 软件架构组织的能力

组织，通过它们的实践和结构，可以帮助或阻碍架构师履行职责。例如，如果一个组织有架构师职业路径，就能激励员工成为架构师。如果组织有一个常设的架构评审委员会，那么项目架构师将知道如何以及与谁安排评审。缺乏这些实践和结构将意味着架构师必须与组织进行斗争或决定如何在没有内部指导的情况下进行评审。因此，有必要询问特定组织是否具备架构能力，是否开发了衡量组织架构能力的工具。组织的架构能力是本节的主题。以下是我们的定义：

一个组织的架构能力是该组织发展、使用和维持在个人、团队和组织级别有效实施以架构为中心的实践所需技能和知识的能力，从而产生成本可接受的架构，并引导系统与组织的业务目标保持一致。

组织也有架构的职责、技能和知识，就像架构师个人一样。例如，为架构工作提供充足的资金是一项组织职责，有效地使用可用的架构劳动力（通过适当的团队合作和其他方式）也是如此。这些都是组织的职责，因为它们不受架构师个人的控制。组织级技能可能是对架构师的有效知识管理或人力资源管理。组织级知识的一个例子是软件项目要采用的基于架构的生命周期模型。

以下是组织可以履行的一些职责，用于帮助提高架构工作的成功率：

- ❏ 人事相关：
  - 聘请有才华的架构师。
  - 为架构师建立职业通道。
  - 通过知名度、奖励和声望，使架构师的职位受到高度重视。
  - 让架构师加入专业组织。
  - 建立架构师认证计划。
  - 为架构师建立指导计划。
  - 建立架构培训和教育计划。
  - 衡量架构师的表现。
  - 让架构师获得外部架构师认证。
  - 根据项目的成功或失败奖励或处罚架构师。
- ❏ 流程相关：
  - 建立组织范围的架构实践。
  - 为架构师建立明确的职责和权限声明。
  - 为架构师建立一个交流和分享信息和经验的论坛。
  - 建立架构评审委员会。
  - 在项目计划中包括架构里程碑。
  - 让架构师为产品定义提供输入。
  - 召开组织范围的架构会议。
  - 衡量和跟踪所生成架构的质量。
  - 引进架构方面的外部专家顾问。
  - 让架构师就开发团队结构提出建议。
  - 在整个项目生命周期中赋予架构师影响力。
- ❏ 技术相关：
  - 建立和维护用于可重用架构和基于架构的工件的存储库。
  - 创建和维护设计概念存储库。
  - 提供集中资源和架构工具来帮助分析。

如果你正在面试组织中的架构师职位，你可能会有一系列问题来确定你是否想在那里工作。在问题列表中，你可以添加从前面列表中提取的问题，以帮助你确定组织的架构能力水平。

25.3　成为更好的架构师

架构师如何成为优秀的架构师，优秀的架构师如何成为伟大的架构师？我们以一个建议结束本章，即接受指导并指导他人。

1. 接受指导

虽然经验可能是最好的老师，我们中的大多数人不会在一生之中获得成为伟大架构师所需的所有第一手经验。但我们可以间接获得经验。找一个你尊敬的有经验的架构师，和他建立联系。了解组织中是否有你可以加入的指导计划。或者建立一种非正式的指导关系——寻找互动的借口，提出问题，或者提供帮助（例如，提出成为评审员）。

你的导师不必是同事。你也可以加入专业协会，在那里你可以与其他成员建立导师关系。参加聚会。加入专业的社交网络。不要只局限于你的组织。

2. 指导他人

你还应该乐于指导他人，以此来回馈或回报丰富你职业生涯的善意。不过这也有一个自私的理由：我们发现教授一个概念是深入理解这个概念的试金石。如果我们不能传授它，很可能我们并没有真正理解它，因此，这可以成为你教授和指导他人的目标之一。优秀的老师几乎总是说他们很高兴从学生那里学到了很多东西，学生的探究性问题和令人惊讶的见解在很大程度上增加了教师对学科的深入理解。

25.4　总结

当我们想到软件架构师时，通常首先想到他们所做的技术工作。但是，正如架构不仅仅是系统的技术"蓝图"一样，架构师也不仅仅是架构的设计师。这使我们尝试以更全面的方式去理解架构师和以架构为中心的组织必须做些什么才能取得成功。架构师必须履行职责，磨练技能，不断获得成功所需的知识。

成为一名优秀的架构师，然后成为一名更好的架构师的关键是不断学习、指导他人和接受指导。

25.5　进一步阅读

探索组织能力的问题可以在技术说明"评估和改进架构能力的模型"中找到：sei.cmu.edu/library/abstracts/reports/08tr006.cfm。

Open Group 有一个认证计划，用于评估 IT 架构师、业务架构师和企业架构师的技能、知识和经验，这与衡量和认证架构师的个人能力有关。

信息技术架构知识体系（Information Technology Architecture Body of Knowledge，ITABoK）是一个"免费的 IT 架构最佳实践、技能和知识公共档案库，基于全球最大的 IT 架构专业组织 Iasa 中的个人和公司成员的经验开发而成"（https：//itabok.iasaglobal.org/itabok/）。

Bredemeyer Consulting（bredemeyer.com）提供了大量关于 IT 架构师、软件架构师和企业架构师及其角色的资料。

Joseph Ingeno 在 *Software Architect's Handbook* 中专门用了一章来介绍"软件架构师的软技能"，另一章介绍"成为更好的软件架构师"[Ingeno 18]。

25.6　问题讨论

1. 你认为本章中讨论的哪些技能和知识可能是你最缺乏的？你将如何弥补这些缺陷？

2. 你认为哪项职责、技能或知识对架构师个人最重要或最具成本效益？证明你的答案是正确的。

3. 在列表中添加新的三项职责、三项技能和三个知识领域。

4. 你如何衡量项目中特定架构职责的价值？你如何区分这些职责所带来的附加值与质量保证或配置管理等其他活动所带来的附加值？

5. 你如何衡量一个人的沟通技巧？

6. 本章列出了一个具有架构能力的组织的一些实践。根据预期收益和预期成本对列表进行优先级排序。

7. 假设你负责为公司的一个重要系统招聘一名架构师，你会怎么做？面试时你会问应聘者什么？你会要求他们交付什么吗？如果是，是什么？你会让他们参加某种测试吗？如果是，是什么？你会让公司的谁去面试他们？为什么？

8. 假设你是被聘用的架构师。关于你正在面试的公司，你会问哪些与 25.2 节所列领域相关的问题？尝试从职业生涯早期架构师的角度来回答这个问题，然后从具有多年经验的高技能架构师的角度来回答这个问题。

9. 搜索架构师认证计划。对于每一项，尝试描述它在多大程度上（分别）涉及职责、技能和知识。

第六部分

结　　论

第26章 展望未来：量子计算

未来会带来什么影响软件架构实践的发展？众所周知，人类不善于预测长期的未来，但我们一直在尝试，因为这很有趣。在结束本书之前，我们展望一下量子计算这个热点领域：它牢固植根于未来，但似乎非常接近于现实。

量子计算机很可能在未来五到十年内变得实用。目前你工作中使用的系统可能有数十年的生命周期。20世纪60年代和70年代编写的代码今天仍在使用。如果你工作中使用系统的生命周期也大致如此，那么当量子计算机变得实用时，你可能需要转换它们以利用量子计算机的功能。

量子计算机正引起人们的极大兴趣，因为它们有潜力以远远超过最强大经典计算机的运算速度进行计算。2019年，谷歌宣布其量子计算机在200 s内完成了一项复杂的计算。谷歌声称，即使是最强大的超级计算机，也需要大约1万年才能完成同样的计算。这并不是说量子计算机做了经典计算机所做的事情，它只是速度非常快；相反，它们利用量子物理的超凡特性做了经典计算机无法做的事情。

量子计算机在解决所有问题方面不会比经典计算机更好。例如，对于许多最常见的面向事务的数据处理任务，它们可能是不适用的。量子计算机擅长涉及组合数学的问题，对于经典计算机来说，这些问题是很难计算的。然而，量子计算机不太可能驱动你的手机、手表，也不太可能放在你的办公桌上。

要理解量子计算机的理论基础，需要深入理解物理学，包括量子物理学，而这远远超出了我们的研究范围。作为背景，20世纪40年代发明的经典计算机也同样如此。随着时间的推移，由于引入了有用的抽象概念，例如高级编程语言，理解CPU和内存如何工作的需求已经消失。同样的事情也会发生在量子计算机上。在本章中，我们介绍量子计算的基本概念，而不涉及基础物理学（众所周知，基础物理学让人头晕目眩）。

26.1 单量子位

量子计算机的基本计算单位是量子信息单位，称为量子位（稍后将详细介绍）。量子计算机的简单定义是操纵量子位的处理器。在本书出版时，现存最好的量子计算机包含几百个量子位。

"QPU"与经典CPU的交互方式与当今图形处理器与CPU的交互方式相同。换句话说，CPU将QPU视为一项服务，提供一些输入，并产生一些输出。CPU和QPU之间的通信将采用经典比特。QPU 处理输入并产生输出的运算超出了 CPU 的范围。

在一个经典计算机中，一个比特的值要么是 0，要么是 1，当它正常工作时，它代表的值不会有歧义。此外，经典计算机的比特具有非破坏性读特性。也就是说，测量这个比特会得到 0 或 1，它会保留测量开始时的值。

量子位在这两个特性上都不同。量子位的特性是有三个数字。其中的两个数字是概率：测量结果为 1 的概率和测量结果为 0 的概率。第三个数字称为相位，描述量子位的旋转。对量子位的测量将返回 0 或 1（按特定的概率），同时破坏量子位的当前值，并用返回的值替换。一个同时对于 0 和 1 都具有非零概率的量子位被称为进入叠加态。

相位是通过将概率转为复数来管理的。振幅（概率）被指定为 $|\alpha|^2$ 和 $|\beta|^2$。如果 $|\alpha|^2$ 是 40%，$|\beta|^2$ 是 60%，那么 10 次测量中有 4 次是 0，6 次是 1。这些振幅受到一些测量误差概率的影响，降低这种误差概率是建造量子计算机的工程挑战之一。

这个定义有两个结果：

1）$|\alpha|^2 + |\beta|^2 = 1$。因为 $|\alpha|^2$ 和 $|\beta|^2$ 分别是测量返回值为 0 和 1 的概率，而且因为一次测量要么返回 0 要么返回 1，所以概率总和必须是 1。

2）不存在量子位的复制。从经典比特 A 到经典比特 B 的复制是对比特 A 的读取，然后将该值存储到 B 中。量子位 A 的测量（即读取）将破坏 A 并提供值 0 或值 1。因此，量子位 B 中存储的将是 0 或 1，但不会包含嵌入 A 中的概率或相位。

相位值是介于 0 ～ 2π 弧度之间的角度。它不影响叠加的概率，但提供了另一个操纵量子位的杠杆。一些量子算法通过操纵某些量子位的相位来标记它们。

1. 量子位的操作

一些单量子位操作类似于经典比特操作，而另一些则是量子位特有的。大多数量子操作的一个特点是它们是可逆的；也就是说，给定操作的结果，就有可能恢复该操作的输入。可逆性是经典比特操作和量子位操作之间的另一个区别。可逆性的一个例外是 READ（读取）操作：由于测量是破坏性的，READ 操作的结果不支持恢复原始量子位。量子位操作的示例包括：

1）READ 操作以单个量子位作为输入，产生 0 或 1 作为输出，概率由输入量子位的振幅决定。READ 操作使得输入量子位的值坍缩为 0 或 1。

2）NOT 操作让一个进入叠加态的量子位翻转振幅。也就是说，量子位结果为 0 的概率反转为它为 1 的原始概率，反之亦然。

3）Z 操作添加 π 到量子位的相位（模 2π）。

4）HAD（Hadamard 的缩写）操作产生一个相等的叠加，这意味着生成对应 0 和 1 的量子位振幅。输入值为 0 时，生成 0 弧度的相位，输入值为 1 时，生成 π 弧度的相位。

将多个操作链接在一起，生成更复杂的功能单元是可能的。

有些操作可以处理不止一个量子位。主要的双量子位操作符是 CNOT——一个受控的

NOT。第一个量子位是控制位，如果为 1，则该操作对第二个量子位执行 NOT。如果第一个量子位是 0，那么第二个量子位保持不变。

2. 纠缠

纠缠是量子计算的关键元素之一。它在经典计算中没有类似物，纠缠赋予量子计算一些非常奇怪和奇妙的特性，使它能够做经典计算机无能为力的事情。

如果在测量时，第二个量子位的测量与第一个量子位的测量相匹配，则两个量子位被称为"纠缠"。无论两个测量间隔的时间有多长，或者量子位之间的物理距离有多远，纠缠都可能发生。这就引出了所谓的量子隐形传态。该系好安全带了。

26.2 量子隐形传态

回想一下，不可能将一个量子位直接复制到另一个量子位。因此，如果想把一个量子位复制到另一个量子位，我们必须使用间接的方法。此外，必须接受对原始量子位状态的破坏。接收方量子位将具有与原始、被破坏的量子位相同的状态。量子隐形传态就是这种复制态的名字。没有要求原始量子位和接收量子位有任何物理关系，也没有限制它们之间的距离。因此，在物理实现的量子位之间，可以远距离（数百甚至数千公里）传输信息。

量子位状态的隐形传态依赖于纠缠。回想一下，纠缠意味着一个纠缠量子位的测量将保证和第二个量子位的测量具有相同的值。隐形传态使用三个量子位。量子位 A 和 B 纠缠，然后量子位 Ψ 和量子位 A 纠缠，量子位 Ψ 被传送到量子位 B 的位置，它的状态变为量子位 B 的状态。粗略地说，隐形传态会经历以下四个步骤：

1）纠缠量子位 A 和 B。我们在上一节讨论了这意味着什么。A 和 B 的位置可以在物理上分开。

2）准备"有效载荷"。有效载荷量子位将具有要传送的状态。有效负荷，即量子位 Ψ，是在 A 的位置上准备的。

3）传播有效载荷。传播涉及两个经典比特，它们被传输到 B 的位置。传播还涉及测量 A 和 Ψ，这破坏了这两个量子位的状态。

4）在 B 中重新创建 Ψ 的状态。

我们省略了许多关键细节，但重点是：量子隐形传态是量子通信的重要组成部分。它依赖于通过常规通信信道传输两个比特。它本质上是安全的，因为窃听者所能确定的只是通过常规信道发送了两个比特。因为 A 和 B 通过纠缠进行通信，它们不会通过通信线路进行物理传输。美国国家科学技术研究所（NIST）正在考虑将各种不同的基于量子的通信协议，作为一种名为 HTTPQ 的传输协议的基础，HTTPQ 旨在替代 HTTPS。考虑到用一种通信协议替换另一种通信协议需要几十年的时间，我们的目标是在能够破解 HTTPS 的量子计算机出现之前采用 HTTPQ。

26.3　量子计算和加密

量子计算机特别擅长计算函数的逆函数，尤其是散列函数的逆函数。许多情况下，这种计算非常有用，在解密密码时尤其如此。密码从不直接存储，而是存储它们的散列。这样做的背后假设是计算散列函数的逆函数在计算上是很困难的，也就是说，使用传统计算机，可能需要数百年（如果不是数千年）的时间来完成。然而，量子计算机改变了这种假设。

Grover 算法是计算逆函数的概率算法的一个例子。计算 256 位散列的逆函数需要 2128 次循环。Grover 算法对传统计算法进行了二次方加速，这意味着量子算法时间大约是传统算法时间的平方根。这使得大量受密码保护的资料（以前被认为是安全的）变得非常脆弱。

现代安全加密算法是基于分解两个大素数乘积的难度。设 p 和 q 是两个不同的素数，每个素数的大小都大于 128 位。这两个素数的乘积 pq 大约为 256 位。给定 p 和 q，这个乘积相对容易计算。然而，在经典计算机上分解乘积 pq 并得到 p 和 q 是非常困难的：它属于 NP-hard 问题范畴。

这意味着，给定一条基于素数 p 和 q 加密的消息，如果知道 p 和 q，解密该消息相对容易，但如果不知道，则实际上是不可能解密该消息的——至少在经典计算机上是这样。然而，量子计算机可以比经典计算机更有效地分解 pq。Shor 算法是一种量子算法，分解 pq 的运行时间仅为 log（p 和 q 中的位数）。

26.4　其他算法

量子计算在许多应用中具有类似的改变游戏规则的潜力。在这里，我们首先介绍一个必要但目前不存在的硬件 QRAM。

1. QRAM

量子随机存取存储器（Quantum Random Access Memory，QRAM）是实现和应用许多量子算法的关键元件。QRAM 或类似的东西对有效访问大量数据（如机器学习算法中使用的数据）是必要的。目前，还没有 QRAM 的实现，但几个研究小组正在探索实现的可能性。

传统的 RAM 包括一个硬件设备，该设备接收一个存储器地址作为输入，并返回该地址上的内容作为输出。QRAM 在概念上是相似的：它接收一个内存地址（可能是多个内存地址叠加）作为输入，并返回这些位置上的内容叠加作为输出。返回内容的内存地址是按常规写入的，即每个比特有一个值。而输出值是以叠加方式返回的，而振幅是由要返回的存储单元的规格决定的。因为原始值是按常规写入的，所以可以用非破坏性的方式复制。

设想的 QRAM 存在一个问题，所需的物理资源数量与检索的比特数呈线性关系。因此，为大量检索构建 QRAM 可能是不切实际的。与量子计算机的许多讨论一样，QRAM 还处于理论讨论阶段，而不是工程阶段。敬请期待。

下面我们讨论的算法假设存在一种机制，可以有效访问由算法操纵的数据，比如 QRAM。

2. 矩阵求逆

矩阵求逆是科学研究中许多问题的基础。例如，机器学习需要大型矩阵求逆的能力。在这种情况下，量子计算机有望加速矩阵求逆。Harrow、Hassidim 和 Lloyd 的 HHL 算法会在一些约束条件下求逆线性矩阵。矩阵求逆的一般性问题是求解方程 $Ax=b$，其中 A 是一个 $N \times N$ 矩阵，x 是一组 N 个未知数，b 是一组 N 个已知值。你在初等代数中数中学过最简单的情况（$N=2$）。然而，随着 N 的增长，矩阵求逆成为求解方程组的标准技术。

用量子计算机解决这个问题时，存在以下约束条件：

1）b 必须能够快速访问。这就是 QRAM 应该解决的问题。

2）矩阵 A 必须满足某些条件。如果它是一个稀疏矩阵，那么它很可能可以在量子计算机上有效地处理。矩阵也必须具有良好的条件；也就是说，矩阵的行列式必须为非零或接近零。一个小行列式在经典计算机上求逆矩阵时都会有问题，所以这不是量子独有的问题。

3）应用 HHL 算法的结果是 x 值以叠加形式出现。因此，需要一种机制来有效地将实际值从叠加中分离出来。

实际的算法太复杂了，我们无法在这里介绍。然而，一个值得注意的因素是，它依赖于一种基于相位的振幅放大技术。

26.5　潜在应用

量子计算机有望在广泛的应用领域产生影响。例如，IBM 正专注于网络安全、药物开发、金融建模、电池改良、清洁施肥、交通优化、天气预测和气候变化、人工智能和机器学习等领域。

到目前为止，除了网络安全之外，这张量子计算潜在应用列表大多还是猜测。一些网络安全算法已被证明比经典算法有实质性的改进，但到目前为止，应用领域的其余部分仍是研究的热门主题。到目前为止，这些努力都还没有产生公开成果。

量子计算机发展正处于像莱特兄弟时代飞机一样的阶段。承诺是伟大的，但要将承诺变为现实，必须做大量的工作。

26.6　最后的思考

量子计算机目前还处于初级阶段。在这一点上，这类计算机的应用主要是推测，尤其是需要大量数据的应用。尽管如此，就实际物理存在的量子位的数量而言，正在迅速取得进展。摩尔定律适用于量子计算机似乎是合理的，很像它在传统计算机中一样。如果是这样，那么可用的量子位数量将随着时间呈指数增长。

26.2 节中讨论的量子位操作适合于一种编程风格，即将操作链接在一起以执行有用的功能。这可能与经典计算机的机器语言一样。机器语言仍然存在，但已经成为一种只有少数程序员才能使用的领域。大多数程序员使用各种各样的高级语言。我们应该期待在量子计算机编程方面看到同样的进展。量子计算机的语言设计仍在努力进行中，还处于初级阶段。

编程语言只是冰山一角。我们在本书中讨论的其他话题呢？是否有与量子计算机相关的新质量属性、新的架构模式、额外的架构视图？几乎可以肯定会有的。

量子计算机网络会是什么样子？量子计算机和经典计算机的混合网络会广泛应用吗？所有这些都是量子计算几乎肯定会最终发展到的潜在领域。

在此期间，架构师可以做些什么？首先，关注突破性发展。如果你正在研究的系统涉及量子计算可能会影响（或者更可能的是完全颠覆）的领域，那么隔离系统的这些部分，以便在量子计算最终出现时将破坏最小化。特别是对于安全系统，请关注该领域，了解当传统加密算法变得毫无价值时该怎么做。

但你的准备不一定都是防御性的。想象一下，无论节点之间的物理距离有多远，如果有一个通信网络能够立即传递信息，你能做些什么。如果这听起来遥不可及的话，那么很久以前，飞机也是如此。

一如既往，我们热切期待着未来。

26.7　进一步阅读

总体概述：

❑ 由 Eric Johnston、Nic Harrigan 和 Mercedes Gimeno-Segovia 编写的 *Programming Quantum Computers* 讨论了在不参考物理学或线性代数的情况下的量子计算 [Johnston 19]。

❑ *Quantum Computing: Progress and Prospects* [NASEM 19] 概述了量子计算的现状以及制造真正的量子计算机需要克服的挑战。

❑ 量子计算机不仅提供了比经典计算机更快的解决方案，而且解决了一些只有量子计算机才能解决的问题。这一强大的理论成果出现在 2018 年 5 月：quantamagazine.org/finally-a-problem-that-only-quantum-computers-will-ever-able-to-solve-20180621/。

参考文献

[Abrahamsson 10] P. Abrahamsson, M. A. Babar, and P. Kruchten. "Agility and Architecture: Can They Coexist?" *IEEE Software* 27, no. 2 (March–April 2010): 16–22.

[AdvBuilder 10] Java Adventure Builder Reference Application. https://adventurebuilder.dev. java.net

[Anastasopoulos 00] M. Anastasopoulos and C. Gacek. "Implementing Product Line Variabilities" (IESE-Report no. 089.00/E, V1.0). Kaiserslautern, Germany: Fraunhofer Institut Experimentelles Software Engineering, 2000.

[Anderson 20] Ross Anderson. *Security Engineering: A Guide to Building Dependable Distributed Systems*, 3rd ed. Wiley, 2020.

[Argote 07] L. Argote and G. Todorova. *International Review of Industrial and Organizational Psychology*. John Wiley & Sons, 2007.

[Avižienis 04] Algirdas Avižienis, Jean-Claude Laprie, Brian Randell, and Carl Landwehr. "Basic Concepts and Taxonomy of Dependable and Secure Computing," *IEEE Transactions on Dependable and Secure Computing* 1, no. 1 (January 2004): 11–33.

[Bachmann 00a] Felix Bachmann, Len Bass, Jeromy Carriere, Paul Clements, David Garlan, James Ivers, Robert Nord, and Reed Little. "Software Architecture Documentation in Practice: Documenting Architectural Layers," CMU/SEI-2000-SR-004, 2000.

[Bachmann 00b] F. Bachmann, L. Bass, G. Chastek, P. Donohoe, and F. Peruzzi. "The Architecture-Based Design Method," CMU/SEI-2000-TR-001, 2000.

[Bachmann 05] F. Bachmann and P. Clements. "Variability in Software Product Lines," CMU/SEI-2005-TR-012, 2005.

[Bachmann 07] Felix Bachmann, Len Bass, and Robert Nord. "Modifiability Tactics," CMU/SEI-2007-TR-002, September 2007.

[Bachmann 11] F. Bachmann. "Give the Stakeholders What They Want: Design Peer Reviews the ATAM Style," *Crosstalk* (November/December 2011): 8–10, crosstalkonline.org/storage/issue-archives/2011/201111/201111-Bachmann.pdf.

[Barbacci 03] M. Barbacci, R. Ellison, A. Lattanze, J. Stafford, C. Weinstock, and W. Wood. "Quality Attribute Workshops (QAWs), Third Edition," CMU/SEI-2003-TR-016, sei.cmu.edu/reports/03tr016.pdf.

[Bass 03] L. Bass and B. E. John. "Linking Usability to Software Architecture Patterns through General Scenarios," *Journal of Systems and Software* 66, no. 3 (2003): 187–197.

[Bass 07] Len Bass, Robert Nord, William G. Wood, and David Zubrow. "Risk Themes Discovered through Architecture Evaluations," in *Proceedings of WICSA 07*, 2007.

[Bass 08] Len Bass, Paul Clements, Rick Kazman, and Mark Klein. "Models for Evaluating and Improving Architecture Competence," CMU/SEI-2008-TR-006, March 2008, sei.cmu.edu/library/abstracts/reports/08tr006.cfm.

[Bass 15] Len Bass, Ingo Weber, and Liming Zhu. *DevOps: A Software Architect's Perspective.* Addison-Wesley, 2015.

[Bass 19] Len Bass and John Klein. *Deployment and Operations for Software Engineers.* Amazon, 2019.

[Baudry 03] B. Baudry, Yves Le Traon, Gerson Sunyé, and Jean-Marc Jézéquel. "Measuring and Improving Design Patterns Testability," *Proceedings of the Ninth International Software Metrics Symposium* (METRICS '03), 2003.

[Baudry 05] B. Baudry and Y. Le Traon. "Measuring Design Testability of a UML Class Diagram," *Information & Software Technology* 47, no. 13 (October 2005): 859–879.

[Beck 02] Kent Beck. *Test-Driven Development by Example.* Addison-Wesley, 2002.

[Beck 04] Kent Beck and Cynthia Andres. *Extreme Programming Explained: Embrace Change*, 2nd ed. Addison-Wesley, 2004.

[Beizer 90] B. Beizer. *Software Testing Techniques*, 2nd ed. International Thomson Computer Press, 1990.

[Bellcore 98] Bell Communications Research. GR-1230-CORE, SONET Bidirectional Line-Switched Ring Equipment Generic Criteria. 1998.

[Bellcore 99] Bell Communications Research. GR-1400-CORE, SONET Dual-Fed Unidirectional Path Switched Ring (UPSR) Equipment Generic Criteria. 1999.

[Bellomo 15] S. Bellomo, I. Gorton, and R. Kazman. "Insights from 15 Years of ATAM Data: Towards Agile Architecture," *IEEE Software* 32, no. 5 (September/October 2015): 38–45.

[Benkler 07] Y. Benkler. *The Wealth of Networks: How Social Production Transforms Markets and Freedom.* Yale University Press, 2007.

[Bertolino 96a] Antonia Bertolino and Lorenzo Strigini. "On the Use of Testability Measures for Dependability Assessment," *IEEE Transactions on Software Engineering* 22, no. 2 (February 1996): 97–108.

[Bertolino 96b] A. Bertolino and P. Inverardi. "Architecture-Based Software Testing," in Proceedings of the Second International Software Architecture Workshop (ISAW-2), L. Vidal, A. Finkelstain, G. Spanoudakis, and A. L. Wolf, eds. *Joint Proceedings of the SIGSOFT '96 Workshops*, San Francisco, October 1996. ACM Press.

[Biffl 10] S. Biffl, A. Aurum, B. Boehm, H. Erdogmus, and P. Grunbacher, eds. *Value-Based Software Engineering.* Springer, 2010.

[Binder 94] R. V. Binder. "Design for Testability in Object-Oriented Systems," *CACM* 37, no. 9 (1994): 87–101.

[Binder 00] R. Binder. *Testing Object-Oriented Systems: Models, Patterns, and Tools.* Addison-Wesley, 2000.

[Boehm 78] B. W. Boehm, J. R. Brown, J. R. Kaspar, M. L. Lipow, and G. MacCleod. *Characteristics of Software Quality.* American Elsevier, 1978.

[Boehm 81] B. Boehm. *Software Engineering Economics.* Prentice Hall, 1981.

[Boehm 91] Barry Boehm. "Software Risk Management: Principles and Practices," *IEEE Software* 8, no. 1 (January 1991): 32–41.

[Boehm 04] B. Boehm and R. Turner. *Balancing Agility and Discipline: A Guide for the Perplexed.* Addison-Wesley, 2004.

[Boehm 07] B. Boehm, R. Valerdi, and E. Honour. "The ROI of Systems Engineering: Some Quantitative Results for Software Intensive Systems," *Systems Engineering* 11, no. 3 (2007): 221–234.

[Boehm 10] B. Boehm, J. Lane, S. Koolmanojwong, and R. Turner. "Architected Agile Solutions for Software-Reliant Systems," Technical Report USC-CSSE-2010-516, 2010.

[Bondi 14] A. B. Bondi. *Foundations of Software and System Performance Engineering: Process, Performance Modeling, Requirements, Testing, Scalability, and Practice.* Addison-Wesley, 2014.

[Booch 11] Grady Booch. "An Architectural Oxymoron," podcast available at computer.org/portal/web/computingnow/onarchitecture. Retrieved January 21, 2011.

[Bosch 00] J. Bosch. "Organizing for Software Product Lines," *Proceedings of the 3rd International Workshop on Software Architectures for Product Families (IWSAPF-3),* pp. 117–134. Las Palmas de Gran Canaria, Spain, March 15–17, 2000. Springer, 2000.

[Bouwers 10] E. Bouwers and A. van Deursen. "A Lightweight Sanity Check for Implemented Architectures," *IEEE Software* 27, no. 4 (July/August 2010): 44–50.

[Bredemeyer 11] D. Bredemeyer and R. Malan. "Architect Competencies: What You Know, What You Do and What You Are," http://www.bredemeyer.com/Architect/ArchitectSkillsLinks.htm.

[Brewer 12] E. Brewer. "CAP Twelve Years Later: How the 'Rules' Have Changed," *IEEE Computer* (February 2012): 23–29.

[Brown 10] N. Brown, R. Nord, and I. Ozkaya. "Enabling Agility through Architecture," *Crosstalk* (November/December 2010): 12–17.

[Brownsword 96] Lisa Brownsword and Paul Clements. "A Case Study in Successful Product Line Development," Technical Report CMU/SEI-96-TR-016, October 1996.

[Brownsword 04] Lisa Brownsword, David Carney, David Fisher, Grace Lewis, Craig Meterys, Edwin Morris, Patrick Place, James Smith, and Lutz Wrage. "Current Perspectives on Interoperability," CMU/SEI-2004-TR-009, sei.cmu.edu/reports/04tr009.pdf.

[Bruntink 06] Magiel Bruntink and Arie van Deursen. "An Empirical Study into Class Testability," *Journal of Systems and Software* 79, no. 9 (2006): 1219–1232.

[Buschmann 96] Frank Buschmann, Regine Meunier, Hans Rohnert, Peter Sommerlad, and Michael Stal. *Pattern-Oriented Software Architecture Volume 1: A System of Patterns.* Wiley, 1996.

[Cai 11] Yuanfang Cai, Daniel Iannuzzi, and Sunny Wong. "Leveraging Design Structure Matrices in Software Design Education," *Conference on Software Engineering Education and Training 2011,* pp. 179–188.

[Cappelli 12] Dawn M. Cappelli, Andrew P. Moore, and Randall F. Trzeciak. *The CERT Guide to Insider Threats: How to Prevent, Detect, and Respond to Information Technology Crimes (Theft, Sabotage, Fraud).* Addison-Wesley, 2012.

[Carriere 10] J. Carriere, R. Kazman, and I. Ozkaya. "A Cost-Benefit Framework for Making Architectural Decisions in a Business Context," *Proceedings of 32nd International Conference on Software Engineering (ICSE 32),* Capetown, South Africa, May 2010.

[Cataldo 07] M. Cataldo, M. Bass, J. Herbsleb, and L. Bass. "On Coordination Mechanisms in Global Software Development," *Proceedings Second IEEE International Conference on Global Software Development,* 2007.

[Cervantes 13] H. Cervantes, P. Velasco, and R. Kazman. "A Principled Way of Using Frameworks in Architectural Design," *IEEE Software* (March/April 2013): 46–53.

[Cervantes 16] H. Cervantes and R. Kazman. *Designing Software Architectures: A Practical Approach.* Addison-Wesley, 2016.

[Chandran 10] S. Chandran, A. Dimov, and S. Punnekkat. "Modeling Uncertainties in the Estimation of Software Reliability: A Pragmatic Approach," *Fourth IEEE International*

Conference on Secure Software Integration and Reliability Improvement, 2010.

[Chang 06] F. Chang, J. Dean, S. Ghemawat, W. Hsieh, et al. "Bigtable: A Distributed Storage System for Structured Data," *Proceedings of Operating Systems Design and Implementation*, 2006, http://research.google.com/archive/ bigtable.html.

[Chen 10] H.-M. Chen, R. Kazman, and O. Perry. "From Software Architecture Analysis to Service Engineering: An Empirical Study of Enterprise SOA Implementation," *IEEE Transactions on Services Computing* 3, no. 2 (April–June 2010): 145–160.

[Chidamber 94] S. Chidamber and C. Kemerer. "A Metrics Suite for Object Oriented Design," *IEEE Transactions on Software Engineering* 20, no. 6 (June 1994).

[Chowdury 19] S. Chowdhury, A. Hindle, R. Kazman, T. Shuto, K. Matsui, and Y. Kamei. "GreenBundle: An Empirical Study on the Energy Impact of Bundled Processing," *Proceedings of the International Conference on Software Engineering*, May 2019.

[Clements 01a] P. Clements and L. Northrop. *Software Product Lines*. Addison-Wesley, 2001.

[Clements 01b] P. Clements, R. Kazman, and M. Klein. *Evaluating Software Architectures*. Addison-Wesley, 2001.

[Clements 07] P. Clements, R. Kazman, M. Klein, D. Devesh, S. Reddy, and P. Verma. "The Duties, Skills, and Knowledge of Software Architects," *Proceedings of the Working IEEE/IFIP Conference on Software Architecture*, 2007.

[Clements 10a] Paul Clements, Felix Bachmann, Len Bass, David Garlan, James Ivers, Reed Little, Paulo Merson, Robert Nord, and Judith Stafford. *Documenting Software Architectures: Views and Beyond*, 2nd ed. Addison-Wesley, 2010.

[Clements 10b] Paul Clements and Len Bass. "Relating Business Goals to Architecturally Significant Requirements for Software Systems," CMU/SEI-2010-TN-018, May 2010.

[Clements 10c] P. Clements and L. Bass. "The Business Goals Viewpoint," *IEEE Software* 27, no. 6 (November–December 2010): 38–45.

[Clements 16] Paul Clements and Linda Northrop. *Software Product Lines: Practices and Patterns*. Addison-Wesley, 2016.

[Cockburn 04] Alistair Cockburn. *Crystal Clear: A Human-Powered Methodology for Small Teams*. Addison-Wesley, 2004.

[Cockburn 06] Alistair Cockburn. *Agile Software Development: The Cooperative Game*. Addison-Wesley, 2006.

[Conway 68] Melvin E. Conway. "How Do Committees Invent?" *Datamation* 14, no. 4 (1968): 28–31.

[Coplein 10] J. Coplein and G. Bjornvig. *Lean Architecture for Agile Software Development*. Wiley, 2010.

[Coulin 19] T. Coulin, M. Detante, W. Mouchère, F. Petrillo. et al. "Software Architecture Metrics: A Literature Review," January 25, 2019, https://arxiv.org/abs/1901.09050.

[Cruz 19] L. Cruz and R. Abreu. "Catalog of Energy Patterns for Mobile Applications," *Empirical Software Engineering* 24 (2019): 2209–2235.

[Cunningham 92] W. Cunningham. "The Wycash Portfolio Management System," in Addendum to the *Proceedings of Object-Oriented Programming Systems, Languages, and Applications (OOPSLA)*, pp. 29–30. ACM Press, 1992.

[CWE 12] The Common Weakness Enumeration. http://cwe.mitre.org/.

[Dean 04] Jeffrey Dean and Sanjay Ghemawat. "MapReduce: Simplified Data Processing on Large Clusters," *Proceedings Operating System Design and Implementation*, 1994, http://research.google.com/archive/mapreduce.html.

[Dean 13] Jeffrey Dean and Luiz André Barroso. "The Tail at Scale," *Communications of the ACM* 56, no. 2 (February 2013): 74–80.

[Dijkstra 68] E. W. Dijkstra. "The Structure of the 'THE'-Multiprogramming System," *Communications of the ACM* 11, no. 5 (1968): 341–346.

[Dijkstra 72] Edsger W. Dijkstra, Ole-Johan Dahl, and Tony Hoare, *Structured Programming*. Academic Press, 1972: 175–220.

[Dix 04] Alan Dix, Janet Finlay, Gregory Abowd, and Russell Beale. *Human–Computer Interaction*, 3rd ed. Prentice Hall, 2004.

[Douglass 99] Bruce Douglass. *Real-Time Design Patterns: Robust Scalable Architecture for Real-Time Systems*. Addison-Wesley, 1999.

[Dutton 84] J. M. Dutton and A. Thomas. "Treating Progress Functions as a Managerial Opportunity," *Academy of Management Review* 9 (1984): 235–247.

[Eickelman 96] N. Eickelman and D. Richardson. "What Makes One Software Architecture More Testable Than Another?" in *Proceedings of the Second International Software Architecture Workshop (ISAW-2)*, L. Vidal, A. Finkelstein, G. Spanoudakis, and A. L. Wolf, eds., Joint Proceedings of the SIGSOFT '96 Workshops, San Francisco, October 1996. ACM Press.

[EOSAN 07] "WP 8.1.4—Define Methodology for Validation within OATA: Architecture Tactics Assessment Process," eurocontrol.int/valfor/ gallery/content/public/OATA-P2-D8.1.4-01%20DMVO%20Architecture%20 Tactics%20Assessment%20Process.pdf.

[FAA 00] "System Safety Handbook," faa.gov/library/manuals/aviation/risk_management/ ss_handbook/.

[Fairbanks 10] G. Fairbanks. *Just Enough Software Architecture: A Risk-Driven Approach*. Marshall & Brainerd, 2010.

[Fairbanks 20] George Fairbanks. "Ur-Technical Debt," *IEEE Software* 37, no. 4 (April 2020): 95–98.

[Feiler 06] P. Feiler, R. P. Gabriel, J. Goodenough, R. Linger, T. Longstaff, R. Kazman, M. Klein, L. Northrop, D. Schmidt, K. Sullivan, and K. Wallnau. *Ultra-Large-Scale Systems: The Software Challenge of the Future*. sei.cmu.edu/library/assets/ULS_Book20062.pdf.

[Feng 16] Q. Feng, R. Kazman, Y. Cai, R. Mo, and L. Xiao. "An Architecture-centric Approach to Security Analysis," in *Proceedings of the 13th Working IEEE/IFIP Conference on Software Architecture (WICSA 2016)*, 2016.

[Fiol 85] C. M. Fiol and M. A. Lyles. "Organizational Learning," *Academy of Management Review* 10, no. 4 (1985):. 803.

[Fonseca 19] A. Fonseca, R. Kazman, and P. Lago. "A Manifesto for Energy-Aware Software," *IEEE Software* 36 (November/December 2019): 79–82.

[Fowler 09] Martin Fowler. "TechnicalDebtQuadrant," https://martinfowler.com/bliki/ TechnicalDebtQuadrant.html, 2009.

[Fowler 10] Martin Fowler. "Blue Green Deployment," https://martinfowler.com/bliki/ BlueGreenDeployment.html, 2010.

[Freeman 09] Steve Freeman and Nat Pryce. *Growing Object-Oriented Software, Guided by Tests*. Addison-Wesley, 2009.

[Gacek 95] Cristina Gacek, Ahmed Abd-Allah, Bradford Clark, and Barry Boehm. "On the Definition of Software System Architecture," USC/CSE-95-TR-500, April 1995.

[Gagliardi 09] M. Gagliardi, W. Wood, J. Klein, and J. Morley. "A Uniform Approach for System of Systems Architecture Evaluation," *Crosstalk* 22, no. 3 (March/April 2009):

12–15.

[Gajjarby 17] Manish J. Gajjarby. *Mobile Sensors and Context-Aware Computing.* Morgan Kaufman, 2017.

[Gamma 94] E. Gamma, R. Helm, R. Johnson, and J. Vlissides. *Design Patterns: Elements of Reusable Object-Oriented Software.* Addison-Wesley, 1994.

[Garlan 93] D. Garlan and M. Shaw. "An Introduction to Software Architecture," in Ambriola and Tortola, eds., *Advances in Software Engineering & Knowledge Engineering, Vol. II.* World Scientific Pub., 1993, pp. 1–39.

[Garlan 95] David Garlan, Robert Allen, and John Ockerbloom. "Architectural Mismatch or Why It's Hard to Build Systems out of Existing Parts," 17th International Conference on Software Engineering, April 1995.

[Gilbert 07] T. Gilbert. *Human Competence: Engineering Worthy Performance.* Pfeiffer, Tribute Edition, 2007.

[Gokhale 05] S. Gokhale, J. Crigler, W. Farr, and D. Wallace. "System Availability Analysis Considering Hardware/Software Failure Severities," *Proceedings of the 29th Annual IEEE/NASA Software Engineering Workshop (SEW '05)*, Greenbelt, MD, April 2005. IEEE, 2005.

[Gorton 10] Ian Gorton. *Essential Software Architecture*, 2nd ed. Springer, 2010.

[Graham 07] T. C. N. Graham, R. Kazman, and C. Walmsley. "Agility and Experimentation: Practical Techniques for Resolving Architectural Tradeoffs," *Proceedings of the 29th International Conference on Software Engineering (ICSE 29)*, Minneapolis, MN, May 2007.

[Gray 93] Jim Gray and Andreas Reuter. *Distributed Transaction Processing: Concepts and Techniques.* Morgan Kaufmann, 1993.

[Grinter 99] Rebecca E. Grinter. "Systems Architecture: Product Designing and Social Engineering," in *Proceedings of the International Joint Conference on Work Activities Coordination and Collaboration (WACC '99)*, Dimitrios Georgakopoulos, Wolfgang Prinz, and Alexander L. Wolf, eds. ACM, 1999, pp. 11–18.

[Hamm 04] "Linus Torvalds' Benevolent Dictatorship," *BusinessWeek*, August 18, 2004, businessweek.com/technology/content/aug2004/tc20040818_1593.htm.

[Hamming 80] R. W. Hamming. *Coding and Information Theory.* Prentice Hall, 1980.

[Hanmer 13] Robert S. Hanmer. *Patterns for Fault Tolerant Software*, Wiley Software Patterns Series, 2013.

[Harms 10] R. Harms and M. Yamartino. "The Economics of the Cloud," http://economics.uchicago.edu/pdf/Harms_110111.pdf.

[Hartman 10] Gregory Hartman. "Attentiveness: Reactivity at Scale," CMU-ISR-10-111, 2010.

[Hiltzik 00] M. Hiltzik. *Dealers of Lightning: Xerox PARC and the Dawn of the Computer Age.* Harper Business, 2000.

[Hoare 85] C. A. R. Hoare. *Communicating Sequential Processes.* Prentice Hall International Series in Computer Science, 1985.

[Hoffman 00] Daniel M. Hoffman and David M. Weiss. *Software Fundamentals: Collected Papers by David L. Parnas.* Addison-Wesley, 2000.

[Hofmeister 00] Christine Hofmeister, Robert Nord, and Dilip Soni. *Applied Software Architecture.* Addison-Wesley, 2000.

[Hofmeister 07] Christine Hofmeister, Philippe Kruchten, Robert L. Nord, Henk Obbink, Alexander Ran, and Pierre America. "A General Model of Software Architecture Design

Derived from Five Industrial Approaches," *Journal of Systems and Software* 80, no. 1 (January 2007): 106–126.

[Hohpe 20] Gregor Hohpe. *The Software Architect Elevator: Redefining the Architect's Role in the Digital Enterprise.* O'Reilly, 2020.

[Howard 04] Michael Howard. "Mitigate Security Risks by Minimizing the Code You Expose to Untrusted Users," *MSDN Magazine*, http://msdn.microsoft.com/en-us/magazine/cc163882.aspx.

[Hubbard 14] D. Hubbard. *How to Measure Anything: Finding the Value of Intangibles in Business.* Wiley, 2014.

[Humble 10] Jez Humble and David Farley. *Continuous Delivery: Reliable Software Releases through Build, Test, and Deployment Automation,* Addison-Wesley, 2010.

[IEEE 94] "IEEE Standard for Software Safety Plans," STD-1228-1994, http://standards.ieee.org/findstds/standard/1228-1994.html.

[IEEE 17] "IEEE Guide: Adoption of the Project Management Institute (PMI) Standard: A Guide to the Project Management Body of Knowledge (PMBOK Guide), Sixth Edition," projectsmart.co.uk/pmbok.html.

[IETF 04] Internet Engineering Task Force. "RFC 3746, Forwarding and Control Element Separation (ForCES) Framework," 2004.

[IETF 05] Internet Engineering Task Force. "RFC 4090, Fast Reroute Extensions to RSVP-TE for LSP Tunnels," 2005.

[IETF 06a] Internet Engineering Task Force. "RFC 4443, Internet Control Message Protocol (ICMPv6) for the Internet Protocol Version 6 (IPv6) Specification," 2006.

[IETF 06b] Internet Engineering Task Force. "RFC 4379, Detecting Multi-Protocol Label Switched (MPLS) Data Plane Failures," 2006.

[INCOSE 05] International Council on Systems Engineering. "System Engineering Competency Framework 2010–0205," incose.org/ProductsPubs/products/competencies-framework.aspx.

[INCOSE 19] International Council on Systems Engineering, "Feature-Based Systems and Software Product Line Engineering: A Primer," Technical Product INCOSE-TP-2019-002-03-0404,https://connect.incose.org/Pages/Product-Details.aspx?ProductCode=PLE_Primer_2019.

[Ingeno 18] Joseph Ingeno. *Software Architect's Handbook.* Packt Publishing, 2018.

[ISO 11] International Organization for Standardization. "ISO/IEC 25010: 2011 Systems and Software Engineering—Systems and Software Quality Requirements and Evaluation (SQuaRE)—System and Software Quality Models."

[Jacobson 97] I. Jacobson, M. Griss, and P. Jonsson. *Software Reuse: Architecture, Process, and Organization for Business Success.* Addison-Wesley, 1997.

[Johnston 19] Eric Johnston, Nic Harrigan, and Mercedes Gimeno-Segovia, *Programming Quantum Computers.* O'Reilly, 2019.

[Kanwal 10] F. Kanwal, K. Junaid, and M.A. Fahiem. "A Hybrid Software Architecture Evaluation Method for FDD: An Agile Process Mode," 2010 International Conference on Computational Intelligence and Software Engineering (CiSE), December 2010, pp. 1–5.

[Kaplan 92] R. Kaplan and D. Norton. "The Balanced Scorecard: Measures That Drive Performance," *Harvard Business Review* (January/February 1992): 71–79.

[Karat 94] Claire Marie Karat. "A Business Case Approach to Usability Cost Justification," in *Cost-Justifying Usability*, R. Bias and D. Mayhew, eds. Academic Press, 1994.

[Kazman 94] Rick Kazman, Len Bass, Mike Webb, and Gregory Abowd. "SAAM: A Method for Analyzing the Properties of Software Architectures," in *Proceedings of the 16th International Conference on Software Engineering (ICSE '94)*. Los Alamitos, CA. IEEE Computer Society Press, 1994, pp. 81–90.

[Kazman 99] R. Kazman and S. J. Carriere. "Playing Detective: Reconstructing Software Architecture from Available Evidence," *Automated Software Engineering* 6, no 2 (April 1999): 107–138.

[Kazman 01] R. Kazman, J. Asundi, and M. Klein. "Quantifying the Costs and Benefits of Architectural Decisions," *Proceedings of the 23rd International Conference on Software Engineering (ICSE 23)*, Toronto, Canada, May 2001, pp. 297–306.

[Kazman 02] R. Kazman, L. O'Brien, and C. Verhoef. "Architecture Reconstruction Guidelines, Third Edition," CMU/SEI Technical Report, CMU/SEI-2002-TR-034, 2002.

[Kazman 04] R. Kazman, P. Kruchten, R. Nord, and J. Tomayko. "Integrating Software-Architecture-Centric Methods into the Rational Unified Process," Technical Report CMU/SEI-2004-TR-011, July 2004, sei.cmu.edu/library/abstracts/reports/04tr011.cfm.

[Kazman 05] Rick Kazman and Len Bass. "Categorizing Business Goals for Software Architectures," CMU/SEI-2005-TR-021, December 2005.

[Kazman 09] R. Kazman and H.-M. Chen. "The Metropolis Model: A New Logic for the Development of Crowdsourced Systems," *Communications of the ACM* (July 2009): 76–84.

[Kazman 15] R. Kazman, Y. Cai, R. Mo, Q. Feng, L. Xiao, S. Haziyev, V. Fedak, and A. Shapochka. "A Case Study in Locating the Architectural Roots of Technical Debt," in *Proceedings of the International Conference on Software Engineering (ICSE) 2015*, 2015.

[Kazman 18] R. Kazman, S. Haziyev, A. Yakuba, and D. Tamburri. "Managing Energy Consumption as an Architectural Quality Attribute," *IEEE Software* 35, no. 5 (2018).

[Kazman 20a] R. Kazman, P. Bianco, J. Ivers, and J. Klein. "Integrability," CMU/SEI-2020-TR-001, 2020.

[Kazman 20b] R. Kazman, P. Bianco, J. Ivers, and J. Klein. "Maintainability," CMU/SEI-2020-TR-006, 2020.

[Kircher 03] Michael Kircher and Prashant Jain. *Pattern-Oriented Software Architecture Volume 3: Patterns for Resource Management*. Wiley, 2003.

[Klein 10] J. Klein and M. Gagliardi. "A Workshop on Analysis and Evaluation of Enterprise Architectures," CMU/SEI-2010-TN-023, sei.cmu.edu/reports/10tn023.pdf.

[Klein 93] M. Klein, T. Ralya, B. Pollak, R. Obenza, and M. Gonzalez Harbour. *A Practitioner's Handbook for Real-Time Systems Analysis*. Kluwer Academic, 1993.

[Koopman 10] Phil Koopman. *Better Embedded System Software*. Drumnadrochit Education, 2010.

[Koziolet 10] H. Koziolek. "Performance Evaluation of Component-Based Software Systems: A Survey," *Performance Evaluation* 67, no. 8 (August 2010).

[Kruchten 95] P. B. Kruchten. "The 4+1 View Model of Architecture," *IEEE Software* 12, no. 6 (November 1995): 42–50.

[Kruchten 03] Philippe Kruchten. *The Rational Unified Process: An Introduction*, 3rd ed. Addison-Wesley, 2003.

[Kruchten 04] Philippe Kruchten. "An Ontology of Architectural Design Decisions," in Jan Bosch, ed., *Proceedings of the 2nd Workshop on Software Variability Management*,

Groningen, Netherlands, December 3–4, 2004.

[Kruchten 19] P. Kruchten, R. Nord, and I. Ozkaya. *Managing Technical Debt: Reducing Friction in Software Development*. Addison-Wesley, 2019.

[Kumar 10a] K. Kumar and T. V. Prabhakar. "Pattern-Oriented Knowledge Model for Architecture Design," in *Pattern Languages of Programs Conference 2010*, Reno/Tahoe, NV: October 15–18, 2010.

[Kumar 10b] Kiran Kumar and T. V. Prabhakar. "Design Decision Topology Model for Pattern Relationship Analysis," *Asian Conference on Pattern Languages of Programs 2010*, Tokyo, Japan, March 15–17, 2010.

[Ladas 09] Corey Ladas. *Scrumban: Essays on Kanban Systems for Lean Software Development*. Modus Cooperandi Press, 2009.

[Lamport 98] Leslie Lamport. "The Part-Time Parliament," *ACM Transactions on Computer Systems* 16, no. 2 (May 1998): 133–169.

[Lampson 11] Butler Lampson, "Hints and Principles for Computer System Design," https://arxiv.org/pdf/2011.02455.pdf.

[Lattanze 08] Tony Lattanze. *Architecting Software Intensive Systems: A Practitioner's Guide*. Auerbach Publications, 2008.

[Le Traon 97] Y. Le Traon and C. Robach. "Testability Measurements for Data Flow Designs," *Proceedings of the 4th International Symposium on Software Metrics (METRICS '97)*. Washington, DC: November 1997, pp. 91–98.

[Leveson 04] Nancy G. Leveson. "The Role of Software in Spacecraft Accidents," *Journal of Spacecraft and Rockets* 41, no. 4 (July 2004): 564–575.

[Leveson 11] Nancy G. Leveson. *Engineering a Safer World: Systems Thinking Applied to Safety*. MIT Press, 2011.

[Levitt 88] B. Levitt and J. March. "Organizational Learning," *Annual Review of Sociology* 14 (1988): 319–340.

[Lewis 14] J. Lewis and M. Fowler. "Microservices," https://martinfowler.com/articles/microservices.html, 2014.

[Liu 00] Jane Liu. *Real-Time Systems*. Prentice Hall, 2000.

[Liu 09] Henry Liu. *Software Performance and Scalability: A Quantitative Approach*. Wiley, 2009.

[Luftman 00] J. Luftman. "Assessing Business Alignment Maturity," *Communications of AIS* 4, no. 14 (2000).

[Lyons 62] R. E. Lyons and W. Vanderkulk. "The Use of Triple-Modular Redundancy to Improve Computer Reliability," *IBM Journal of Research and Development* 6, no. 2 (April 1962): 200–209.

[MacCormack 06] A. MacCormack, J. Rusnak, and C. Baldwin. "Exploring the Structure of Complex Software Designs: An Empirical Study of Open Source and Proprietary Code," *Management Science* 52, no 7 (July 2006): 1015–1030.

[MacCormack 10] A. MacCormack, C. Baldwin, and J. Rusnak. "The Architecture of Complex Systems: Do Core-Periphery Structures Dominate?" MIT Sloan Research Paper no. 4770-10, hbs.edu/research/pdf/10-059.pdf.

[Malan 00] Ruth Malan and Dana Bredemeyer. "Creating an Architectural Vision: Collecting Input," July 25, 2000, bredemeyer.com/pdf_files/vision_input.pdf.

[Maranzano 05] Joseph F. Maranzano, Sandra A. Rozsypal, Gus H. Zimmerman, Guy W. Warnken, Patricia E. Wirth, and David M. Weiss. "Architecture Reviews: Practice and

Experience," *IEEE Software* (March/April 2005): 34–43.

[Martin 17] Robert C. Martin. *Clean Architecture: A Craftsman's Guide to Software Structure and Design*. Pearson, 2017.

[Mavis 02] D. G. Mavis. "Soft Error Rate Mitigation Techniques for Modern Microcircuits," in *40th Annual Reliability Physics Symposium Proceedings*, April 2002, Dallas, TX. IEEE, 2002.

[McCall 77] J. A. McCall, P. K. Richards, and G. F. Walters. *Factors in Software Quality*. Griffiths Air Force Base, NY: Rome Air Development Center Air Force Systems Command.

[McConnell 07] Steve McConnell. "Technical Debt," construx.com/10x_Software_ Development/Technical_Debt/, 2007.

[McGregor 11] John D. McGregor, J. Yates Monteith, and Jie Zhang. "Quantifying Value in Software Product Line Design," in *Proceedings of the 15th International Software Product Line Conference, Volume 2 (SPLC '11)*, Ina Schaefer, Isabel John, and Klaus Schmid, eds.

[Mettler 91] R. Mettler. "Frederick C. Lindvall," in *Memorial Tributes: National Academy of Engineering, Volume 4*. National Academy of Engineering, 1991, pp. 213–216.

[Mo 15] R. Mo, Y. Cai, R. Kazman, and L. Xiao. "Hotspot Patterns: The Formal Definition and Automatic Detection of Architecture Smells," in *Proceedings of the 12th Working IEEE/IFIP Conference on Software Architecture (WICSA 2015)*, 2015.

[Mo 16] R. Mo, Y. Cai, R. Kazman, L. Xiao, and Q. Feng. "Decoupling Level: A New Metric for Architectural Maintenance Complexity," *Proceedings of the International Conference on Software Engineering (ICSE) 2016,* Austin, TX, May 2016.

[Mo 18] R. Mo, W. Snipes, Y. Cai, S. Ramaswamy, R. Kazman, and M. Naedele. "Experiences Applying Automated Architecture Analysis Tool Suites," in *Proceedings of Automated Software Engineering (ASE) 2018*, 2018.

[Moore 03] M. Moore, R. Kazman, M. Klein, and J. Asundi. "Quantifying the Value of Architecture Design Decisions: Lessons from the Field," *Proceedings of the 25th International Conference on Software Engineering (ICSE 25)*, Portland, OR, May 2003, pp. 557–562.

[Morelos-Zaragoza 06] R. H. Morelos-Zaragoza. *The Art of Error Correcting Coding*, 2nd ed. Wiley, 2006.

[Muccini 03] H. Muccini, A. Bertolino, and P. Inverardi. "Using Software Architecture for Code Testing," *IEEE Transactions on Software Engineering* 30, no. 3 (2003): 160–171.

[Muccini 07] H. Muccini. "What Makes Software Architecture-Based Testing Distinguishable," in *Proceedings of the Sixth Working IEEE/IFIP Conference on Software Architecture, WICSA 2007*, Mumbai, India, January 2007.

[Murphy 01] G. Murphy, D. Notkin, and K. Sullivan. "Software Reflexion Models: Bridging the Gap between Design and Implementation," *IEEE Transactions on Software Engineering* 27 (2001): 364–380.

[NASEM 19] National Academies of Sciences, Engineering, and Medicine. *Quantum Computing: Progress and Prospects*. National Academies Press, 2019. https://doi.org/10.17226/25196.

[Newman 15] Sam Newman. *Building Microservices: Designing Fine-Grained Systems*. O'Reilly, 2015.

[Nielsen 08] Jakob Nielsen. "Usability ROI Declining, But Still Strong," useit.com/alertbox/ roi.html.

[NIST 02] National Institute of Standards and Technology. "Security Requirements for Cryptographic Modules," FIPS Pub. 140-2, http://csrc.nist.gov/publications/fips/fips140-2/fips1402.pdf.

[NIST 04] National Institute of Standards and Technology. "Standards for Security Categorization of Federal Information Systems," FIPS Pub. 199, http://csrc.nist.gov/publications/fips/fips199/FIPS-PUB-199-final.pdf.

[NIST 06] National Institute of Standards and Technology. "Minimum Security Requirements for Federal Information and Information Systems," FIPS Pub. 200, http://csrc.nist.gov/publications/fips/fips200/FIPS-200-final-march.pdf.

[NIST 09] National Institute of Standards and Technology. "800-53 v3 Recommended Security Controls for Federal Information Systems and Organizations," August 2009, http://csrc.nist.gov/publications/nistpubs/800-53-Rev3/sp800-53-rev3-final.pdf.

[Nord 04] R. Nord, J. Tomayko, and R. Wojcik. "Integrating Software Architecture-Centric Methods into Extreme Programming (XP)," CMU/SEI-2004-TN-036. Software Engineering Institute, Carnegie Mellon University, 2004.

[Nygard 18] Michael T. Nygard. *Release It!: Design and Deploy Production-Ready Software*, 2nd ed. Pragmatic Programmers, 2018.

[Obbink 02] H. Obbink, P. Kruchten, W. Kozaczynski, H. Postema, A. Ran, L. Dominic, R. Kazman, R. Hilliard, W. Tracz, and E. Kahane. "Software Architecture Review and Assessment (SARA) Report, Version 1.0," 2002, http://pkruchten.wordpress.com/architecture/SARAv1.pdf/.

[O'Brien 03] L. O'Brien and C. Stoermer. "Architecture Reconstruction Case Study," CMU/SEI Technical Note, CMU/SEI-2003-TN-008, 2003.

[ODUSD 08] Office of the Deputy Under Secretary of Defense for Acquisition and Technology. "Systems Engineering Guide for Systems of Systems, Version 1.0," 2008, acq.osd.mil/se/docs/SE-Guide-for-SoS.pdf.

[Oki 88] Brian Oki and Barbara Liskov. "Viewstamped Replication: A New Primary Copy Method to Support Highly-Available Distributed Systems," *PODC '88: Proceedings of the Seventh Annual ACM Symposium on Principles of Distributed Computing*, January 1988, pp. 8–17, https://doi.org/10.1145/62546.62549.

[Palmer 02] Stephen Palmer and John Felsing. *A Practical Guide to Feature-Driven Development*. Prentice Hall, 2002.

[Pang 16] C. Pang, A. Hindle, B. Adams, and A. Hassan. "What Do Programmers Know about Software Energy Consumption?," *IEEE Software* 33, no. 3 (2016): 83–89.

[Paradis 21] C. Paradis, R. Kazman, and D. Tamburri. "Architectural Tactics for Energy Efficiency: Review of the Literature and Research Roadmap," *Proceedings of the Hawaii International Conference on System Sciences (HICSS)* 54 (2021).

[Parnas 72] D. L. Parnas. "On the Criteria to Be Used in Decomposing Systems into Modules," *Communications of the ACM* 15, no. 12 (December 1972).

[Parnas 74] D. Parnas. "On a 'Buzzword': Hierarchical Structure," in *Proceedings of IFIP Congress 74*, pp. 336–339. North Holland Publishing Company, 1974.

[Parnas 76] D. L. Parnas. "On the Design and Development of Program Families," *IEEE Transactions on Software Engineering*, SE-2, 1 (March 1976): 1–9.

[Parnas 79] D. Parnas. "Designing Software for Ease of Extension and Contraction," *IEEE Transactions on Software Engineering*, SE-5, 2 (1979): 128–137.

[Parnas 95] David Parnas and Jan Madey. "Functional Documents for Computer Systems," in *Science of Computer Programming*. Elsevier, 1995.

[Paulish 02] Daniel J. Paulish. *Architecture-Centric Software Project Management: A Practical Guide*. Addison-Wesley, 2002.

[Pena 87] William Pena. *Problem Seeking: An Architectural Programming Primer*. AIA Press, 1987.

[Perry 92] Dewayne E. Perry and Alexander L. Wolf. "Foundations for the Study of Software Architecture," *SIGSOFT Software Engineering Notes* 17, no. 4 (October 1992): 40–52.

[Pettichord 02] B. Pettichord. "Design for Testability," Pacific Northwest Software Quality Conference, Portland, Oregon, October 2002.

[Procaccianti 14] G. Procaccianti, P. Lago, and G. Lewis. "A Catalogue of Green Architectural Tactics for the Cloud," in *IEEE 8th International Symposium on the Maintenance and Evolution of Service-Oriented and Cloud-Based Systems*, 2014, pp. 29–36.

[Powel Douglass 99] B. Powel Douglass. *Doing Hard Time: Developing Real-Time Systems with UML, Objects, Frameworks, and Patterns*. Addison-Wesley, 1999.

[Raiffa 00] H. Raiffa & R. Schlaifer. *Applied Statistical Decision Theory*. Wiley, 2000.

[SAE 96] SAE International, "ARP-4761: Guidelines and Methods for Conducting the Safety Assessment Process on Civil Airborne Systems and Equipment," December 1, 1996, sae.org/standards/content/arp4761/.

[Sangwan 08] Raghvinder Sangwan, Colin Neill, Matthew Bass, and Zakaria El Houda. "Integrating a Software Architecture-Centric Method into Object-Oriented Analysis and Design," *Journal of Systems and Software* 81, no. 5 (May 2008): 727–746.

[Sato 14] D. Sato. "Canary Deployment," https://martinfowler.com/bliki/CanaryRelease.html, 2014.

[Schaarschmidt 20] M. Schaarschmidt, M. Uelschen, E. Pulvermuellerm, and C. Westerkamp. "Framework of Software Design Patterns for Energy-Aware Embedded Systems," *Proceedings of the 15th International Conference on Evaluation of Novel Approaches to Software Engineering (ENASE 2020)*, 2020.

[Schmerl 06] B. Schmerl, J. Aldrich, D. Garlan, R. Kazman, and H. Yan. "Discovering Architectures from Running Systems," *IEEE Transactions on Software Engineering* 32, no. 7 (July 2006): 454–466.

[Schmidt 00] Douglas Schmidt, M. Stal, H. Rohnert, and F. Buschmann. *Pattern-Oriented Software Architecture: Patterns for Concurrent and Networked Objects*. Wiley, 2000.

[Schmidt 10] Klaus Schmidt. *High Availability and Disaster Recovery: Concepts, Design, Implementation*. Springer, 2010.

[Schneier 96] B. Schneier. *Applied Cryptography*. Wiley, 1996.

[Schneier 08] Bruce Schneier. *Schneier on Security*. Wiley, 2008.

[Schwaber 04] Ken Schwaber. *Agile Project Management with Scrum*. Microsoft Press, 2004.

[Scott 09] James Scott and Rick Kazman. "Realizing and Refining Architectural Tactics: Availability," Technical Report CMU/SEI-2009-TR-006, August 2009.

[Seacord 13] Robert Seacord. *Secure Coding in C and C++*. Addison-Wesley, 2013.

[SEI 12] Software Engineering Institute. "A Framework for Software Product Line Practice, Version 5.0," sei.cmu.edu/productlines/frame_report/ PL.essential.act.htm.

[Shaw 94] Mary Shaw. "Procedure Calls Are the Assembly Language of Software Interconnections: Connectors Deserve First-Class Status," Carnegie Mellon University Technical Report, 1994, http://repository.cmu.edu/cgi/viewcontent.cgi?article=1234&context=sei.

[Shaw 95] Mary Shaw. "Beyond Objects: A Software Design Paradigm Based on Process Control," *ACM Software Engineering Notes* 20, no. 1 (January 1995): 27–38.

[Smith 01] Connie U. Smith and Lloyd G. Williams. *Performance Solutions: A Practical Guide to Creating Responsive, Scalable Software*. Addison-Wesley, 2001.

[Soni 95] Dilip Soni, Robert L. Nord, and Christine Hofmeister. "Software Architecture in Industrial Applications," International Conference on Software Engineering 1995, April 1995, pp. 196–207.

[Stonebraker 09] M. Stonebraker. "The 'NoSQL' Discussion Has Nothing to Do with SQL," http://cacm.acm.org/blogs/blog-cacm/50678-the-nosql-discussion-has-nothing-to-do-with-sql/fulltext.

[Stonebraker 10a] M. Stonebraker. "SQL Databases v. NoSQL Databases," *Communications of the ACM* 53, no 4 (2010): 10.

[Stonebraker 10b] M. Stonebraker, D. Abadi, D. J. Dewitt, S. Madden, E. Paulson, A. Pavlo, and A. Rasin. "MapReduce and Parallel DBMSs," *Communications of the ACM* 53 (2010): 6.

[Stonebraker 11] M. Stonebraker. "Stonebraker on NoSQL and Enterprises," *Communications of the ACM* 54, no. 8 (2011): 10.

[Storey 97] M.-A. Storey, K. Wong, and H. Müller. "Rigi: A Visualization Environment for Reverse Engineering (Research Demonstration Summary)," 19th International Conference on Software Engineering (ICSE 97), May 1997, pp. 606–607. IEEE Computer Society Press.

[Svahnberg 00] M. Svahnberg and J. Bosch. "Issues Concerning Variability in Software Product Lines," in *Proceedings of the Third International Workshop on Software Architectures for Product Families*, Las Palmas de Gran Canaria, Spain, March 15–17, 2000, pp. 50–60. Springer, 2000.

[Taylor 09] R. Taylor, N. Medvidovic, and E. Dashofy. *Software Architecture: Foundations, Theory, and Practice*. Wiley, 2009.

[Telcordia 00] Telcordia. "GR-253-CORE, Synchronous Optical Network (SONET) Transport Systems: Common Generic Criteria." 2000.

[Urdangarin 08] R. Urdangarin, P. Fernandes, A. Avritzer, and D. Paulish. "Experiences with Agile Practices in the Global Studio Project," *Proceedings of the IEEE International Conference on Global Software Engineering*, 2008.

[USDOD 12] U.S. Department of Defense, "Standard Practice: System Safety, MIL-STD-882E," May 11, 2012, dau.edu/cop/armyesoh/DAU%20Sponsored%20Documents/MIL-STD-882E.pdf.

[Utas 05] G. Utas. *Robust Communications Software: Extreme Availability, Reliability, and Scalability for Carrier-Grade Systems*. Wiley, 2005.

[van der Linden 07] F. van der Linden, K. Schmid, and E. Rommes. *Software Product Lines in Action*. Springer, 2007.

[van Deursen 04] A. van Deursen, C. Hofmeister, R. Koschke, L. Moonen, and C. Riva. "Symphony: View-Driven Software Architecture Reconstruction," *Proceedings of the 4th Working IEEE/IFIP Conference on Software Architecture (WICSA 2004)*, June 2004, Oslo, Norway. IEEE Computer Society.

[van Vliet 05] H. van Vliet. "The GRIFFIN Project: A GRId For inFormatIoN about Architectural Knowledge," http://griffin.cs.vu.nl/, Vrije Universiteit, Amsterdam, April 16, 2005.

[Verizon 12] "Verizon 2012 Data Breach Investigations Report," verizonbusiness.com/resources/reports/rp_data-breach-investigations-report-2012_en_xg.pdf.

[Vesely 81] W.E. Vesely, F. F. Goldberg, N. H. Roberts, and D. F. Haasl. "Fault Tree Handbook," nrc.gov/reading-rm/doc-collections/nuregs/staff/sr0492/ sr0492.pdf.

[Vesely 02] William Vesely, Michael Stamatelatos, Joanne Dugan, Joseph Fragola, Joseph Minarick III, and Jan Railsback. "Fault Tree Handbook with Aerospace Applications," hq.nasa.gov/office/codeq/doctree/fthb.pdf.

[Viega 01] John Viega and Gary McGraw. *Building Secure Software: How to Avoid Security Problems the Right Way.* Addison-Wesley, 2001.

[Voas 95] Jeffrey M. Voas and Keith W. Miller. "Software Testability: the New Verification," *IEEE Software* 12, no. 3 (May 1995): 17–28.

[Von Neumann 56] J. Von Neumann. "Probabilistic Logics and the Synthesis of Reliable Organisms from Unreliable Components," in *Automata Studies*, C. E. Shannon and J. McCarthy, eds. Princeton University Press, 1956.

[Wojcik 06] R. Wojcik, F. Bachmann, L. Bass, P. Clements, P. Merson, R. Nord, and W. Wood. "Attribute-Driven Design (ADD), Version 2.0," Technical Report CMU/SEI-2006-TR-023, November 2006, sei.cmu.edu/library/abstracts/reports/06tr023.cfm.

[Wood 07] W. Wood. "A Practical Example of Applying Attribute-Driven Design (ADD), Version 2.0," Technical Report CMU/SEI-2007-TR-005, February 2007, sei.cmu.edu/ library/abstracts/reports/07tr005.cfm.

[Woods 11] E. Woods and N. Rozanski. *Software Systems Architecture: Working with Stake-holders Using Viewpoints and Perspectives*, 2nd ed. Addison-Wesley, 2011.

[Wozniak 07] J. Wozniak, V. Baggiolini, D. Garcia Quintas, and J. Wenninger. "Software Inter-locks System," *Proceedings of ICALEPCS07*, http://ics-web4.sns.ornl.gov/icalepcs07/WPPB03/WPPB03.PDF.

[Wu 04] W. Wu and T. Kelly, "Safety Tactics for Software Architecture Design," *Proceedings of the 28th Annual International Computer Software and Applications Conference (COMPSAC)*, 2004.

[Wu 06] W. Wu and T. Kelly. "Deriving Safety Requirements as Part of System Architecture Definition," in *Proceedings of 24th International System Safety Conference*. Albuquerque, NM: System Safety Society, August 2006.

[Xiao 14] L. Xiao, Y. Cai, and R. Kazman. "Titan: A Toolset That Connects Software Architecture with Quality Analysis," *Proceedings of the 22nd ACM SIGSOFT International Symposium on the Foundations of Software Engineering (FSE 2014)*, 2014.

[Xiao 16] L. Xiao, Y. Cai, R. Kazman, R. Mo, and Q. Feng. "Identifying and Quantifying Architectural Debts," *Proceedings of the International Conference on Software Engineering (ICSE) 2016*, 2016.

[Yacoub 02] S. Yacoub and H. Ammar. "A Methodology for Architecture-Level Reliability Risk Analysis," *IEEE Transactions on Software Engineering* 28, no. 6 (June 2002).

[Yin 94] James Bieman and Hwei Yin. "Designing for Software Testability Using Automated Oracles," *Proceedings International Test Conference*, September 1992, pp. 900–907.